普通高等教育通识类课程新形态教材

大学信息技术

主　编　连卫民　张志明　陈炎龙

副主编　李　奇　逯　晖　张一帆　杨　娜　段红玉　王　佳

中国水利水电出版社
www.waterpub.com.cn
·北京·

内 容 提 要

信息、物质、能量是构成客观世界的三大要素，信息在其中发挥着重要作用。尤其是在当今信息社会，信息技术已成为推动社会进步的重要动力，深刻改变了人们的生活和工作方式，提高了生产和工作效率，极大地方便了人们的衣食住行，被广泛应用到社会的各行各业中。

本书以培养学生信息素养、计算机工具使用能力和信息技术融合行业创新能力为出发点，主要讲解信息与社会、计算机软硬件系统、多媒体技术、数据库技术、程序设计和互联网，以及大数据、云计算和区块链等前沿技术，讲解循序渐进，强调知识广度，并根据内容合理设计了实践教学案例。本书还通过多媒体课件和微课视频等方式，加强学生对知识的理解，提高学生的计算机和信息操作技能。

本书结构脉络清晰完整，知识广度和深度控制得当，且具有很好的操作性，可作为应用型本科和普通本科信息技术课程的教材，也可供计算机爱好者自学参考。

本书配有电子教案、所有案例的素材文件和效果文件，读者可以从中国水利水电出版社网站（www.waterpub.com.cn）或万水书苑网站（www.wsbookshow.com）免费下载。

图书在版编目（CIP）数据

大学信息技术 / 连卫民，张志明，陈炎龙主编. -- 北京 : 中国水利水电出版社，2020.3（2023.2 重印）
普通高等教育通识类课程新形态教材
ISBN 978-7-5170-8474-7

Ⅰ. ①大… Ⅱ. ①连… ②张… ③陈… Ⅲ. ①电子计算机－高等学校－教材 Ⅳ. ①TP3

中国版本图书馆CIP数据核字(2020)第045711号

策划编辑：石永峰　责任编辑：赵佳琦　加工编辑：孙学南　封面设计：梁　燕

书　　名	普通高等教育通识类课程新形态教材 大学信息技术 DAXUE XINXI JISHU
作　　者	主　编　连卫民　张志明　陈炎龙 副主编　李　奇　逯　晖　张一帆　杨　娜　段红玉　王　佳
出版发行	中国水利水电出版社 （北京市海淀区玉渊潭南路 1 号 D 座 100038） 网址：www.waterpub.com.cn E-mail：mchannel@263.net（答疑） sales@mwr.gov.cn 电话：（010）68545888（营销中心）、82562819（组稿）
经　　售	北京科水图书销售有限公司 电话：（010）68545874、63202643 全国各地新华书店和相关出版物销售网点
排　　版	北京万水电子信息有限公司
印　　刷	三河市德贤弘印务有限公司
规　　格	184mm×260mm　16 开本　13.5 印张　334 千字
版　　次	2020 年 3 月第 1 版　2023 年 2 月第 3 次印刷
印　　数	11001—14000 册
定　　价	42.00 元

前　言

随着信息技术的快速发展和信息化水平的不断提高，社会对人才的信息技术要求也在逐渐提高，信息技术水平的高低已经成为衡量当今人才综合素质的重要内容。本书作为普通高校的信息技术通识教材，拓宽了以往计算机基础教学内容的广度，加大对计算机为主的多种信息技术知识的讲解。

本书内容：

本书采用循序渐进的方式，讲述了信息与社会、硬件系统、软件系统、多媒体技术、数据库技术、程序设计、互联网技术和前沿技术等内容。

第 1 章 信息与社会：介绍了信息技术的发展历史、信息表示和编码、信息安全与职业道德等内容。

第 2 章 硬件系统：介绍了计算机的发展、组成和分类，以及与普通用户密切相关的微型计算机等内容。

第 3 章 软件系统：介绍了系统软件和应用软件，其中应用软件部分围绕 Office 办公软件进行了详细讲解。

第 4 章 多媒体技术：介绍了多媒体图像、多媒体音频和多媒体视频等内容。

第 5 章 数据库技术：介绍了数据库系统的基本概念、数据模型、关系数据库和数据库设计、SQL 数据操纵语言等内容。

第 6 章 程序设计：介绍了程序设计基础知识、程序设计方法、算法和算法描述、常见的算法设计方法等内容。

第 7 章 互联网技术：介绍了网络基础知识、IP 地址和域名系统、局域网和常见网络应用、互联网安全等内容。

第 8 章 前沿技术：介绍了“互联网 +”行动计划、云计算、物联网、大数据、人工智能和区块链等内容。

学习方法：

本书围绕大学生信息素养和计算机操作能力以及信息技术融合行业创新能力的培养需求，精心设计和组织教材内容，在潜移默化的教学中不断提升学生的信息素养和综合能力，实现人才培养的目标。

（1）知识目标和能力目标：每一章都以项目列表的形式列出了知识目标和能力目标，引导学生以此为标准进行学习。

（2）知识学习：本书知识讲解循序渐进，并配有教学课件和章节习题，学生可以深入理解和掌握知识内容，再灵活运用知识主动尝试与学科专业相结合，融合创新。

（3）技能培养。本书围绕章节内容精心设计了相应的操作案例，并采用随书二维码形式展示给读者。读者可以不受时间和次数的限制，扫码观看微课视频，根据视频完成相关案例的操作，从而达到技能培养的目的。

（4）互动拓展。信息技术更新速度很快，本书除了提供教学课件外，还提供了微信公众号，读者可以关注，编者会不断更新内容，并与读者进行互动，从而更好地服务于读者。

本书由连卫民、张志明、陈炎龙任主编，李奇、逯晖、张一帆、杨娜、段红玉、王佳任副主编，郝玉东、武茜、何保荣、许朝侠、王秀玲、李红娟、刘钊等参与了本书资源的收集、整理以及审稿等工作。

虽然编者在编写过程中倾注了大量心血，但仍恐百密一疏，恳请广大读者及专家不吝赐教。有关本书的意见反馈请发送至 mjxyzzm@163.com。

编 者

2019 年 12 月

目　录

第1章　信息与社会

在当今信息社会中，信息技术作为推动社会发展进步的重要动力，极大地改变了人们的生活、工作和学习方式，并渗透到人们衣食住行的各个方面。本章首先介绍信息技术的基本知识，然后对信息表示和编码进行详细讲解，最后介绍信息安全和职业道德的相关知识。信息表示和编码是本章的重点内容，不同数制间的相互转换是教学难点。

- 了解信息技术的发展历史。
- 理解信息技术的相关概念和核心技术。
- 掌握常见数制的表示和不同数制表示之间的转换。
- 了解各种数据形式的编码方法。
- 了解信息安全和国家安全的关系，以及网络道德和规范的含义。

能力目标

- 掌握不同数制之间的转换方法。
- 掌握常见的信息安全保护方法和措施。
- 养成良好的网络道德规范习惯。

1.1　信息技术概述

信息（Information）和物质、能量一起作为构成客观世界的三大要素，发挥着重要作用，尤其是在当今信息时代，信息更显得举足轻重。信息是人们对事物的存在方式、运动状态和相互联系的综合描述，是自然界、人类社会和人类思维活动中普遍存在的一切物质和事物的属性，其内容通过各种载体（如符号、文字、声音、图像等）来表现和传播。

早在1948年，信息论的创始人香农就提出了“信息是用来消除随机不定性的东西”观点，此后人类对信息的研究就从未停止过。在当今信息社会中，创造信息、拥有信息、发布信息已经成为人们的日常行为，借助于信息创造价值已成为信息社会的共识。信息具有依附性、有效性、可传递性、可加工性和可共享性等特点。

- 依附性。物质是具体的资源存在，而信息是一种抽象、无形的资源。信息必须依附于某种物质载体（如文字、声音、图像和视频等），且借助于一定的能量才可以进行传递，信息不能脱离物质和能量而独立存在。
- 有效性。并不是所有的信息都是有效和有价值的，同一个信息对于不同用户的意义也不尽相同，即使同一个信息在不同时间也往往有着不同的意义。面对信息，用户要有辨别的使用，不能简单吸收。

- 可传递性。没有传递就无所谓信息，信息只有在传递过程中才可以产生价值。日常生活中，信息传递的方式有很多种，如口头语言、文字、印刷品、电信号和网络等。
- 可加工性。人们对信息进行整理、归纳、去粗取精、去伪存真，从而获得更有价值的信息。例如商家对顾客的消费数据进行分析加工，可以得知该顾客的消费能力和消费习惯，从而能够十分准确地向顾客推荐商品，进行精准营销，提高成交概率。
- 可共享性。物质和能量会在使用过程中不断减少，而信息却可以被不同的个体或群体重复接收和利用，并不会因为接收者的增加而损耗。甚至在信息传递的过程中又衍生出更多的信息，进而产生更多的价值。例如电视节目在播放时，并没有因为观众人数的多少而损失信息，反倒是收看的观众越多，演变出来的信息也就越多，甚至出现“信息膨胀”。

1.1.1 信息技术发展史

人类是一个群居体，从生命诞生开始，人类的生活就离不开信息的交流。从语言、文字到造纸术、印刷术，再到电报、电话、广播，以及计算机、互联网和移动互联网的出现，人类的信息技术在不断变革和发展。

1. 语言的出现

语言是人类进行思想交流和信息传播不可或缺的工具，但究竟它是从什么时候开始出现的却众说纷纭。有人认为180万年前人类开始直立行走时就有了原始语言。但也有人通过统计推算认为人类语言产生于10万年前。其实，关于语言产生的具体时间无足轻重，无休止的争论大可不必。早在1866年，巴黎语言学会就公开下令禁止讨论这一话题。尽管如此，语言的出现作为信息技术发展的起始却毫无争议，因为正是有了语言，人与人之间才可以进行相互交流，开始信息传递。

2. 文字的发明

自从有了语言，人们之间的信息传递就成为了可能，但受大脑记忆时限的限制，想要记录较多、较早发生的事情还是十分困难的。大约在公元前3500年出现了文字，代替了远古时代的结绳记事，使人类对信息的保存和传播取得重大突破，打破了信息传输的时间和空间限制。古埃及的象形文字、苏美尔的楔形文字、中国的甲骨文和玛雅文字都是世界上较早发明的文字代表，它们往往借助于“形象”（如甲骨文）和“音象”（如古埃及文）来表示文字含义。

有了文字就可以记录历史，流传百世。如考古学家通过识别刻录在陶器上的文字符号，了解了原始社会河姆渡和半坡原始居民的繁荣时代；历史学家借助于甲骨文，掌握了商朝的社会生产状况和阶级关系。文字的出现也宣告历史进入了有证可考的文明时代。

3. 印刷术和造纸术的发明

将文字刻录在陶器、骨骼和金属上进行信息传播，受到成本控制和实施难度等多种困扰，难以大范围开展。后来出现了竹简、绢帛和毛笔，文字记录的便捷性才稍有显示，但又由于竹简笨重、绢帛昂贵，信息传播还是受到了限制。直到我国东汉时期的蔡伦改进了造纸术，才彻底改变了这一局面。

纸是我国劳动人民长期经验的积累和智慧的结晶，一般由经过制浆处理的植物纤维的水悬浮液在网上交错组合，初步脱水，再经压缩、烘干而成。我国是世界上最早发明纸的国家，早在西汉时期就有了麻质纤维纸，但由于质地粗糙、数量少、成本高等原因未能普及。东汉时期的蔡伦改进了造纸术，他用树皮、麻头、敝布、鱼网等原料，经过挫、捣、炒、烘等工艺造纸。造纸工艺流程大致可归纳为原料分离、打浆、抄造和干燥4个步骤，用此方法造纸所用的原材料成本低，纸的质量好。到公元三四世纪，纸已经基本取代了绵帛和竹简成为我国主要的书写材料。造纸术作为我国古代四大发明之一，后来向东传到了朝鲜和日本，又沿着丝绸之路传到了中亚和西欧，最终传遍了整个世界，为世界文明的传承和发展做出了不可磨灭的贡献。

印刷术发明之前，文化的传播主要靠手抄书籍。手抄方式既费时、费事，又容易错抄、漏抄，严重阻碍了文化的发展。受印章和石刻的启发，在我国唐朝时期出现了雕版印刷术，就是将要印刷的内容一次性地雕刻在版料上，然后将墨刷在版料上，再在纸张上印刷。雕版印刷术提高了印刷效率，但由于一块版料内容固定不变，仅适用于同一内容的印刷，当一本书印刷完毕时，它也就彻底无用了。到了北宋时期，毕昇发明了活字印刷术，即通过使用可移动的金属或胶泥字块来取代无法重复使用的印刷版。活字印刷的方法是先制成单字的阳文反文字模，然后按照稿件把单字挑选出来，排列在字盘内，涂墨印刷，印完后再将字模拆出，留待下次排印时再次使用。印刷术作为我国古代的四大发明之一，从13世纪到19世纪传遍了世界，为我国文化与经济的发展开辟了广阔的道路，对世界的文明进程和人类文化的发展也都产生了重大影响。

4. 电报、电话、广播和电视的发明

早在2700多年前，古人就发现了信息传递的重要性，尝试用驿传、信鸽、烽火和灯塔等多种方法来传递信息，但这些传统的信息传递方式在信息传输速度和距离，以及信息传递准确性和信息量大小方面都有很多局限。1831年，英国科学家法拉第发现了电磁感应，随后发明了圆盘发动机，世界从此进入了电气化时代。

1837年，美国人莫尔斯发明了第一台有线电报机，它利用电磁感应原理（有电流通过电磁体时产生磁性，无电流通过时无磁性），使电磁体上连着的笔发生转动，从而在纸带上画出点、线符号，这些符号再进行组合就可以表示所有字母，从而实现信息的传播。1844年5月24日，人类历史上的第一份电报从美国国会大厦传送到了40英里外的巴尔的摩城，实现了长途电报通信。

1860年，意大利人梅乌奇首次向公众展示了电话，并在报纸上发表了关于这项发明的介绍。电话的发明改变了人类通信的方式，翻开了通信史上崭新的一页。1864年，英国著名物理学家麦克斯韦发表了《电与磁》的论文，预言了电磁波的存在。他指出电磁波和光具有相同的性质，且传播速度相同。电磁波的发现为科技注入了强大能量，实现了信息的无线电传播，其他的无线电技术也如雨后春笋般地不断涌现。

1876年，苏格兰人贝尔发明了电话机，并在1878年完成了相距300千米的波士顿和纽约间的首次长途电话实验，后来他成立了著名的贝尔电话公司。1920年，美国人康拉德在匹兹堡建立了世界上第一家商业无线电广播电台，开启了广播事业的先河，收音机也成为当时

人们了解时事新闻的主要途径。再到后来，苏格兰发明家贝尔德发明了机械式电视，美国人法恩斯沃斯和兹沃尔金发明了电子式电视，使得电视成为人们生活中不可缺少的一部分。

5. 电子计算机和通信技术的出现

如果说蒸汽机是18世纪最伟大的发明，发电机是19世纪最伟大的发明，那么互联网当之无愧是20世纪最伟大的发明。前两者都只是解决人类生产生活中的动力问题，而互联网的诞生则是在人类政治、经济、文化、社会等各个领域都掀起了一场革命。互联网的使用，不仅让信息实现了远距离、实时、多媒体、双向交互的传输，还在该技术的基础上产生了很多全新的业务模式，大大改变了世界政治格局和人们的思维方式。

第二次世界大战中，飞机和大炮是占主要地位的战略武器，美国陆军军械部迫切需要开发一种高速的计算工具，以提供准确而及时的弹道火力表。1943年，以美国宾夕法尼亚大学的莫克利和埃克特为首的研发小组，在美国军方的大力支持下，开始研制世界上第一台电子计算机——ENIAC。不久，正在参加美国第一颗原子弹研制工作的数学家冯·诺依曼也加入进来，为解决计算机的许多关键性问题做出了重要贡献。1946年2月14日，世界上第一台电子计算机ENIAC研制成功。

第二次世界大战结束，美苏两国在军备上展开竞争。1962年，苏联信息技术之父——格卢什科夫提出“要建设一个全国性的计算机网络和自动化系统，简称OGAS”。这个系统以电话线为依托，像神经系统一样连接欧亚大陆的所有工厂、企业。在莫斯科设置一台中央主机，其连接着200个设在大中城市的二级中心，这些二级中心各自又连接几万个计算机终端。然而，由于各种各样的利益纠葛和阻力，格卢什科夫只是推进建成了几百个地方性的计算机中心，这些中心的通信制式又各不相同，彼此之间也缺乏互联互通的意愿。

1969年，美国国防部高级研究计划署（ARPA）的利克利德提出“巨型网络”的概念：设想每个人可以通过一个全球范围内相互连接的设施，在任何地点都可以快速获取各种数据和信息。在美国国防部的资助下，1969年9月，一群天才科学家们建立了美国军方阿帕网（ARPAnet），这就是互联网的起源。

在阿帕网运作之初，由于各部门的计算机兼容性问题，尽管每一个部门内部使用良好，但部门间的资源共享却十分困难。为了让各部门间的计算机实现资源共享，必须确定在互联网内各个计算机之间的“谈判规则”，使得各种不同的计算机按照协议上网互联。1970年12月，罗伯特·卡恩和温顿·瑟夫制定了最初的通信协议——网络控制协议（NCP）。1972年，第一届国际计算机通信会议在美国首都华盛顿召开，会议决定在不同的计算机网络之间达成共通的通信协议，成立互联网工作组（IETF），互联网工作组负责建立通信标准规范。1973年，罗伯特·卡恩和温顿·瑟夫设计了一个“网关”计算机互联具有不同协议的网络。随后，他们又在1974年提出了TCP的分组网互通协议，发表了著名论文将TCP分为TCP/IP，开始布设可以架构在现有和新技术上的互联网，从而实现资源自由分享。

1975年，美国国防部高级研究计划署将阿帕网转交给国防部通信署，由于接入阿帕网受到了限制，导致了其他类似通信网的飞速发展。如美国能源部建设的MFENET、美国国家航空航天局建设的SPAN网络、3COM公司建设的UNET、受到美国国家科学基金会（NSF）资助的计算机科学网（CSNET）等，也正是这一年，比尔·盖茨和保罗·艾伦创办了微软公司。1976年，史蒂夫·乔布斯、斯蒂夫·沃兹尼亚克和罗·韦恩等人创立了苹果计算机公司（2007 年更名为苹果公司）。

1983 年，阿帕网分为用于军事与国防部门的军事网（MILNET）和用于民间的阿帕网。同时，美国国家科学基金会基于 IP 协议建立了按地区划分的广域网 NSFNET，并将这些地区的网络和超级计算机中心互联。局域网和广域网的产生和蓬勃发展对互联网后来的发展起到了非常重要的作用。

1984 年，美国国防部将 TCP/IP 作为所有计算机网络的标准。1989 年，英国计算机科学家蒂姆·伯纳斯·李发明了首个网页浏览器——万维网（WWW），他被誉为“万维网之父”。同年，NSFNET 更名为 Internet 并面向公众开放。从此，世界上第一个互联网产生，并迅速连接到世界各地。

1990 年，Internet 彻底取代了阿帕网而成为互联网的主干网，阿帕网也因此正式退役，至此，互联网的商业化彻底完成。随后，一大批新兴企业横空出世，一大批业界精英也隆重登场。1995 年，微软 Internet Explorer 浏览器诞生，美国最大网络电子商务公司亚马逊成立。1996 年，4 名以色列年轻人发明了 ICQ，开启了即时通讯时代。同年，Hotmail 开始在互联网上提供免费电子邮件服务。1998 年，美国斯坦福大学两名研究生拉里·佩奇和谢尔盖·布林共同开发了 Google 搜索引擎，此后，Google 搜索引擎逐渐发展并成为全球最大的搜索引擎。2004 年，美国哈佛大学二年级学生马克·扎克伯格创立了社交网络服务网站 Facebook。2006 年，美国人杰克·多西创建了 Twitter，现在已成为世界上发展最快的社交媒体。2008 年，史蒂夫·乔布斯向全球发布了新一代智能手机 iPhone 3G，从此开启了移动互联网蓬勃发展的新时代。iPhone 以及 2010 年苹果公司发布的 iPad 彻底颠覆了移动互联网生态，并以摧枯拉朽之势迅速席卷全球。

1.1.2 核心技术

信息技术（Information Technology，IT）是研究信息的获取、传输和处理的技术，由计算机技术、通信技术、传感技术和控制技术等组成。也就是说，信息技术是借助于传感技术进行信息采集、存储，再通过现代电子通信技术完成信息加密、传输、解密，并利用计算机进行信息处理、分析和调用，再使用控制技术完成相关产品制造、技术开发、信息服务的综合性学科。

1. 传感技术

传感技术（Sensing Technology）可以拓展人感觉器官收集信息的功能。截止到目前，传感技术已相当成熟，市面上出现了一大批敏感元件。除了照相机能够收集可见光波信息、微音器能够收集声波信息之外，还有了红外、紫外等光波波段的敏感元件，帮助人们提取那些肉眼所见不到的重要信息。同时，还有超声和次声传感器，可以帮助人们获取那些人耳所听不到的信息。

目前，传感器的应用已经相当丰富，如无接触的红外线温度计、检测天然气管道漏气的天然气检测仪、根据光照强弱控制路灯亮度的光敏传感器、测量土壤湿度控制灌溉的湿度传感器等。将传感器集成到各种智能设备上已成为一种发展趋势，大家熟悉的智能手机就集成了光敏传感器、重力传感器、磁场传感器、气压传感器、指纹传感器等多种传感器。未来的智能设备或机器人，还将具备人类的视觉、味觉、触觉、嗅觉和听觉，从而更加智能化。

2. 通信技术

通信技术（Telecommunication Technology）主要用于拓展人的神经系统传递信息的功能。通信技术的发展速度是惊人的，从传统的电话、电报、收音机、电视，到如今的智能手机、传真、卫星通信等，这些现代通信方式使得数据和信息的传递效率得到大幅度提升，从而使过去必须经专业的电信部门来完成的工作，转由行政、业务部门的工作人员直接方便地来完成，通信技术为现代化网络办公提供了技术支撑。

从 1G 时代（第一代无线蜂窝技术仅支持语音呼叫）开始，人类先后经历了 2G（GSM）时代、3G（UMTS 和 LTE）时代和 4G（LTE-A 和 WiMax）时代，以及高速发展的 5G 时代。在这期间，通信技术得到了质的飞跃，即从只支持语音通话，到支持文本短信、图像，再到移动上网，以及网络传输速度不断提高、资费不断下降，也使得网络语音、视频、游戏成为消费者的日常消遣，极大程度地丰富了人们的生活。

3. 计算机技术

计算机技术（Computer Technology）旨在拓展人的思维器官处理信息和决策的功能，与现代通信技术一起构成了信息技术的核心内容。随着计算机硬件性能和制作工艺的不断提高，计算机的体积和功耗越来越小，可以制作各种样式的新型计算机（如智能穿戴产品），进行更多领域的信息处理。

当下智能家居已成为一种时尚，智能门锁避免用户随身携带钥匙的麻烦，除了能够支持指纹开锁外，还支持管理员为访客发放一次性密码；网络摄像头可以方便用户随时通过网络查看家里的情况，能够有效保护家庭安全；智能语音音箱能够作为家庭智能中枢，控制家里的智能电视、智能窗帘、智能开关、扫地机器人和空气净化器等各种设备。消费者只需要动动嘴，就可以指挥智能设备进行工作，使人类彻底从繁杂的操作中解放出来。

4. 控制技术

控制技术（Control Technology）广泛运用于工业、农业、军事、科学研究、交通运输、商业、医疗、服务和家庭等多个方面。采用自动化控制不仅可以把人从繁重的体力劳动、部分脑力劳动，以及恶劣、危险的工作环境中解放出来，而且还能扩展人类的器官功能，大幅度提高了人类的劳动生产率，增强了人类认识世界和改造世界的能力。控制技术主要应用在过程自动化、机械制造自动化和管理自动化等领域中。

信息技术的基本内容与人的信息器官相对应，是人的信息器官的扩展，形成一个完整的系统。通信技术和计算机技术是核心，传感技术是核心与外部世界的接口，控制技术是信息处理后的具体执行。没有计算机和通信技术，信息技术就失去了基本的意义；没有传感技术，信息技术就失去了基本的作用；没有控制技术，信息技术研究的成果也将无法实施。

1.2 信息表示与编码

看似强大的计算机，其实也很简单，它就是用来进行算术运算和逻辑运算的。其中，算术运算是用户所熟悉的，如加、减、乘、除等数学运算，参与算术运算的对象是数值。逻辑运算则更简单，即逻辑值真和假的运算，如求与、或、非等，参与逻辑运算的对象是逻辑值。要使用计算机进行数据表示或运算，必须先将其转化成计算机能够识别的二进制数据，然后才可以进行运算。

1.2.1 信息表示

数据是对客观事物的符号表示，数字、文字、语言、图形、图像等都是不同形式的数据。信息通常是指对各种事物变化和特征的反映，是对数据进行加工处理，并对人类客观行为产生影响的表现形式。数据是信息的载体，信息是对人有用的数据，当数据通过人能够理解和使用的形式表现出来时就转化成了信息。并不是所有的数据都有意义，甚至有些数据不但不能提供信息，反过来还可能误导用户，这种数据俗称“脏数据”。数据和信息是有明显区别的，从信息论的观点来看，描述信源的数据是信息和数据冗余之和。数据是数据采集时提供的，而信息是从采集的数据中获取的有用信息。

数据和信息之间是相互联系的。数据是反映客观事物属性的记录，是信息的具体表现形式。数据经过加工处理之后就成为信息。而信息需要经过数字化转变成数据才能够存储到计算机中，然后进行传输和加工。信息转变为数字的过程称为数字化。

在当今信息社会中，信息同物质、能源一样重要，是人类生存和社会发展的三大基本资源之一。可以说信息不仅维系着社会的生存和发展，而且也在不断地推动社会和经济的快速进步。而要充分利用好信息，就必须将信息数字化，借助于计算机等电子设备进行数据加工分析，从而挖掘出更多、更有价值的信息。同时，只有将信息数字化才可以借助于互联网进行数据传输，使得数据传输的距离更远，速度更快，进而能够使信息在最短的时间里发挥出最大的作用。

1.2.2 数制及其转换

冯•诺依曼结构计算机都是以二进制形式存储和计算数据的，即所有的数据必须采用二进制 0 和 1 表示。计算机之所以采用二进制而非十进制，主要是因为二进制表示更便于电路实现、运算简单、可靠性高，以及更加符合逻辑运算等。

1. 数制

对于初学者来说，二进制表示可能不太习惯，不如大家所熟悉的十进制用起来方便。其实在我们的生活中就存在很多进制方式，如表示一星期有 7 天的七进制、每天有 24 小时的二十四进制、每小时有 60 分钟的六十进制、一年有 12 个月的十二进制、每一圈是 360° 的三百六十进制等。诸如此类，现实生活中还有很多种不同的数制。

所谓数制，其实就是“进位计数制”的简称，其本质就是用一组固定计数符号和一套统一的规则来表示数值。计算机领域中，用于表示数值的数制主要有十进制、二进制、八进制和十六进制 4 种。无论用户采用哪种数制表示数据，都会涉及“基数”和“权”两个基本概念。

（1）基数。基数是指该数制表示中所用的计数符号个数，一般而言，R 进制数的基数为 R，可供使用的计数符号有 0 ～ R–1。如十进制的基数是 10，可采用的计数符号为 0，1，2，3，…，9；二进制的基数是 2，可采用的计数符号为 0 和 1；八进制的基数是 8，可采用的计数符号为 0，1，2，3，…，7；十六进制的基数是 16，可采用的计数符号为 0 ～ 9 和 A ～ F，其中 A 表示 10，B 表示 11，C 表示 12，依此类推。

基数在数制表示中还有一个重要的作用，就是“借 1 当 R”和“逢 R 进 1”。如十进制是逢 10 向前进 1，从高位借 1 当 10；二进制是逢 2 向前进 1，从高位借 1 当 2；八进制是逢 8 向前进 1，从高位借 1 当 8；十六进制是逢 16 向前进 1，从高位借 1 当 16。

（2）权。在同一种数制表示中，同一个数字位于不同位置则表示不同的含义。如十进制的 55.5，小数点右侧的数字 5 表示 5 个 0.1，而小数点左侧第一个 5 表示 5 个 1，最左侧的数字 5 表示 5 个 10。数字所在的位置称为“权”，小数点右侧的权值依次为 –1，–2，–3 等，小数点左侧的权值分别为 0，1，2 等。

为了便于区分不同的数制表示和书写，数制通常采用下标和后缀两种方法。下标法是用括号加数制下标的方法表示，如十进制的 120.2 表示为 $(120.2)_{10}$，二进制的 11010.011 表示为 $(11010.011)_2$，八进制的 127.06 表示为 $(127.06)_8$，十六进制的 1FA.B 表示为 $(1FA.B)_{16}$。后缀法则是在数据结尾处加标识字母，二进制加 B（Binary）、十进制加 D（Decimal）、八进制加 O（Octal）、十六进制加 H（Hexadecimal）。如十进制的 120.2 表示为 120.2D，二进制的 11010.011 表示为 11010.011B，八进制的 127.06 表示为 127.06O，十六进制的 1FA.B 表示为 1FA.BH。

十进制、二进制、八进制和十六进制的基数、计数符号和标识字母的对应关系见表 1-1。

表 1-1 常见数制对应关系

数制	基数	计数符号	标识字母
十进制	10	0,1,2,3,4,5,6,7,8,9	D
二进制	2	0,1	B
八进制	8	0,1,2,3,4,5,6,7	O
十六进制	16	0,1,2,3,4,5,6,7,8,9,A,B,C,D,E,F	H

2. R 进制转换为十进制

将其他进制数转换为十进制数的方法是“按权展开求和”，即任何一种进制表示的数都可以通过按权展开的多项式求和来计算其对应的十进制数。

$$(X)_R=D_{n-1}\times R^{n-1}+D_{n-2}\times R^{n-2}+\cdots+D_0\times R^0+D_{-1}\times R^{-1}+\cdots+D_{-m}\times R^{-m}$$

其中，R 为基数，X 为 R 进制数，D 为计数符号，n 为整数位数，m 为小数位数，上标表示幂。如 $(678.92)_{10}$ 可以表示为：

$$(678.92)_{10}=6\times 10^2+7\times 10^1+8\times 10^0+9\times 10^{-1}+2\times 10^{-2}$$

二进制数 $(111.101)_2$ 可以表示为：

$$(111.101)_2=1\times 2^2+1\times 2^1+1\times 2^0+1\times 2^{-1}+0\times 2^{-2}+1\times 2^{-3}$$

八进制数 $(76.35)_8$ 可以表示为：

$$(76.35)_8=7\times 8^1+6\times 8^0+3\times 8^{-1}+5\times 8^{-2}$$

十六进制数 $(5A.E8)_{16}$ 可以表示为：

$$(5A.E8)_{16}=5\times 16^1+10\times 16^0+14\times 16^{-1}+8\times 16^{-2}$$

3. 十进制转换为 R 进制

将十进制数转换为 R 进制数时，应将整数部分和小数部分分别进行转换，然后相加计算出结果。其中，整数部分采用“除 R 取余，倒排余数”的方法，即将十进制数除以 R，得到一个商和一个余数，再将商除以 R，又得到一个商和一个余数，如此循环下去，直至商为 0 为止，将每次得到的余数按照得到的顺序逆序排列，即为 R 进制的整数部分；小数部分则采用“乘 R 取整，顺序排列”的方法，即将小数部分连续地乘以 R，保留每次乘积的整数部分，直到小数部分为 0 或达到精度要求时为止，将得到的整数部分按照得到的顺序排列，即为 R 进制的小数部分。

如将十进制数 18.8125 转换为二进制数，首先对整数部分进行除以 2 求余数，倒排余数得到 10010；小数部分乘 2 取整，顺序排列得到 1101。最终得到转换结果为 10010.1101，具体过程如图 1-1 所示。

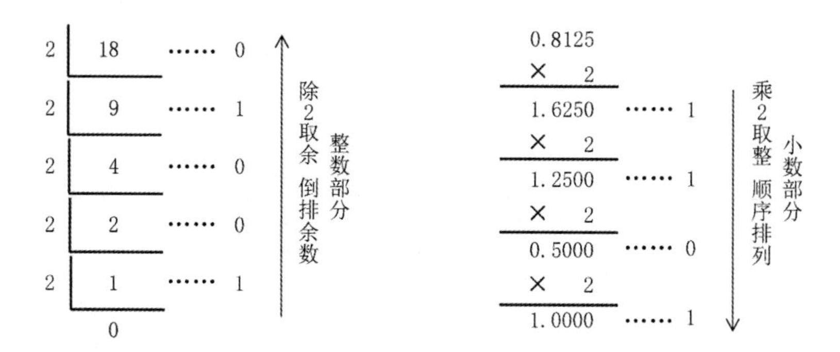

图 1-1　十进制转二进制过程

用户可以通过类似的方法，实现十进制数 1286 到八进制数 2406 的转换，以及十进制数 1292 到十六进制数 50C 的转换，具体转换过程如图 1-2 所示。

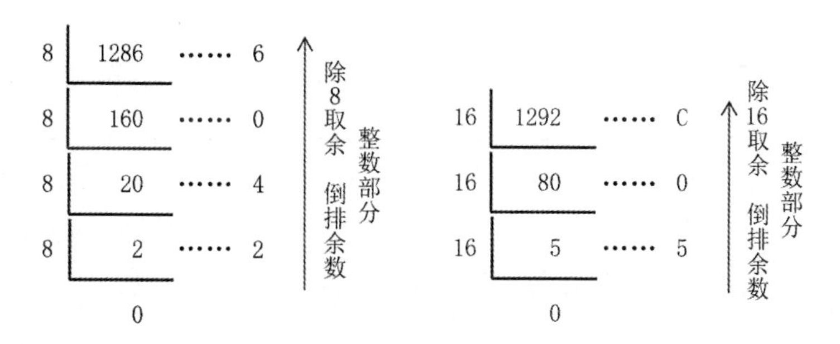

图 1-2　十进制转八进制和十六进制过程

4. 二进制和八进制间转换

鉴于 $8=2^3$，可以采用 3 个二进制位数对应 1 个八进制位数，具体的对应关系如表 1-2 所示。

表 1-2　二进制和八进制转换关系表

二进制数	八进制数	二进制数	八进制数
000	0	100	4
001	1	101	5
010	2	110	6
011	3	111	7

二进制转八进制数时，以小数点为中心，整数部分自右向左，每3位为一组，最后不满3位的高位补0；小数部分自左向右，每3位为一组，最后不满3位的低位补0。相反，八进制数转换成二进制数时，将1位八进制数转换成3位二进制数即可。

将二进制数11010转换成八进制数，首先可以将其分割成11和010。左边不足三位，高位补0，即为011。然后，011对应3，010对应2。所以，最终二进制数11010转换为八进制数32。

将八进制数175转换成二进制数，三位数字分别对应二进制数001、111和101，即八进制数175转换为二进制数就是001111101，省去最左边数字0，最终为1111101。

5. 二进制和十六进制间转换

鉴于$16=2^4$，可以采用4个二进制位数对应1个十六进制位数，具体的对应关系如表1-3所示。

表1-3 二进制和十六进制转换关系表

二进制数	十六进制数	二进制数	十六进制数
0000	0	1000	8
0001	1	1001	9
0010	2	1010	A
0011	3	1011	B
0100	4	1100	C
0101	5	1101	D
0110	6	1110	E
0111	7	1111	F

二进制数转十六进制数时，以小数点为中心，整数部分自右向左，每4位为一组，最后不满4位的高位补0；小数部分自左向右，每4位为一组，最后不满4位的低位补0。相反，十六进制数转换成二进制数时，将1位十六进制数转换成4位二进制数即可。

1.2.3 信息编码

信息编码是指将现实生活中的各种数据信息（如数字、文本、音乐、图像、语音和视频等）经过数字化处理，将其转换成有规律的二进制形式表示的代码，从而使其能够被计算机等电子设备所识别，并能够进一步进行加工、存储、传输。

1. 位与字节

位是计算机度量数据的最小单位，在数字电路和计算机技术中都是采用二进制表示数据的，即0和1。一个二进制0或1称为1位，单位为bit（简写为b），位是计算机中最小的数据单位。

字节是信息组织和存储的基本单位，也是计算机体系结构的基本单位。8个连续的位（bit）

组成 1 个字节，记为 Byte（简写为 B）。同时，为了便于衡量存储器的大小，统一以字节为单位。在日常生活中，常见的有千字节（KB）、兆字节（MB）、吉字节（GB）、太字节（TB）、拍字节（PB）和艾字节（EB）等存储单位，它们的换算关系为：

1KB=1024B　　　　1MB=1024KB

1GB=1024MB　　　　1TB=1024GB

1PB=1024TB　　　　1EB=1024PB

2. ASCII 码

ASCII（American Standard Code for Information Interchange，美国信息交换标准代码）是基于拉丁字母的一套计算机编码系统，主要用于显示现代英语和其他西欧语言。它是最通用的信息交换标准，被国际标准化组织指定为国际标准。ASCII 码有 7 位码和 8 位码两种版本，国际通用的是 7 位 ASCII 码，即用 7 位二进制数表示一个字符的编码，共有 2^7=128 个不同的编码值，对应 128 个不同字符的编码，如表 1-4 所示。

表 1-4　ASCII 字符编码表

低 4 位	高 3 位							
	000	001	010	011	100	101	110	111
0000	NUL	DLE	SP	0	@	P	`	p
0001	SOH	DC1	!	1	A	Q	a	q
0010	STX	DC2	″	2	B	R	b	r
0011	ETX	DC3	#	3	C	S	c	s
0100	EOT	DC4	$	4	D	T	d	t
0101	ENQ	NAK	%	5	E	U	e	u
0110	ACK	SYN	&	6	F	V	f	v
0111	BEL	ETB	′	7	G	W	g	w
1000	BS	CAN	(	8	H	X	h	x
1001	HT	EM	)	9	I	Y	i	y
1010	LF	SUB	*	:	J	Z	j	z
1011	VT	ESC	+	;	K	[	k	{
1100	FF	FS	,	<	L	\	l	|
1101	CR	GS	-	=	M	]	m	}
1110	SO	RS	.	>	N	↑	n	~
1111	SI	HS	/	?	O	←	o	DEL

在上述编码表中，每一个字符对应一个 7 位二进制代码。如大写字母 A 的 ASCII 码是 1000001（高 3 位＋低 4 位），对应十进制数 65；字符 B 的 ASCII码是 66；小写字母 a 的 ASCII 码是 97。

3. 汉字编码

ASCII 码仅对英文字母、数字和标点符号进行了编码，而没有涉及中文汉字。由于汉字存在同音字多、数量大等特点，对汉字的编码相对复杂。要实现汉字的输入、存储和屏幕显示，必须经过汉字输入码、汉字交换码、汉字机内码、汉字地址码和汉字字型码的一系列编码转换，具体的编码转换流程如图 1-3 所示。

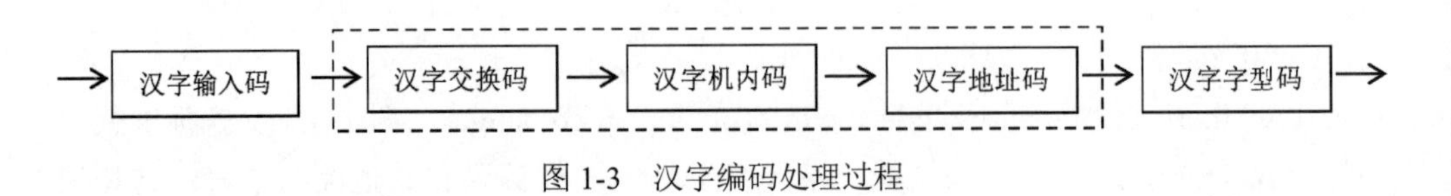

图 1-3 汉字编码处理过程

（1）汉字输入码。汉字输入码（又称汉字外码）是为了将汉字输入计算机而编制的编码，它是利用计算机标准键盘上按键的不同排列组合来对汉字的输入进行编码。

常见的输入码有拼音码、五笔字型码、自然码和区位码等多种类型。一个好的输入码应具有编码规则简单、易学易记、重码率低、输入速度快等优点。相比来说，拼音码采用的是汉字拼音，易学易记，但由于汉字的同音字多，重码率也就高；五笔字型码是根据汉字字型拆分为规定的字根实现汉字的输入，相对于拼音码来说重码率低，但需要用户理解和记忆字根；自然码是以词为主，以字为基础，音形结合的汉字编码，输入速度高，但用户掌握难度大；区位码是将每一个汉字用 4 位十进制数来表示，实现了完全无重码，但记忆难度太大。

然而，随着互联网的快速发展，以及语音和图像识别技术的不断提升，也为汉字输入码提供了新的发展方向。传统拼音输入法最大的弊端在于重码率高，而借助于互联网云输入和大数据概率分析可以大幅提高输入效率。目前，得益于语音和图像识别技术的发展，通过语音和图像识别输入汉字已经实现，市面上也有多种语音识别系统和印刷体汉字识别系统应用，相信随着技术的不断发展还会有更好的用户体验。

（2）汉字交换码（国标码）。汉字交换码是指在不同的具有汉字处理功能的计算机系统之间交换汉字信息时所使用的代码标准，简称交换码。自国家标准 GB 2312—1980 颁布以来，我国一直沿用该标准所规定的国标码作为统一的汉字信息交换码。

GB 2312—1980 标准包括了 6763 个汉字，按使用频度分为两级，其中一级汉字 3755 个，二级汉字 3008 个。一级汉字按拼音排序，二级汉字按部首排序。此外，该标准还包括 682 个标点符号，数种西文字母、图形和数码等符号。

（3）汉字机内码。汉字机内码又称“汉字 ASCII 码”，简称“内码”，是指计算机内部存储、处理、加工和传输汉字时所使用的由 0 和 1 符号组成的代码。输入码被接收后，由汉字操作系统的“输入码转换模块”转换为机内码，与所采用的汉字输入法无关。机内码是汉字最基本的编码，不管是什么汉字系统和汉字输入法，输入汉字外码到机器内部都要转换成机内码才能被存储和进行各种处理。

对应于国标码，一个汉字的内码用 2 个字节存储，并把每个字节的最高二进制位置 1 作为汉字内码的标识，以免与单字节的 ASCII 码产生歧义。如果用十六进制来表示，就是把汉字国标码的每个字节上加一个 8080H（即二进制数 10000000）。所以，汉字的国标码与其内码存在下列关系：

汉字的内码 = 汉字的国标码 +8080H

例如，已知“啊”字的国标码为 3021H，则根据上述公式可知“啊”字的内码就是 3021H+8080H，结果为 B0A1H。

（4）汉字字型码。汉字字型码又称汉字字模，用于汉字在显示屏或打印机上输出。汉字字型码通常有点阵和矢量两种表示方式。

用点阵表示字型时，汉字字型码指的是这个汉字字型点阵的代码。根据输出汉字的要求不同，点阵的多少也不同。简易型汉字为 16×16 点阵，提高型汉字为 24×24 点阵、32×32 点阵和 48×48 点阵等。点阵规模越大，字型越清晰美观，所占存储空间也就越大。如采用 16×16 点阵表示“次”字，如图 1-4 所示。

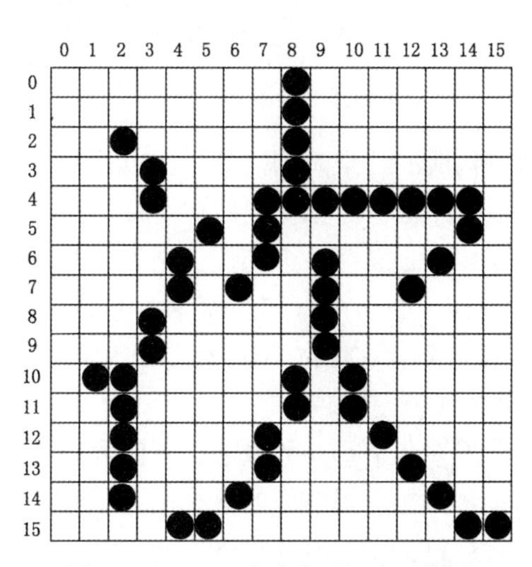

图 1-4 16×16 点阵表示汉字示例图

矢量表示方式存储的是描述汉字字型的轮廓特征，计算机输出汉字时通过计算，由汉字字型描述生成所需大小和形状的汉字点阵。矢量化字型描述与最终文字显示的大小和分辨率无关，因此可以产生高质量的汉字输出，而又不增加存储空间的占用。Windows 操作系统所使用的 TrueType 技术就是汉字的矢量表示方式。

（5）汉字地址码。汉字在计算机内部是以机内码的形式存放的，但是输出时却需要输出字型码，机内码必须借助于地址码才能找到相应的字型码。地址码是汉字库中存储汉字字型信息的逻辑地址的代码，它与机内码存在着一一对应关系，从而可以简化机内码到地址码的转换。

由此可见，汉字的输入、处理和输出是个相当复杂的过程。首先，借助于输入码输入汉字；其次，在机器内部将输入码转换成相应的机内码进行存储；然后，输出时根据机内码计算出地址码，从而根据地址码取出字型码；最终，使字型码输出到设备上。

4. 图形图像编码

计算机的图形图像编码有位图和矢量图两种方式。其中，矢量图采用的是对图形外部轮廓进行编码，而位图采用的是将图像分解成若干个像素点，再针对每一个像素点进行编码。这两种方式有着明显差别，矢量图可以任意放大不失真，位图则更加接近现实。

（1）位图编码。位图编码是将整幅图像分解为若干点，这些点称为像素（Pixel），计算机记录每个像素点的颜色值就等于保存了整幅图像，原理如图 1-5 所示。

图 1-5 位图编码原理

由于位图是由若干像素点构成的二维阵列，故位图也称点阵图，那么位图的编码就转变为每个像素点颜色的编码。根据非数值数据编码原理，首先需要统计共有多少种颜色需要表示，假设共有 N 种颜色，则需要 $\log_2 N$ 个二进制位。例如要表示 256 种颜色，那么每个像素点需要 $\log_2 256=8$ 个二进制位（即一个字节）。表示每种颜色需要的二进制位数称为颜色深度。常用的颜色深度有 1 位、8 位、16 位、24 位和 32 位等，颜色深度越大，颜色越丰富，图像越逼真，但同时也意味着需要的存储空间越多。

位图图像有图像大小和分辨率两个重要的概念。图像大小是指一幅图像包含的像素点的规模，用行、列两个维度衡量。例如一幅图像的分辨率为 1024×768 像素，那么意味着它有 768 行，每行有 1024 个像素，这幅图共有 1024×768 个像素点。如果颜色深度为 32 位（4B），那么存储这幅图像就需要 1024×768×4B=3MB 存储空间。显然图像大小和颜色深度决定了图像文件的大小。图像分辨率是指每个单位长度上有多少个像素点，常用像素密度 PPI（Pixel/Inch）来表示，即每英寸所拥有的像素数量。显然图像分辨率越高，图像越逼真，但是也同时意味着需要更多的存储空间。

日常生活中，位图是最常见的图像格式，如使用手机拍出的照片。我们所说的手机摄像头分辨率，就是指手机拍出来照片所包含的像素点。一般来说，手机摄像头像素越高，它拍出来的照片所包含的像素点就越多，色彩信息表现得越真实，拍照效果也就越好，当然占用的存储空间也就越大。原始状态下，位图对存储空间的需求很大，为了解决图片占用存储空间问题研发人员研发了图像压缩算法。比如，JPEG 图像文件采用的就是图像压缩算法存储，JPEG 文件在保持逼真度和压缩比方面具有较好的优势，被广泛采用。

（2）矢量图编码。矢量图编码是指以记录图形的外部轮廓的方式对图形进行编码，在数学上定义为一系列由线连接的点。每个对象都是自成一体的实体，具有颜色、形状、轮廓、大小和屏幕位置等属性。矢量图中存储的是一组描述各个元素的大小、位置、形状、颜色和维数等属性的指令集合，通过相应的绘图软件读取这些指令即可将其转换为输出设备上显示的图形。

矢量图是根据几何特性来绘制图形的，矢量可以是一个点或一条线，矢量图只能靠软件生成，文件占用的存储空间较小，因为这种类型的图像文件包含独立的分离图像，可以自由无限制地重新组合。矢量图编码原理注定其具有任意放大不会失真、图像文件占用存储空间小等优点。矢量图显示和分辨率大小无关，非常适合于图形设计、文字设计、标志设计和版式设计等领域。

位图和矢量图各有优缺点和适用的领域，具体对比如表 1-5 所示。

表 1-5　位图和矢量图对比

位图	矢量图
记录每个像素点，逼真度高	只抽象出轮廓特征，逼真度低
可以表示任意形状的图像	只适合表示形状比较简单的图像
无须转换直接输出，输出效率高	输出前要经过计算，输出效率低
需要存储每个像素点信息，占用存储空间大	无须存储每个像素点信息，占用存储空间小
过度放大会出现锯齿现象，影响视觉效果	支持任意放大或缩小，图像显示不失真

5. 音频编码

声音是一种连续的波动信号，而计算机存储的是二进制数据，所以只有将声音的模拟信号转换成离散数据，计算机才能够识别和存储，这个转换过程被称为音频编码。

声音源自于机械振动，并通过周围的弹性介质以波的形式向周围传播，最简单的声音表现为正弦波。描述一个正弦波需要频率、振幅和相位 3 个参数。其中，频率是指振动的快慢，它决定声音的高低；振幅是指振动的大小，它决定声音的强弱；相位是指振动开始的时间。

复杂的声波由许多具有不同振幅、频率和相位的正弦波组成。声波具有周期性和一定的幅度，波形中两个相邻的波峰（或波谷）之间的距离称为振动周期，波形相对基线的最大位移称为振幅。周期性表现为频率，控制音调的高低，频率越高，声音就越尖，反之就越沉。幅度控制声音的音量，幅度越大，声音越响，反之就越弱。声波在时间上和幅度上都是连续变化的模拟信号，可以用模拟波形来表示。

对声音波形信息编码，就是对声音信号采样、量化和编码的过程，如图 1-6 所示。

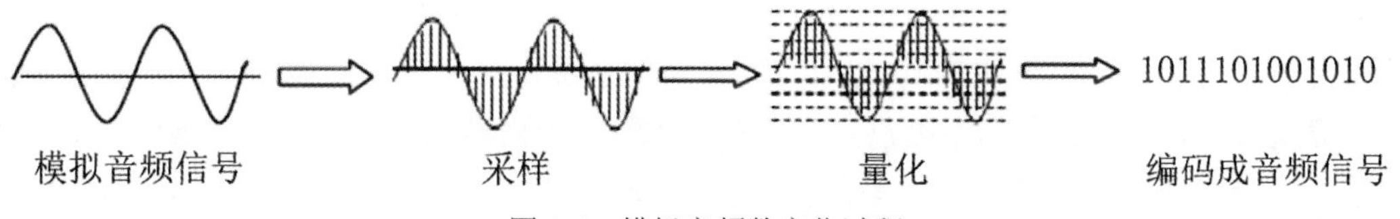

图 1-6　模拟音频数字化过程

声音波形信息采样是每隔一定时间间隔对模拟波形取一个幅度值，即把时间上的连续信号变成时间上的离散信号。该时间间隔为采样周期，其倒数为采样频率，采样频率即每秒的采样次数。采样频率越高，数字化的音频质量越高，但数据量也就越大。根据 Harry Nyquist 采样定律，采样频率高于输入的声音信号中最高频率的两倍，就可以从采样中恢复到原始波形。这也是在实际采样中采取 40.1kHz 作为高质量声音采样标准的原因。

声音波形信息量化是将每个采样点得到的幅度值以数字存储。量化位数（采样精度）是指存放采样点振幅的二进制位数，它决定了模拟信号数字化以后的动态范围。一般来讲，量化位数越多，采样精度越高，音质越细腻，但信息的存储量也越大。一般量化位数主要有 8 位和 16 位两种。8 位的声音从最低到最高只有 2^8（即 256）个级别，而 16 位声音有 2^{16}（即

65536）个级别。专业级别则使用 24 位，甚至更高。

声音波形信息编码是将采样和量化后的数字数据以一定的格式记录下来，主要解决数据表示的有效性问题。考虑到原始编码的音频文件会非常大，所以通常需要经过压缩算法进行处理，如 MP3 就是一种常见的音频压缩算法。

6. 视频编码

视频文件是由一系列的静态图像按一定的顺序排列组成的，每一幅画面称为帧（Frame）。电影、电视通过快速播放每帧画面，再加上人眼的视觉滞留效应，便产生了连续运动的效果。当帧速率达到 12 帧 / 秒以上时，就可以产生连续的视频显示效果。然后把音频信息同步加入进去，就可以实现视频和音频信号的同时播放。

数字视频相对于图像和音频编码来说，因为视频本质就是图像编码和音频编码的合集，所以它需要的存储空间更大。为了解决这一问题，必须将视频编码进行压缩，目前常见的压缩算法有 MPEG 等。

1.3 信息安全与职业道德

在现代信息社会里，信息是人类的宝贵资源，能否有效地利用信息是衡量社会发展水平的重要标志之一。同时，信息安全也是信息社会必须要面对的重要问题。提高网民的信息安全防护意识和信息从业人员的职业道德，已成为信息社会的热点问题。

1.3.1 信息安全概述

信息系统是以计算机和网络为基础的应用管理系统，由于其处理速度快，操作便捷高效，被越来越多地应用于社会的各个领域。信息系统给人们带来极大的方便，但同时也为极少数不法分子利用信息技术进行犯罪提供了可能。据不完全统计，全球每年利用计算机系统进行犯罪所造成的经济损失可达数千亿美元。

1. 信息安全的定义

国际标准化组织将信息安全定义为“数据处理系统建立和采取的技术与管理安全措施，保护计算机硬件、软件和数据不因意外或恶意人为等原因而遭到破坏、更改和泄漏”。

信息安全包含系统实体安全、系统数据安全和管理安全三层含义。其中，系统实体安全是指提供系统安全运行的物理基础；系统数据安全是指通过对用户权限控制和数据加密等手段，确保系统中的信息不被非授权者获取或篡改；管理安全是指通过采用一系列综合措施，对系统内的信息资源和系统安全运行进行有效的管理。

不论采取何种安全机制和措施解决信息安全问题，其本质上都是为了保证信息的各项安全属性。信息安全的基本属性包括保密性、完整性、可用性、可控性和不可否认性等。

（1）信息保密性。保密性是指信息经过加密算法加密，将明文变成密文。只有被授权掌握密钥的合法用户，才能通过解密算法将密文还原成明文。未经授权的用户因为没有密钥，所以无法获知原明文信息。

（2）信息完整性。完整性是指为检验所获取的信息与原信息是否完全一致，通常会给原信息附加特定的信息块。该信息块的内容是原信息数据的函数，系统利用该信息块检验数据信息的完整性。未经授权的用户对原信息的改动会导致该信息块发生变化，从而引发系统启动预定的保护措施。

（3）信息可用性。可用性是指安全系统能够对用户进行授权，为其提供某些服务，即经过授权的用户可以得到系统资源，并且享受到系统提供的服务，防止非法抵制或拒绝对系统资源或系统服务的访问和利用，增强系统的效用。

（4）信息可控性。可控性是指合法机构能对信息及信息系统进行合法监控，防止不良分子利用安全保密设备来从事犯罪活动。通过特殊设计的密码体制与密钥管理运行机制相结合，管理监控机关可以依法侦探犯罪分子的保密通信，同时保护合法用户的个人隐私，即对信息系统安全进行监控管理。

（5）信息不可否认性。不可否认性是指无论合法的还是非法的用户，一旦对某些受保护的信息进行了处理或其他操作，都要留下自己的操作痕迹，以备在后来的查证时使用，进而防范信息行为人否认自己的行为。

2. 信息安全研究的内容

计算机网络的开放性和互联性特征致使网络易受攻击，所以网络信息的安全和保护是一个至关重要的问题。无论是在单机系统、局域网，还是在广域网系统中，都存在着自然和人为等诸多因素影响着网络安全。一切影响计算机网络安全的因素和保障计算机网络安全的措施都是计算机网络安全技术的研究内容。

（1）实体安全。所谓实体安全是指包括环境、设备和记录介质在内的，所有支持系统正常运行的总体设施的安全。实体安全包括计算机设备、通信线路及设施、建筑物等的安全，预防地震、水灾、火灾、飓风、雷击，满足设备正常运行的环境要求，防止电磁辐射、泄漏，媒体的安全备份及管理等。

（2）软件系统安全。软件系统安全是指针对所有计算机程序和文档资料，保证它们免遭破坏和非法复制。软件系统安全还包括使用高安全产品的质量标准为自行开发使用的软件建立严格的开发、控制和质量保障机制，保证软件满足安全保密技术标准要求，确保系统安全运行。

（3）加密和认证技术。加密技术作为最常用的安全保密手段，主要是通过某种方法把重要的数据变为密文传送，到达目的地后再用解密算法还原。认证技术常采用访问控制、散列函数、身份认证、消息认证、数字签名和认证应用程序等方法和手段。消息认证则可以确保一个消息来自合法用户，同时还能够保护信息免遭篡改、延时、重放和重排序。

（4）网络安全防护。网络安全防护主要是针对计算机网络面临的威胁和网络的脆弱性而采取的防护技术，如安全服务、安全机制及其配置方法、动态网络安全策略、网络安全设计的基本原则等。

（5）数据信息安全。数据信息安全主要是指为保证计算机系统的数据库、数据文件、及数据信息在传输过程中的完整、有效和使用合法，免遭破坏、篡改、泄露、窃取等威胁和攻击，而采取的一切技术、方法和措施。其中，主要包括备份技术、压缩技术和数据库安全技术等。

（6）病毒防治技术。计算机病毒对信息系统安全的威胁已成为一个突出的问题，要保证信息系统的安全运行，除了采用服务安全技术措施外，还要专门设置计算机病毒检查、诊断、清除设施，并采取成套的系统预防方法，以防止病毒入侵。

（7）防火墙与隔离技术。防火墙是指一种将内部网和公众访问网隔离的技术，属于静态安全防御技术，它是保护本地计算机资源免受外部威胁的一种标准方法。防火墙是在两个网络之间通信时执行的一种访问控制制度，它能允许用户授权的人和数据进入，同时将未被授权的人和数据拒之门外，从而最大限度地阻止黑客入侵。

（8）入侵检测技术。入侵检测技术是动态安全技术的核心技术，是防火墙的合理补充。入侵检测技术帮助系统对付网络攻击，扩展了系统管理员的安全管理能力（包括安全审计、监视、进攻识别和响应），提高了信息安全基础结构的完整性。入侵检测被认为是防火墙之后的第二道安全闸门，它能在不影响网络性能的情况下对网络进行监测，从而对内部攻击、外部攻击和误操作进行实时防护。

1.3.2 信息安全与国家安全

国家安全是一个国家的基本利益，是一个国家处于没有危险的客观状态，也就是国家处在没有外部的威胁和侵害，也没有内部的混乱和疾患的客观状态。当代的国家安全包括国民安全、领土安全、主权安全、政治安全、军事安全、经济安全、文化安全、科技安全、生态安全、信息安全和核安全 11 个方面的内容。

信息安全作为国家安全的重要组成部分，在当今信息时代显得尤为重要。信息安全的概念在 20 世纪经历了一个漫长的历史阶段，90 年代以来得到了深化。进入 21 世纪后，随着信息技术的不断发展，信息安全问题也日显突出。如何确保信息系统的安全已成为全社会关注的问题。国际上对于信息安全的研究起步较早，投入力度大，已取得了许多成果，并得以推广应用。我国已有一批专门从事信息安全基础研究、技术开发与技术服务工作的研究机构和高科技企业，形成了中国信息安全产业的雏形。但受我国用户信息保护意识淡薄、数据采集不规范和相关部门监管不力等因素影响，我国信息安全事业的发展较为缓慢。

为了有效保护信息安全，实现信息的保密性、完整性、可用性、授权性、认证性和抗抵赖性等，需要有以下 7 方面的防护措施：

（1）加强数据库安全防范。在具体的计算机网络数据库安全管理中，经常出现各类由于人为因素造成的数据库安全隐患，对数据库安全产生了较大的不利影响。现代计算机用户和管理者应能够依据不同风险因素采取有效控制防范措施，从意识上真正重视安全管理保护，提高计算机网络数据库的安全管理工作力度。

（2）提高安全防护意识。用户在日常生活中要经常使用银行账户、身份证号和网络账户等信息，这些信息也往往是不法分子窃取的目标。不法分子利用技术优势窃取用户的信息，再使用用户账户信息登录相关平台，窃取用户隐私或资金，给用户带来重大损失。用户务必时刻保持警惕，提高自身信息安全意识，拒绝下载不明软件，禁止点击不明网址，加强账号和密码安全等级，增强自身安全防护能力。

（3）采用数据加密技术。对于数据库安全管理工作而言，数据加密技术是一种有效手段，它能够最大限度地避免和控制病毒的侵害。当前应用最广泛的数据加密技术主要有保密通信、防复制技术和计算机密钥等。在计算机日常安全管理中，采用科学先进的数据加密技术能够降低病毒程序入侵的概率。同时，还能够在用户数据信息被入侵后，依然有能力保护数据信息不泄露。

（4）提升硬件质量。影响信息安全的因素不仅有软件质量，还有硬件质量。用户在考虑硬件系统安全性的基础上，还必须重视硬件的使用年限问题，硬件作为计算机的重要构成部件，其具有随着使用时间的增加性能会逐渐降低的特点，用户应注意硬件的日常维护和维修。

（5）改善周边工作环境。改善计算机周边的工作环境主要包括灰尘、湿度和温度等环境的改善。具体来说就是计算机的日常灰尘清理，保证工作温度和湿度适当，有效避免计算机硬件老化和意外故障。

（6）安装防火墙和杀毒软件。防火墙可以有效控制计算机网络的访问权限，自动分析网络的安全性，拦截非法网站的访问，过滤问题消息，从而增强系统抵御能力，提高网络系统的安全指数。同时，用户还需要安装杀毒软件，拦截和中断系统中存在的病毒，提高计算机网络安全。

（7）加强入侵检测技术应用。入侵检测主要是针对数据传输的安全检测，入侵检测系统能够及时发现计算机和网络之间的异常现象并报警给用户。为了更好地发挥入侵检测技术的作用，通常还会辅以密码破解技术和数据分析技术等，确保计算机系统和网络安全。

除了上述措施外，信息安全保障措施还包括提高用户的账户安全意识、加强网络监控技术应用、更新系统漏洞补丁程序等。

1.3.3 网络道德与规范

互联网的快速发展给人们的生活和工作带来了诸多便利，极大地丰富了人们的日常生活。借助互联网，人们足不出户就可以获取丰富的信息知识，人们的视野和信息获取渠道也得到拓展，人们日常娱乐、工作和学习等方面的成本也得到控制。互联网在给人们带来众多益处的同时，也带来了一定的负面影响，如网络上存在着一些不健康、不和谐的内容给人们的精神世界带来了一定的消极影响。

近年来，我国加大了对信息安全的建设力度，在战略部署、组织架构、法律法规、攻防能力等方面都进行了探索和建设，尤其注重对网络和信息安全领域的立法。同时，要求普通网络使用者要具有良好的品德和高度的自律，努力维护网络秩序。如提高网络信息安全意识、树立良好的网络道德、遵守国家相关法律法规等。

1. 网络道德

网络道德作为一种实践精神，是用户对网络所持有的意识态度、行为规范、评价选择等价值体系，是正确处理、调节网络社会关系和秩序的行为准则。网络道德的目的是按照从善法则，创造性地完善社会关系和用户自身，其社会需要除了规范人们的网络行为之外，还有提升和发展用户内在精神的需要。

（1）网络道德的定义。网络道德是指以善恶为标准，通过社会舆论、内心信仰、传统习惯和社会影响来评价人们的上网行为，调节网络时空人与人、人与社会之间关系的行为规范。网络道德是时代发展的产物，与信息网络相对应。

网络道德是人类道德的一个分支，属于道德范畴，它能够反映一个人的道德水准，同样具有约束作用。遵守网络道德可以使网络使用者自律，自觉遵守和维护网络秩序，逐渐养成良好的网络行为习惯，具备网络是非判断能力，不跟风、不盲信、不恶意中伤、不造谣和传谣。建立健康有序、风清气正的网络环境，需要每一位网络使用者的参与和共同努力。同时，需要社会大力倡导网络道德，形成文明上网、行为自律、网络监管和法制管理相互补充、相互促进的良好网络运行机制。

（2）不良网络道德表现。目前，社会上较为凸显的网络问题大致有不良信息传播、网络暴力、侵犯他人隐私、网络成瘾和网络知识侵权等。

- 不良信息传播。网络是信息社会的重要组成部分，网络在提供丰富多彩、形式多样信息的同时，也存在着不良信息，如政治反动、封建迷信、低俗色情、凶杀恐怖等。这些不良信息对用户存在着恶性的潜在诱导，尤其是对未成年人的影响更为严峻。坚决抵制和举报不良网络信息传播，功在当代，利在千秋。
- 网络暴力。由于网络身份具有一定的隐蔽性，这就使个别居心不良的人心存侥幸，在网络上对别人恶意中伤、肆意侮辱、造谣诽谤，给和谐开放的网络环境带来了不良影响，尤其给被害人的心理带来巨大创伤，有的被害人甚至为此付出了生命的代价。网络并非法外之地，网络上居心叵测的言行全部有迹可循，不法分子必将受到法律的惩处。
- 侵犯他人隐私。目前还有不少用户对信息保护知之甚少，平时的个人隐私保护不完备。不法分子利用技术优势，通过网络平台盗取用户隐私进行获利，严重侵害了用户的合法权益。我国法律规定公民享有隐私权，公民的隐私受法律保护，任何侵犯他人隐私的行为都要接受法律的制裁。
- 网络成瘾。网络娱乐（尤其是网络游戏和直播视频）具有很强的吸引力，有些用户对此爱不释手、沉迷上瘾，进而陷入了一种精神病态。网络成瘾的危害巨大，尤其是对未成年人的影响更是严重，青少年因沉迷网络而辍学、伤人和自杀的新闻屡见不鲜。网络成瘾已成为一个社会问题，需要家庭、学校、社会共同关注。
- 网络知识侵权。网络是一个知识宝库，用户借助于搜索引擎几乎能够找到所有资料，但这并不意味着所有资料都可以不经许可随意上传、存储和下载。在网络环境中，著作权体系的地域空间概念被完全打破，知识产权保护呈现出了新的特点，这些都导致知识产权在互联网环境下很难得到保护。作品被复制、商标被模仿等行为都给著作权所有者造成了巨大损失。保护网络知识产权人人有责，侵权势必迎来法律的制裁。

（3）弘扬网络道德正能量。网络道德是以从善法则完善社会关系和自身，而网络道德失范会引起人们人生观、价值观、世界观的扭曲，并且容易把错误的伦理道德倾向带到现实生活中，对现实世界的伦理道德标准产生排斥和敌视。网络上瘾的人很容易丧失道德和人格，并对现实生活产生疏离感。相比现实生活他们更愿意生活在虚拟的网络空间中，从而对现实生活失去信心，行为也更麻木冷漠，对身边的人和事无所顾忌，对社会缺少责任感，对亲人缺乏亲情，还会产生更多交往障碍和心理疾病等。

作为信息时代的一名大学生要以身作则，弘扬和践行社会主义核心价值观，传播网络道德正能量，做到不浏览不健康的网站，不观看不健康的视频，不发布且不传播带有反动色彩或迷信色彩的言论，严格遵守《中华人民共和国网络安全法》和《中国互联网管理条例》的相关规定。同时，要善于利用网络进行知识学习，诚实守信，举止文明，不侮辱欺诈他人。除此之外，还要增强自我保护意识，不随意约见网友，不破坏网络秩序，不沉溺虚拟时空。

2. 网络规范

在信息社会中，计算机作为工具被越来越多地应用到了社会各个行业，多行业、多学科、多部门都要用到计算机，涉及很多的隐私数据和保密文件。作为信息从业者必须提高认识，自觉履行数据保护、信息保密职责，并注重知识产权和软件版权保护，防止和杜绝计算机职业犯罪。

互联网改变了或正在改变着人们的行为方式、思维方式和生活方式，推动了信息资源的共享，加快了信息传播的速度，降低了信息通讯的成本，并且蕴藏着无限的潜能。但是网络并非一片净土，也存在很多消极方面，如文化误导、色情暴力、网络欺诈、网络暴力等。针对这些负面影响，世界各国纷纷制定了法律法规来加以约束和管理。

1990 年 9 月，我国颁布了《中华人民共和国著作权法》，把计算机软件列为享有著作权保护的内容。1991 年 6 月，又颁布了《计算机软件保护条例》，规定计算机软件是个人或者团体的智力产品，同专利、著作一样受法律的保护。1994 年 2 月，国务院发布了《计算机信息系统安全保护条例》。1997 年 12 月，公安部发布了《计算机信息网络国际联网安全保护管理办法》。同年，全国人大常委会修订《刑法》增加了计算机犯罪的内容。2000 年 12 月，通过了《全国人大常委会关于维护互联网安全的决定》，其中规定了若干应按照《刑法》予以惩处的行为。2016 年 11 月，全国人大常委会颁布了《中华人民共和国网络安全法》，自 2017 年 6 月 1 日起施行。

截止到目前，我国针对信息安全的法律法规已有 50 多部，部门规章和地方性法规百余件，法院也已成功受理、审结了多个涉及网络信息安全的民事和刑事案件。网络并非法外之地，用户必须清楚地认识网络的两面性，充分利用网络查阅资料、传递信息、分享收获、传递正能量，养成良好的网络行为习惯。

本章习题

一、判断题

1. 信息技术就是计算机技术。 （ ）
2. 位是计算机中常用的数据单位之一，它的英文名字是 Byte。 （ ）
3. 1 个字节由 8 个二进制数位组成。 （ ）
4. 所有信息都是以 ASCII 码的形式存储在计算机内部的。 （ ）
5. 位图与矢量图最大的区别是位图可以任意放大不失真。 （ ）
6. 视频编码占用的存储空间往往很小，不需要压缩。 （ ）
7. 从网上下载的音乐可以刻录成 CD 光盘进行销售。 （ ）
8. 使用网络资源时无需考虑知识产权方面的问题。 （ ）

二、单选题

1. 1837 年，（ ）利用电磁感应原理发明了第一台有线电报机。
   A. 莫尔斯　B. 梅乌奇　C. 贝尔　D. 康拉德

2．信息实际上是指（　　）。

A．基本素材　　B．非数值数据

C．数值数据　　D．处理后的数据

3．对于信息，下列说法错误的是（　　）。

A．信息是可以处理的　　B．信息是可以传播的

C．信息是可以共享的　　D．信息可以不依附于某种载体而存在

4．小李在网上购物时，发现某商家有一款商品性价比很高，他将该商品的超链接转发给了他的朋友，这里面没有使用的信息特性是（　　）。

A．依附性　　B．可传递性

C．可加工性　　D．可共享性

5．（　　）的任务是拓展人感觉器官收集信息的功能。

A．通信技术　　B．计算机技术

C．传感技术　　D．控制技术

6．（　　）的任务是延长人的神经系统传递信息的功能。

A．通信技术　　B．计算机技术

C．传感技术　　D．控制技术

7．计算机内部用于处理数据和指令的编码是（　　）。

A．十进制码　　B．二进制码

C．ASCII 码　　D．汉字编码

8．在计算机中，信息的最小单位是（　　）。

A．字节　　B．位　　C．字　　D．KB

9．下列 4 个计算机存储容量的换算公式中，错误的是（　　）。

A．1KB=1024MB　　B．1KB=1024B

C．1MB=1024KB　　D．1GB=1024MB

10．八进制可用标识字母（　　）后缀表示。

A．B　　B．D　　C．H　　D．O

11．二进制数 1001001 对应转换成十进制数是（　　）。

A．70　　B．71　　C．72　　D．73

12．十进制数 59 对应转换成二进制数是（　　）。

A．0111101　　B．0111011　　C．0111101　　D．0111111

13．标准 ASCII 编码集中的字符用（　　）位二进制数表示。

A．2　　B．4　　C．7　　D．16

14．五笔输入法属于汉字编码过程中的（　　）。

A．汉字输入码　　B．汉字交换码

C．汉字机内码　　D．汉字字型码

15．对信息安全的威胁主要包括（　　）。

A．信息泄漏和信息破坏　　B．信息保存和信息传递

C．信息传递延时和信息被复制　　D．信息错误和信息使用不当

三、简答题

1. 信息作为客观世界的三大构成要素之一，它有哪些特点？
2. 数据与信息之间的关系是什么？
3. 信息安全主要包含哪些基本属性？
4. 简要描述汉字编码的过程。
5. 简要描述计算机实现音频编码的过程。

第 2 章　硬件系统

计算机的出现是科学技术发展史上一个重要的里程牌，也使人们的生活发生了巨大变化。特别是微型计算机和网络技术的快速发展，使计算机成为人们工作、学习和生活中不可或缺的工具。计算机系统由硬件系统和软件系统组成，其中硬件系统是组成计算机的机器部分，是软件运行的基础。本章主要介绍计算机的产生、发展史及发展趋势，计算机的组成与分类，微型计算机等。计算机组成和微型计算机是本章的重点内容，计算机的工作原理是教学难点。

- 了解计算机的产生、发展史及发展趋势。
- 了解计算机的分类方法。
- 理解冯·诺依曼体系结构。
- 理解计算机的组成部分及工作原理。
- 了解微型计算机各部件的组成。

- 掌握计算机的工作原理。
- 掌握微型计算机的配置方法。

2.1　计算机发展史

计算，是人类认识世界的一种方式。计算需要借助一定的工具来完成，人类最初的计算工具就是自己的十个手指头，掰手指头计数是最早的计算方式。随着人类文明的不断进步，单纯依靠手指已无法满足计算的需要，人类便开始使用绳结、日晷、木棍等越来越多的计算工具。随着社会的不断发展，计算工具越来越高级。

计算机是社会发展到一定阶段的必然产物，是无数人共同努力的结果。本节主要介绍计算机的产生、发展史及未来的发展趋势。

2.1.1　计算机的产生

为了减轻劳动强度、提高劳动效率，人类制造了工具来扩展和延伸自身的机能。但这种扩展和延伸的想法是无止境的，几千年的探索历程已经勾勒出一条“简单工具→复杂工具→自动工具→智能工具”的发展轨迹。计算工具作为延伸人类智力的工具，其发展也是沿着这条轨迹进行的。

1. 古老的计算工具

早在远古时期，文字还未出现，人类的先祖就采用结绳记事的方式来记录事实、传播信息。结绳记事是原始记事的一种方法，即通过在绳索上或类似物件上打结的方法来记载事件、传递信息，如图 2-1 所示。当然，结绳需要遵循一定的规则，古书《易九家言》中记载 :“事大，大结其绳 ；事小，小结其绳，之多少，随物众寡”，即结绳方法是指会根据事件的性质、规模及所涉数量的不同而系成不同的绳结。结绳记事在一定程度上反映了原始社会的客观经济活动及其数量关系，是社会发展到一定阶段的产物。但由于缺乏文字记载、编制需要时间、保存困难等原因，其最终还是被淘汰。

图 2-1　结绳记事

在古代，人们进行沟通交流、信息传递，无可避免地需要进行时间的约定。日晷仪是我国古代使用较为普遍的一种计时仪器，其根据日影的位置来指定当时的时辰或刻数。日晷仪通常由晷针和晷面组成，晷面就是带刻度的表座，如图 2-2 所示。日晷计时不需要太复杂的工艺，在当时已经是很先进准确的计时工具了，被人类沿用达几千年之久，但受天气影响较大，而且携带不便，最终没有沿用至今。

图 2-2　日晷仪

春秋战国时期，人们开始普遍采用算筹进行计数，即用一根根长短粗细相同的小棍子，以纵横两种排列方式摆成不同的图形来表示各种各样的数目，通过棍子的摆放方法和计算规则来完成相应的计算，如图 2-3 所示。其中，南北朝时期杰出的数学家祖冲之就是使用算筹首次将圆周率精确地推算到小数点后第七位，即 3.1415926 至 3.1415927 之间。随着人们对计算的要求越来越高，逐渐用珠子代替棍子，并将珠子穿在细竹竿上，形成珠串，可以来回滑动，然后将多个珠串并排镶嵌在木框里，这样算盘就诞生了。通过珠算口诀，大大加快了计算速度。算盘运算方便，需要眼、头、手的密切配合，是锻炼大脑的一种非常好的方法，即便在今天，仍在使用。珠算现已正式成为人类非物质文化遗产。

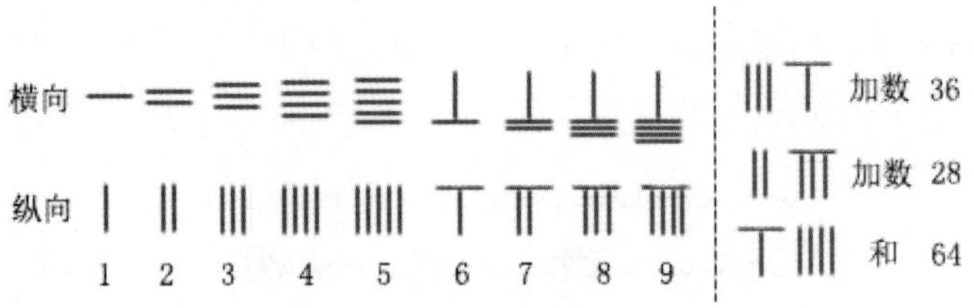

横向 纵向 1 2 3 4 5 6 7 8 9 加数 36 加数 28 和 64

图 2-3　算筹

无论是绳结、日晷仪，还是算筹、算盘，都是早期的计算工具，属于手动计算。手动计算难免会出现效率低、受主观因素影响大等不足，于是就开始有人想办法利用机器来代替手动计算。

2. 机械计算机

最早的机械计算机是由法国数学家布莱士 • 帕斯卡于 1642 年制作完成的，又称手摇机械计算机、帕斯卡加法器，如图 2-4 所示。它使用齿轮表示数字，低位齿轮转 10 圈，高位齿轮转 1 圈，能自动实现进位，即完成加法运算，这是计算工具史上的一大进步，对后来计算机的发展产生了深远的影响。为了纪念帕斯卡在计算机领域的贡献，瑞士人沃斯把自己发明的计算机高级编程语言命名为 Pascal，该语言至今仍很流行。

德国数学家莱布尼茨改进了帕斯卡的加法器，于 1673 年制作了乘法器（如图 2-5 所示），使机械设备能够完成基本的四则运算。据记载，莱布尼茨还曾受中国八卦图的启迪，系统地提出了二进制运算法则。

图 2-4　帕斯卡加法器

图 2-5　乘法器

英国数学家巴贝奇（如图 2-6 所示）于 1822 年制作了差分机（如图 2-7 所示），主要用于编制航海和天文方面的数学用表。随后他又提出了更大胆的设计——分析机，并且提到分析机完成自动计算应具备“存储库”“运算室”、送入和取出数据的结构。另外，巴贝奇还引入了程序控制的概念。虽然分析机最终以失败告终，但其设计思想已经具备当今计算机的基本框架，是现代通用计算机的雏形。

图 2-6　巴贝奇

图 2-7　差分机

巴贝奇之所以失败是因为他看得太远，分析机的设想远远超出了他所生活的那个时代。当时人们对电还没有太深刻的认识，仅仅依靠机械水平是无法支撑分析机的实现的。

3. 电控计算机

美国人赫尔曼·霍列瑞斯受织布机的启示，使用穿孔卡片进行数据处理，于 1884 年制作完成了第一台制表机（如图 2-8 所示），之后又于 1888 年完成了制表机的改进工作，并在全国性人口普查工作中取得了巨大的成功，将人口普查的数据处理工作由 7 年半的时间缩短为 1 年多。制表机采用的电气控制技术比传统的纯机械装置更加灵敏，用卡片上不同的穿孔表示不同的数据，通过专门的读卡设备将数据输入到计算装置中。这种以穿孔卡片记录数据的思想可以说是现代计算机软件的雏形。

虽然霍列瑞斯制作的制表机算不上通用的计算机，但采用穿孔卡片第一次将显示信息转变成二进制数据，对后来计算机系统的发展影响深远。同时，也将数据处理工作发展为计算机的另一主要功能。此外，霍列瑞斯创立的制表机公司在 1911 年被并入 CTR（计算制表记录）公司，这其实正是 IBM 公司的前身。

20 世纪初期，随着机电工业的发展，一些具有控制功能的电器元件逐渐被用于计算工具中。1944 年，霍华德·艾肯成功研制了世界上第一台自动电控计算机 MARK-I（如图 2-9 所示），实现了巴贝奇当年的设想，采用穿孔纸带上的“小孔”来控制机器操作的步骤，同时进行数据的存储和运算。

图 2-8　制表机

图 2-9　MARK-I

4. 电子计算机

随着真空二极管、三极管等电子元件的出现，计算机开始逐渐向我们今天所熟知的现代电子计算机发展。在电子计算机的发展历程中，英国数学家艾伦·图灵、美籍匈牙利数学家冯·诺依曼分别从理论模型、体系结构等方面为现代计算机的发展奠定了基础，美国数学家香农是现代信息论的创始人，其对现代通信技术和电子计算机的设计产生了巨大影响。另外，ENIAC 的诞生标志着电子计算机时代的到来。

艾伦·图灵（如图 2-10 所示）是英国数学家、逻辑学家，他所建立的图灵机采用的是一种抽象的计算模型，即把人们日常使用纸笔进行的数学运算过程抽象化，由机器模拟人的行为进行数学运算，其奠定了可计算理论的基础。图灵另一个重要的贡献就是图灵测试，即判定机器是否具有人类智能的试验方法，被测试的有一个是人，另一个是声称自己有人类智力的机器。通过向被测试者提问一系列的问题，并且进行多次测试后，如果机器平均让每个参与的测试者做出超过 30% 的误判，该机器就会被认为具备人类智能。图灵测试阐述了机器智能的概念，为“人工智能”奠定了基础，因此，图灵又被称为“人工智能之父”。为了纪念图灵的杰出贡献，美国计算机协会（ACM）于 1966 年设立了“图灵奖”，如图 2-11 所示为图灵奖杯，该奖项评奖程序极严、获奖条件要求极高，因此又有“计算机界的诺贝尔奖”之称。

图 2-10 艾伦·图灵

图 2-11 图灵奖杯

冯·诺依曼（如图 2-12 所示），美籍匈牙利数学家、计算机科学家、物理学家，提出了沿用至今的计算机体系结构——冯·诺依曼体系结构，其也被称为“计算机之父”。冯·诺依曼对计算机发展的贡献主要体现在：①提出“存储程序”，即程序和数据一起存储在内存中，计算机按照程序顺序来执行；②计算机采用二进制数制；③计算机由运算器、控制器、存储器、输入设备、输出设备五大部件组成。冯·诺依曼体系结构是现代计算机的基础，无论计算机的外形如何改变，都没有突破冯·诺依曼体系结构的束缚。

香农（如图 2-13 所示），美国数学家、信息论的创始人，提出了信息熵的概念，为信息论和数字通信奠定了基础，对现代电子计算机的产生和发展有重要影响，是电子计算机理论的重要奠基人之一。在他的通信数学模型中，其清楚地提出信息的度量问题，得到了著名的计算信息熵的公式，如果计算中的对数 log 是以 2 为底的，那么计算出来的信息熵就以比特（bit）为单位。“比特”的出现使人类知道了如何来计量信息量，现在广泛使用的字节（Byte）、KB、MB、GB 等计量单位也都是从“比特”演化而来的。

图 2-12　冯・诺依曼

图 2-13　香农

研制电子计算机的想法产生于第二次世界大战期间，主要用来进行弹道计算，在“时间就是胜利”的战争年代，迫切需要一台能够快速计算出弹道的机器。在这样的形势背景下，世界上第一台电子计算机 ENIAC 于 1946 年 2 月 14 日被研制出来，如图 2-14 所示。它由电子管、电阻、电容等电子元件组成，占地 160 多平方米，耗电 174 千瓦，重达 30 吨，每秒可进行 5000 次加法运算，能轻松完成弹道轨迹的计算工作。但由于 ENIAC 的研制主要是出于军事上的需要，其存在两大缺点：一是没有真正的存储器；二是控制不是自动进行的，每次都需要以人工布线的方式进行，耗时长，故障率高。后期冯・诺依曼对其进行了改进，提出了基于存储程序的通用数字电子计算机方案 EDVAC。

图 2-14　ENIAC

2.1.2　计算机发展史

自从 1946 年第一台电子计算机诞生以来，伴随着电子器件的飞速发展，计算机的性能在不断提升，但价格却在不断降低。最初只有专业人士才能操作的机器逐渐成为普通家庭必备的电器，可见计算机获得了突飞猛进的发展。通常，人们根据计算机所采用的主要元器件的不同把计算机的发展分为下述 4 个阶段。

1. 第一代——电子管计算机

以电子管作为主要元器件，体积庞大、能耗高、成本很高、维护困难。采用磁鼓、小磁芯作为主存储器，存储空间有限。运算速度达到每秒几千次到几万次。使用机器语言，没有系统软件，主要用于科学计算。

2. 第二代——晶体管计算机

以晶体管作为主要元器件，采用磁芯作为主存储器。与第一代相比，体积小、速度快、功耗低、性能更稳定。运算速度达到每秒几万次到几十万次，应用范围扩大到数据处理和工业控制领域。

3. 第三代——中小规模集成电路计算机

采用半导体中小规模集成电路作为主要元器件，体积更小，耗电量显著减少，寿命更长，计算速度更快，存储容量有了较大提高，可靠性也大大增强。有类似操作系统和应用程序，高级语言进一步发展，应用范围扩大到企业管理和辅助设计等领域。

4. 第四代——大规模、超大规模集成电路计算机

采用大规模和超大规模集成电路逻辑元件，体积比上一代更小，可靠性更高，寿命更长，运算速度更快，每秒可达几千万次到几十亿次。系统软件和应用软件获得了巨大发展，软件配置丰富，程序设计部分自动化。计算机网络技术、多媒体技术、分布式处理技术有了很大发展，微型计算机大量进入家庭，产品更新速度加快。应用范围扩展到办公自动化、数据库管理、图像处理、语言识别和专家系统等领域，电子商务已开始进入家庭，计算机的发展进入到了一个新的历史时期。

2.1.3 计算机发展趋势

随着社会信息化程度的不断深入，当前计算机正在朝着巨型化、微型化、网络化、多媒体化和智能化的方向发展。

1. 巨型化

巨型化是指研制运算速度更快、存储容量更大、功能更强的巨型计算机。其主要应用于天文、气象、地质、核技术、航天飞机、卫星轨道计算等尖端科学技术领域，也是记忆海量知识信息，以及使计算机具有类似人脑学习和复杂推理功能所必需的。巨型计算机的技术水平体现了计算机科学技术的发展水平，是衡量一个国家技术和工业发展水平的重要标志。

2. 微型化

微型化是指利用微电子技术和超大规模集成电路技术进一步提高集成度，研制出质量更加可靠、性能更加优良、价格更加低廉、机体更加小巧的微型计算机。计算机的微型化已成为计算机发展的重要方向，各种笔记本电脑、平板电脑的大量涌现是计算机微型化的一个体现。

3. 网络化

网络化就是用通信线路把各自独立的计算机连接起来，实现计算、存储、数据、信息、知识等各类资源的全面共享，为用户提供方便、及时、可靠、广泛、灵活、智能的信息服务，使用户获得前所未有的使用方便性。

4. 多媒体化

多媒体化是指随着数字化技术的发展，改变了传统以字符和数字作为计算机信息处理的主要对象，使现代计算机集图形、文本、声音、视频图像等为一体，使人们面对的信息环境更加有声有色、丰富多彩，这也是我们现在通常所说的多媒体技术。多媒体技术使各种各样的信息建立有机联系，让人们借助计算机以更接近自然的方式交换信息，使信息处理的对象

和内容都发生了深刻的变化。

5. 智能化

智能化是指使计算机具有模拟人的感觉和思维过程的能力，并具有解决问题、逻辑推理、知识处理和知识库管理等功能。通过智能接口建立人与计算机间的联系，用文字、声音、图像等方式与计算机进行对话。智能化使计算机突破了“计算”这一最初级的本意，从本质上扩充了计算机的能力，可以越来越多地代替人类脑力劳动。目前，已研制出各种“机器人”，有的能代替人劳动，有的能与人下棋等。

2.2　计算机组成与分类

一个完整的计算机系统是由硬件系统和软件系统两大部分组成的。硬件系统是计算机完成各项任务的物质基础，是组成计算机系统的各种物理设备和电子线路的总称。软件系统是在硬件系统的基础上，为实现各种信息处理任务而开发的相应程序及其文档的总和。若没有软件系统的支撑，计算机系统就会变得晦涩难懂；若没有硬件的支撑，各类软件就无法正常运行，计算机的实用价值就会大大降低。如果把硬件系统比作人的躯体，那么软件系统就相当于人的大脑，在大脑的控制下，人的躯体来完成各种“动作”。计算机的软硬件是计算机系统缺一不可的两个部分，其具体组成如图 2-15 所示。

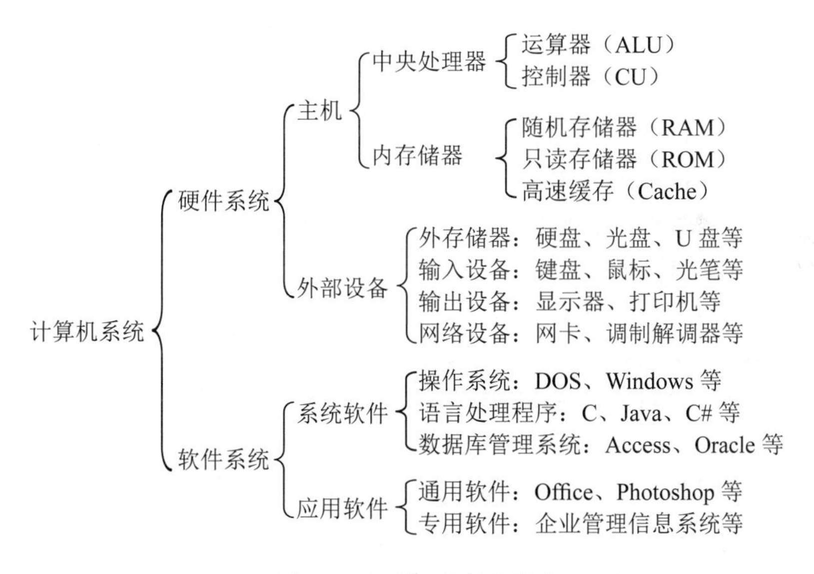

图 2-15　计算机系统的组成

随着科学技术的不断进步，计算机也在快速发展，其体形变得越来越小巧，便于携带，种类也变得丰富多样，功能越来越强大。根据不同的参考依据，可以对计算机进行不同的分类。

2.2.1　计算机的组成

计算机硬件系统是组成计算机的机器部分，软件系统由程序、数据及文档等组成。通常把只装有硬件而没有配备任何软件的计算机称为“裸机”，这样的计算机只能识别 0 和 1 组成的二进制代码，即只能运行机器语言程序。软件在计算机和计算机使用者之间架起了桥梁，通过安装丰富多样的软件，可以使人们灵活自如地使用计算机完成各种任务。硬件是物质基础，软件是硬件功能的扩充和完善。

虽然现在计算机的制造技术发生了极大的变化，种类也变得丰富多样，但其硬件构造方面仍采用冯·诺依曼的体系结构，即计算机系统由运算器、控制器、存储器、输入设备、输出设备组成。这5个部分各司其职，在控制器的控制下完成各项任务。其中，运算器和控制器集成在一块芯片上，称为中央处理器，简称CPU。

1. 运算器

运算器是运算逻辑单元，主要负责执行计算机中各种算术运算和逻辑运算操作。它主要由运算部件、寄存器和累加器等组成。运算部件作为运算器的核心部件，主要完成加、减、乘、除基本四则运算，与、或、非、异或等逻辑运算，以及移位、求补等运算。寄存器主要用来暂时寄存少量的数据。

2. 控制器

控制器是计算机的中枢神经和指挥中心，根据事先给定的程序指令发出一系列的控制信号，使整个计算机按照程序指令一步一步执行，以此控制各部件协调一致地完成所期望的功能。它主要由指令寄存器、译码器、程序计数器和控制单元等组成。在计算机中，主要由控制器控制着数据信息、地址信息和控制信息分别在数据总线、地址总线和控制总线上流动。

3. 存储器

存储器是计算机的记忆和存储部件，用来存放程序、数据等信息。计算机中的全部信息，包括输入的原始数据、程序软件、经计算机初步加工后的中间运行结果和最终处理结果都存储在存储器中，并在控制器的控制下在指定的位置取出或存入信息。

存储器分为内存储器和外存储器两类。内存储器简称内存，存取速度快、容量小、价格高，主要用来暂存CPU中的运算数据。内存分为随机存储器（RAM）、只读存储器（ROM）和高速缓冲存储器（Cache）。RAM也称主存储器，简称主存，内容可由用户随时进行读写，断电后内容会丢失，主要用来暂存计算机正在运行的程序和正在使用的数据。ROM是只读存储器，内容由计算机厂家采用特殊方式写入，断电后不会丢失，用户只能读出其内容，不能修改，主要用来存放永久性的系统程序和服务程序。Cache读写速度快，主要用来解决处理器和主存读写速度不匹配的问题。外存储器简称外存，容量大、价格低，可以永久脱机保存信息，但存取速度慢，主要用来存放暂时不用的程序和数据。存储器的容量一般用KB、MB、GB、TB、PB、EB来表示，目前常用的外存储器有硬盘、光盘、U盘等。

4. 输入设备

输入设备是负责将数据和程序输入到计算机的设备，是用户和计算机系统之间进行信息交换的主要装置。常用的输入设备有键盘、鼠标等。

5. 输出设备

输出设备负责将计算机处理后的结果输出计算机，主要用于数据的输出，是人与计算机交互的一种部件。通过输出设备，可以将各种计算结果数据或信息通过多种形式表示出来，如数字、字符、图像、声音、视频等形式。常用的输出设备有显示器、打印机等。

输入设备、输出设备连同外存储器被统称为计算机系统硬件组成中的外部设备，又称外围设备，简称外设。

计算机硬件的基本功能就是在计算机程序的控制下，将求解的问题转换成计算机所能识别的一条条指令的集合（即程序），来实现数据的输入、运算和输出等一系列的根本性操作。所谓指令是指能被计算机识别并执行的二进制代码，由操作码和操作数两部分组成，操作码指明指令要完成的操作类型，操作数则是参与计算的数据或数据所在的地址。指令实现了计算机所能完成的一个基本操作，计算机所能执行的所有指令的集合就构成了指令系统。指令系统一般分为数据传输指令、算术与逻辑运算指令、输入输出指令、程序控制指令等。

计算机通过输入设备将原始数据或程序进行输入，在控制器的控制下完成相应的操作，如通过运算器完成算术运算或逻辑运算，通过存储器完成取数或存数操作等，并将最终的处理结果通过输出设备进行输出，其工作方式如图 2-16 所示。计算机的工作原理实际就是计算机执行指令（程序）的过程，即快速地取指令、分析指令及执行指令的过程。事先将一条条指令放入内存中，当计算机运行时，程序的第一条指令的地址号被放入到一个专门的程序计数器中，当第一条指令被取出、分析、执行完毕后，该计数器会自动加 1，从而生成下一条指令的地址，继续进行指令的取出、分析、执行，这样循环执行下去，直到结束。

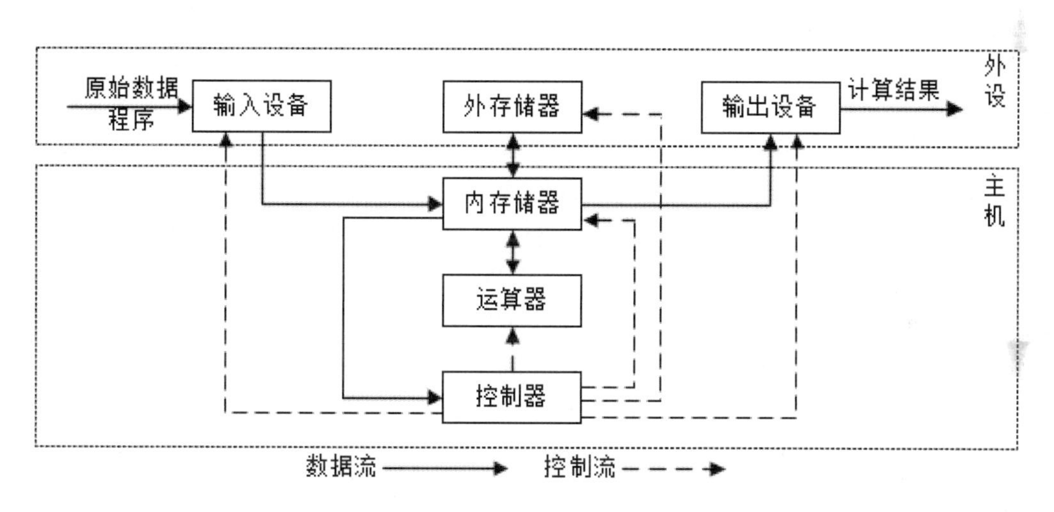

图 2-16　计算机的工作方式

（1）取指令。在控制器的控制下，根据程序计数器给出的地址，从内存中取出要执行的指令送到 CPU 内部的指令寄存器中。

（2）分析指令。在控制器的控制下，对指令的操作码进行译码，将其转换成相应的控制电位信号，根据指令的操作数来确定具体的操作数或操作数地址。

（3）执行指令。由控制器发出完成该操作所需要的一系列控制信息，来完成该指令所要求完成的操作。

2.2.2　计算机分类

计算机有多种分类方法。按照信息的表示形式和处理方式不同，可将计算机分为数字计算机、模拟计算机、数模混合计算机。其中数字计算机主要处理非连续变化的数据，如年龄、工资数据等；模拟计算机主要处理的是连续的物理量，所有数据用连续变化的模拟信号来表示，如温度、电压、电流等；数模混合计算机兼有数字和模拟两种计算机的特点。

按照计算机的使用范围可将计算机分为通用计算机和专用计算机。其中通用计算机通用性强，功能齐全，能满足大多数人使用，如个人计算机。专用计算机则是为解决某些特定问题而设计的计算机，功能相对比较单一、可靠性高、综合成本低，如银行系统用计算机等。

按照使用环境和需求可将计算机分为工作站和服务器。其中工作站是一种高端通用微型计算机，主要用于图形图像处理、计算机辅助设计等特殊的专业领域，其运算速度比微型计算机快，联网功能较强，通常配备有多屏显示器、高分辨率的大屏及容量较大的存储器。服务器是在网络环境下为多用户提供资源和服务的一类计算机，专业的服务器需要具有较强的计算能力、高速的网络通信能力及多任务处理功能，与普通的计算机相比，其需要提供7×24小时无间断的资源共享服务，在可靠性、可用性、可扩展性、稳定性等方面都有更高的要求。根据服务器的服务类型不同，可将服务器分为文件服务器、应用程序服务器、通信服务器等。

按照计算机的规模、运算速度、综合性能指标可将计算机分为巨型计算机、大型计算机、小型计算机、微型计算机、嵌入式计算机，这是目前最常用的计算机分类方法。

1. 巨型计算机

巨型计算机又称超级计算机，采用大规模并行处理的体系结构，运算速度快、主存容量大，具有很强的计算和数据处理能力。这类计算机，价格相当昂贵，主要用于国家高科技领域和尖端的科学研究领域，特别是军事科学计算领域，对国家安全、社会和经济的发展具有举足轻重的作用，是一个国家综合国力和科技发展水平的重要标志。自1992年我国成功研制出第一台巨型计算机“银河 - II”以来，先后有“曙光”“联想”“天河”等巨型机研制成功，这代表着我国在巨型机研制方面的最高水平。在2019年公布的全球超级计算机500强名单中，我国研制的“神威·太湖之光”（如图2-17所示）和“天河二号”分列第3位和第4位，最大浮点性能分别为93.0146PFlops和61.4445PFlops（PFlops是指每秒运算能力为一千万亿次），其中“神威·太湖之光”全部使用我国自主知识产权的芯片。当前世界排名第一的是美国的“顶点”，但我国在巨型计算机的上榜数量上仍居榜首。

图2-17 “神威·太湖之光”

2. 大型计算机

大型计算机是指外部设备负载能力强、处理速度快、通用性能好、有丰富的系统软件和应用软件的一类计算机，其允许多个用户同时使用。大型计算机采用虚拟化技术同时运行多个操作系统，看起来不像是一台计算机，更像是多台计算机在同时工作，因此可以替代数以百计的普通服务器，为政府机关、公司、银行等部门的海量数据提供科学计算、数据处理等方面的服务，也可作为网络服务器，其较快的响应速度能让每个终端用户获得良好的体验。其中 IBM3033 就是这类计算机的典型代表。

3. 小型计算机

小型计算机规模较小，结构简单，易于操作，维护方便，成本较低，易于推广，是 20 世纪 60 年代中期发展起来的一类计算机。当时微型计算机还未出现，小型计算机主要应用于工业生产的自动化控制和事务处理等方面。其中 DEC 公司的 PDP 11/20 就是这类计算机的典型代表。

4. 微型计算机

微型计算机，简称“微机”，也称个人计算机，采用大规模集成电路，是体积较小的一类电子计算机。其以运算器和控制器为基础，配备内存储器、输入输出接口电路、相应的外围设备及辅助电路，再加上操作系统、高级语言和丰富多样的应用软件作为支撑和功能扩展，具有体积小、价格低、能实现个性化配置等特点。这类计算机一经研制就迅速推广起来，特别是随着信息化程度的不断加深，这类计算机已经进入到生产、生活、科研等各个领域，成为人们生活中不可或缺的一部分。

以上几类计算机具有通用性，都属于通用计算机的范畴。随着信息技术的快速发展，还有另外一类计算机，它并不以计算机的面貌呈现在我们面前，但其核心仍是在发挥着计算机的作用，属于专用计算机系统，即接下来要介绍的嵌入式计算机。

5. 嵌入式计算机

嵌入式计算机以计算机技术为基础，以应用为中心，软硬件可裁剪，并内嵌在其他设备中，即其系统和功能软件集成于硬件系统中。由于用户并没有直接与之接触，因此这类计算机往往会被人们所忽视。该类计算机一般由嵌入式微处理、嵌入式操作系统、用户的应用程序及外围硬件设备 4 部分组成，通常能满足实时信息处理、适应恶劣工作环境、低功耗等要求，目前已广泛用于工业控制、智能家居、车载智能设备等领域。

2.3　微型计算机

微型计算机是我们日常生活中接触最多的一类计算机，有组装机和品牌机之分。组装机就是人们根据自己的实际需求对计算机的各硬件组成进行自主配置来组装的一台能够满足自己工作、学习或生活需要的计算机。品牌机，是指计算机各配件间的选择、匹配、磨合等经过专业技术人员的设计、把关、测试和处理，并有相对完善的售后服务。常见的计算机品牌有联想、方正、华硕、戴尔等。另外，按外形和使用特点，微型计算机还可分为台式机、一体机、笔记本电脑、掌上电脑、平板电脑等，这些都是目前市面上比较常用的计算机类型。本节主要介绍微型计算机的组成及影响微型计算机各部件性能的主要指标。

了解微型计算机的硬件配置是挑选一台性价比高、实用性强的计算机的前提。通常来说，微型计算机由主板、微处理器、存储器、输入输出设备及各类总线和接口等组成。

1. 主板

主板（如图 2-18 所示），又称母板、系统板、主机板，安装在机箱内，是微机系统中最基本的也是最大的一块电路板。主板上安装了组成计算机的主要电路系统，集成了 CPU 插槽、内存槽、控制芯片组、BIOS 控制芯片、总线扩展及若干连接外围设备的外部接口等。这样，主板一方面提供了安装 CPU、内存和各种功能卡的插槽；另一方面也为键盘、鼠标、打印机等外围设备提供了通用接口，即将微型计算机各个设备有机联合起来，形成了一套完整的系统。

图 2-18 主板

不同型号的主板在结构上是不同的，主板在结构上经历了 AT、Baby-AT、ATX、Micro ATX、LPX、NLX、Flex ATX、EATX、WATX、BTX 等不同类型，其中由于 AT 主板结构过于陈旧、Baby-AT 主板市场不规范，目前已被淘汰；ATX 主板扩展槽较多，方便安装和扩展硬件，能较好地解决硬件散热问题，现已成为市场上最常用的主板结构；LPX、NLX、Flex ATX 则是 ATX 的变种，多用于国外品牌机，国内并不多见；EATX 和 WATX 多用于服务器、工作站主板；BTX 是英特尔制定的最新一代主板结构，但因商业授权等问题并没有流行起来。

（1）芯片组。如果说 CPU 是计算机的心脏，那么主板上的芯片组就是计算机的躯干，它控制和协调着整个计算机系统的正常运作。芯片组被固定在主板上，早期分为南桥芯片和北桥芯片。北桥芯片是存储控制中心，负责与 CPU 的联系并控制内存、显卡等数据在北桥内部的传输。南桥芯片是 I/O 控制中心，主要负责 I/O 接口控制、IDE 设备控制及高级能源管理等随着集成电路技术的进步，北桥芯片的大部分功能都已集成在 CPU 芯片中。

（2）CPU 插槽、内存插槽、扩展插槽。CPU 插槽用于固定连接 CPU 芯片。内存插槽用来插入内存条，并且随着内存扩展板的标准化，主板给内存预留了专用的扩展插槽，以实现内存的扩充和即插即用。另外，主板上还有一系列的扩展槽，用于连接显卡、网卡等各种功能卡，功能卡插入扩展槽以后，在操作系统的支持下，通过系统总线与 CPU 进行连接，实现即插即用。

（3）BIOS。BIOS 是基本输入输出系统，保存着计算机系统中最重要的基本输入 / 输出程序、CMOS 设置信息和自检程序等，完成从计算机开始加电到完成操作系统引导之前的各个部件和接口的检测和运行管理，为计算机提供最低级最直接的硬件控制程序。

（4）I/O 接口。I/O 接口即输入 / 输出接口，是 CPU 与外部设备之间进行信息交流的连接电路。为使不同设备能连接在一起协调工作，要求设备都要遵循接口协议。I/O 接口常以电路插卡、电缆插座等形式呈现。

2. 微处理器

微处理器（如图 2-19 所示）简称处理器（CPU），主要由运算器、控制器和寄存器组等组成，是计算机完成各种运算和控制任务的核心，通常被比作计算机的心脏，其品质高低直接决定了微机系统的档次。

图 2-19　CPU

目前生产 CPU 的厂商主要有 Intel 和 AMD，这两个公司占据了微处理器的绝大部分市场。另外，IBM、Apple、华为等公司也有 CPU 产品。80x86 系列以数字命名的处理器记录了 Intel 的诞生，随后的奔腾时代让所有人记住了那段以个人计算机处理器作为计算机代名词的时代。而酷睿到来的几年时间里，Intel 逐步称霸 PC 处理器市场。目前常用的微处理器是 Intel 公司推出的 Core i 系列，包括 Core i3、Core i5、Core i7、Core i9 等。AMD 公司的 CPU 与同级别 Intel 公司的 CPU 相比，在浮点运算能力方面稍弱一点，但在显示性能上更胜一筹，产品主要有 R5、R7、R9 等。

CPU 的类型决定了用户在计算机上能安装的操作系统和运行的软件，下述几个参数可以作为衡量 CPU 性能的主要指标。

（1）字长。字长是指 CPU 可以同时处理的二进制数据位数。字长越长，CPU 的数据处理能力就越强，该指标反映了 CPU 内部运算速度和效率。

（2）主频。主频是 CPU 内部时钟晶体的振荡频率，也称内频，是协调同步各部件行动的基准。主频率越高，CPU 的运算速度就越快。

（3）高速缓存。高速缓存是介于 CPU 和内存之间的存储器，运行频率极高，其大小直接影响到 CPU 的工作效率，且在很大程度上影响着 CPU 的价格。

（4）多核。多核是指单个 CPU 芯片内集成两个或两个以上处理单元。主频作为 CPU 性能的重要指标，但当 CPU 制造商想尽办法通过提高主频来提升 CPU 的性能时发现单纯提高主频是会遇到极限的，此时多核的出现有效地改进了这一问题。

3. 存储器

微型计算机中有多种不同类型的存储器。通常来说，存取速度越快的存储器成本越高。为了使存储器的性能和价格比达到最优，计算机中的各种内存储器和外存储器往往会组成一个塔状层次结构如图 2-20 所示，它们相互配合，取长补短，协同工作。

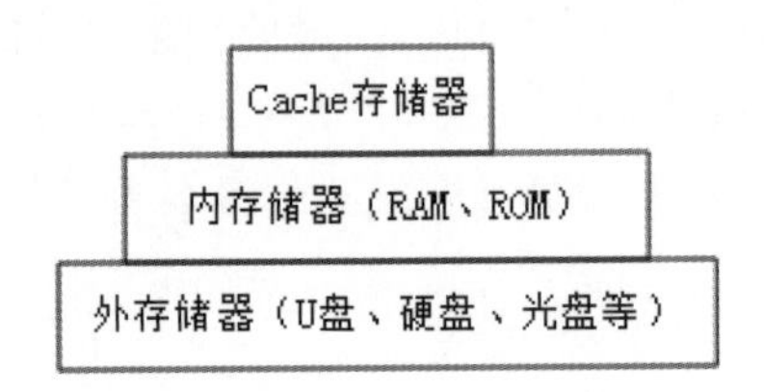

图 2-20　存储器的层次结构

（1）内存储器。内存储器简称内存，直接与 CPU 联系，是微机的重要部件之一。内存由半导体存储器组成，存取速度较快，价格较贵，所以一般容量较小。内存以内存条的形式（如图 2-21 所示）存在，可直接插在系统主板的内存插槽上。内存是数据临时存放的部件，一方面从外存中读取数据，另一方面为 CPU 服务，进行读写操作，起着承上启下的作用。通常，内存容量的大小也是衡量计算机性能的重要指标之一。

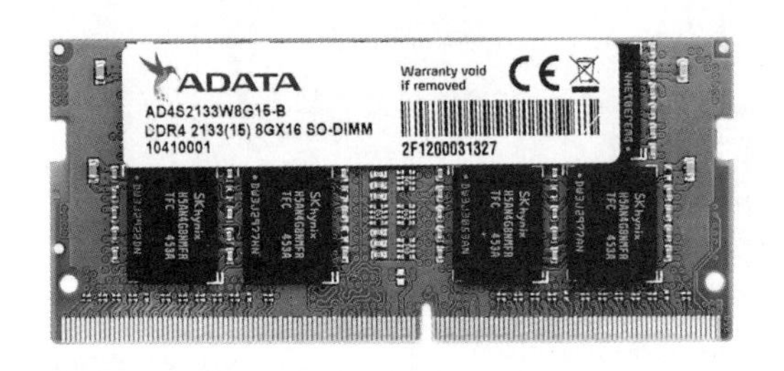

图 2-21　内存条

（2）外存储器。内存由于价格原因，容量有限，不可能容纳所有的程序和数据，此时，外存就有效地补充了内存的不足，在计算机部件中也是必不可少的一部分。外存不直接与 CPU 进行信息交换，需要将数据先成批交换至内存，由内存与 CPU 再进行信息交换。常见的外存储器有软盘、硬盘、光盘、固态硬盘、U 盘等。

软盘（如图 2-22 所示）和硬盘属于磁存储介质的存储器。软盘容量较小，随着计算机技术的发展，已经被淘汰。硬盘又称硬磁盘，由若干硬盘片组成，每个盘片有上下两面，每个盘面按磁道、扇区来组织存储信息，其内部结构如图 2-23 所示。磁道是磁盘上由外向内的一个个同心圆，磁道号从外向内按 0，1，…这样的顺序来组织，每个磁道又分为若干段，每个段称为一个扇区。硬盘需要进行分区后才能被使用，经过分区后的硬盘有自己的硬盘标识符，如 C:、D:。硬盘经过分区后需要再针对每一个分区进行高级格式化操作后才能进行信息的存取操作。由于格式化操作会清除硬盘中的所有信息，因此操作时需要谨慎。

图 2-22　软盘

图 2-23　硬盘

光盘属于光介质存储器，需要通过专用的设备（如需要借助光驱）进行信息的读取。光盘可分为只读型光盘、可录型光盘（CD-R）和可重写型光盘（CD-RW）。只读型光盘只能读取记录信息，而不能写入和修改。可录型光盘可以由用户写入信息，但写一次后就不能再修改。可重写型光盘则是既可以读取记录信息，也可以写入记录信息，对读写次数无限制。一般来说，CD-ROM 光盘的读写信息容量为 600MB，此时若需要更高的存储容量，可以使用另一种光盘——DVD-ROM。倍速是衡量光盘驱动器传输速率的指标，DVD-ROM 光盘在存储容量和速度上都远远优于 CD-ROM 光盘。

固态硬盘（Solid State Disk，SSD）和 U 盘属于电存储介质的存储器，如图 2-24 所示。固态硬盘是用固态电子存储芯片阵列制作而成的硬盘，由控制单元和存储单元组成，在接口的规范和定义、功能及使用方法上与普通硬盘完全相同，被广泛应用于军事、网络监控、导航设备等领域。虽然其成本较高，但也逐渐普及到 DIY 市场。固态硬盘根据存储介质的不同分为基于闪存的固态硬盘和基于 DRAM 的固态硬盘两种。基于闪存的固态硬盘（即通常所说的 SSD）采用 FLASH 芯片作为存储介质，具有便于移动、数据保护不受电源控制、适应环境强等优点，已被个人用户所使用。基于 DRAM 的固态硬盘采用 DRAM 作为存储介质，应用范围较窄，属于非主流的设备。另外，U 盘体积小，存储容量大，便于携带，价格便宜，已成为人们日常生活中存储数据、传递信息的强有力工具。

图 2-24　固态硬盘

4. 输入 / 输出设备

输入 / 输出设备是微型计算机系统的重要组成部件，起着传输、转送数据和信息的作用。

（1）输入设备。输入设备是人机交互的一种装置，计算机通过输入设备接收待处理的数据和程序。常用的输入设备有键盘、鼠标、扫描仪等。

键盘（如图 2-25 所示）是最常用的输入设备之一，用户可通过键盘输入字母、数字、文字、符号等信息。根据按键的多少可将键盘分为 83 键键盘、84 键键盘、101 键键盘、102 键键盘、104 键键盘和 108 键键盘等，各类键盘在按键的多少和排列位置上稍有不同，但所实现的功能大同小异。常用的键盘一般可分为 4 个区域：功能键区、主键区、数字键区和编辑键区。每一个按键在计算机中都有其唯一代码，当按下某一个按键时，键盘接口将该键的二进制代码送入计算机主机，并将按键字符显示在显示器上。

图 2-25　键盘

鼠标是一种手持式屏幕坐标定位设备，也是最常用的输入设备之一。当用户移动鼠标时，借助机电或光学原理将鼠标移动的距离、方向分别转换成脉冲信号输入计算机，在计算机中运行鼠标驱动程序把接收到的信号再转换为鼠标在水平、垂直方向上的位移量，从而控制鼠标箭头的移动。目前，鼠标的种类丰富多样，按照定位方式可以分为机械鼠标（如图 2-26 所示）和光电鼠标，按照连接方式可以分为有线鼠标和无线鼠标，按照功能可以分为普通鼠标、游戏鼠标、办公鼠标和轨迹球鼠标（如图 2-27 所示）等。另外，有线鼠标又可以分为 PS/2 口和 USB 口，无线鼠标可以分为蓝牙连接和射频连接。随着新式鼠标的不断涌现，机械鼠标已逐渐淡出人们的视线，PS/2 口连接的鼠标也已基本被淘汰。无线鼠标采用无线技术与计算机进行通信，脱离了电线的束缚，目前已逐渐成为主流的鼠标器。

扫描仪是将图片、照片、书稿等影像输入到计算机的一种输入设备。目前很多部门开始将图像输入用于图像资料库的建设，如数字化图书馆的建设、人事档案中照片的录入就可以使用各种类型的图像扫描仪。

其他的输入设备还有光笔、摄像机、传真机、语言模数转换识别系统等。

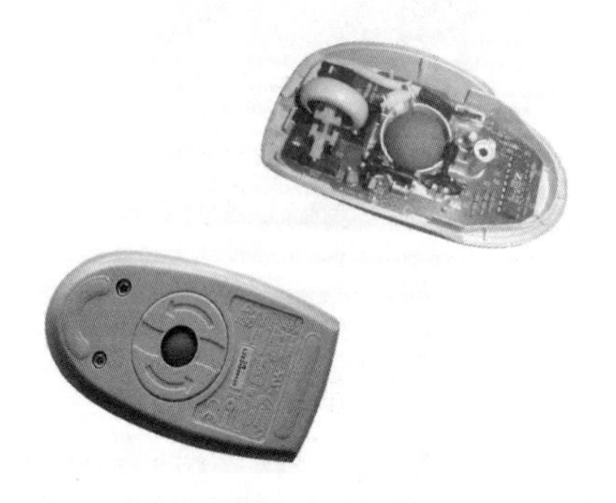

图 2-26　机械鼠标

图 2-27　轨迹球鼠标

（2）输出设备。输出设备也是人机交互的一种装置，主要用于数据和程序的输出。常见的输出设备有显示器、打印机等。

显示器是微型计算机必备的输出设备，通过显卡接到系统总线上。常用的显示器有阴极射线管显示器（CRT）和液晶显示器（LCD），如图 2-28 所示。CRT 是早期计算机配备的显示器，由电子枪、偏转线圈、荫罩、荧光粉层和玻璃外壳等组成，其工作原理是在真空显像管里，由电子枪发出射线，以一定的规则去轰击显示屏上的荧光粉，从而使之呈现出彩色的亮点，并最终被人们的肉眼所接收。但由于这种显示器过于笨重，目前已淡出市场。LCD 显示清晰、辐射低、易于移动，逐渐成为当前的主流显示器，其是将液晶的电、光学特性应用在显示装置的显示器，液晶一般具有液体与固体的中间特性。显示器的图像质量取决于屏幕尺寸、分辨率、色深、点距、响应速率等指标。其中，分辨率是我们经常会设置的一个指标。通常情况下，分辨率越高，文本和其他对象就显得越小，而计算机所能显示的工作区域就越大。反之，分辨率越低，文本就显得越大，但显示的工作区域就会越小。大多数显示器都有推荐的分辨率，用户可以根据自己的实际需要进行设置。

图 2-28　CRT 显示器和 LCD 显示器

打印机是微型计算机重要的输出设备，能将计算机的输出信息以单色或彩色的字符、汉字、图像、表格等形式打印在纸上，便于保存。常见的打印机有针式打印机、喷墨打印机和激光打印机，如图 2-29 所示。打印机按照印字的工作原理可以分为击打式打印机和非击打式打印机。针式打印机是一种击打式打印机，它利用机械动作将字体通过色带打印在纸上，主要应用于票据打印等方面，使用面较窄。喷墨打印机和激光打印机属于非击打式打印机，它们利用物理或化学的方法印刷字符。喷墨打印机通过将墨水由精制的喷头喷到纸面上形成字符和图形；激光打印机接收 CPU 传送来的信息，然后进行激光扫描，在硒鼓上将要输出的信息形成静电潜像，使碳粉吸附到纸张上，加热定影以后输出。

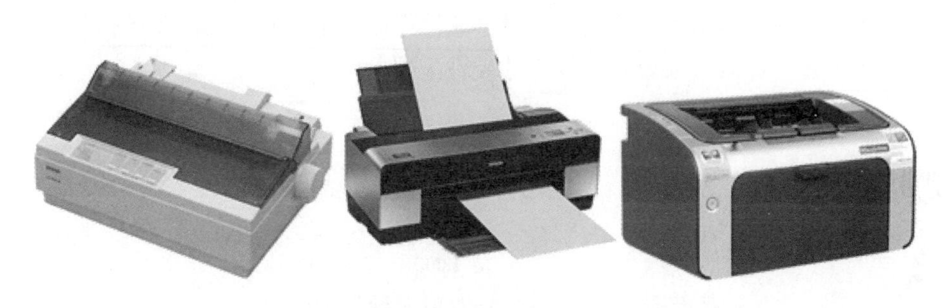

图 2-29　各类型打印机

其他的输出设备还有绘图仪、语音输出系统、音响输出系统等。

5. 各类总线和接口

在微型计算机系统中，各个部件之间是通过总线来传输数据的。总线就像是连通各个城市之间的高速公路，而总线上传输的数据就像是高速公路上的车辆。根据总线上所传输的信息种类不同，可将其分为地址总线、数据总线和控制总线。微型计算机通过总线将多个模块构成一个系统，总线与 CPU 及其他各模块间传送信息的逻辑结构如图 2-30 所示。另外，在微型计算机中根据总线所处的位置不同，还可分为内部总线、系统总线和外部总线。内部总线位于 CPU 芯片内部，用于 CPU 各个组成部件的连接，包括 I^2C 总线技术、SPI 总线技术、SCI 总线技术等。系统总线位于主板上，是用于连接各大插件板的总线，包括 ISA 总线、EISA 总线、VESA 总线和 PCI 总线等。外部总线用于连接计算机和外部设备，通常以接口的形式表现。

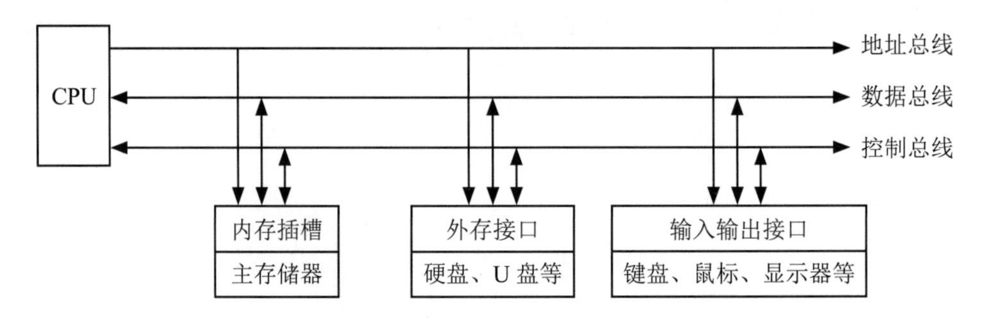

图 2-30　总线与 CPU 及其他模块间信息传输的逻辑关系

台式机主机机箱内主要组件的安装

计算机通过接口将丰富多样的外部设备连接在一起协调工作，接口实际就是一套连接规范以及实现这些规范的硬件电路，为 CPU 与外部设备之间进行通信与数据交换、接收 CPU 命令并提供外部设备的状态及进行必要的数据格式转换等提供支持与服务。微型计算机常用的接口有 PS/2 接口、串口、并口、HDMI（高清晰度多媒体接口）接口、USB 通用串行总线接口、IEEE1394 接口和硬盘接口等。

微型计算机的性能优劣及应用范围的宽窄主要受计算机性能指标的影响，实际上计算机的性能指标又受计算机各部件性能指标的影响。影响计算机性能的指标有很多种，但在选购计算机时，主要是参考字长、主频、内存容量等参数来决定购买哪一类型的计算机。另外，学习了微型计算机的硬件配置后，用户如果想要查看自己的计算机系统配置，除了打开机箱进行查看外，还可以通过右击"计算机"选择"属性"命令来查看自己的系统信息（如图 2-31 所示），通过"设备管理器"来查看计算机的硬件配置。

模拟攒机

系统

分级:	5.1 Windows 体验指数
处理器:	Intel(R) Core(TM) i5-4200U CPU @ 1.60GHz　2.30 GHz
安装内存(RAM):	4.00 GB (3.89 GB 可用)
系统类型:	64 位操作系统

图 2-31　计算机系统配置

本章习题

一、判断题

1．主机以外的大部分硬件设备称为外围设备或外部设备，简称外设。（　　）
2．任何存储器都有记忆能力，保存在其中的信息不会丢失。（　　）
3．通常硬盘安装在主机箱内，因此它属于主存储器。（　　）
4．打印机按照印字的工作原理，可以分为击打式打印机和非击打式打印机。（　　）
5．计算机的硬件系统由控制器、显示器、打印机、主机、键盘组成。（　　）
6．微机总线主要由数据总线、地址总线、控制总线三类组成。（　　）
7．计算机只要硬件不出问题，就能正常工作。（　　）
8．Windows 可以无限制地设置屏幕的分辨率，跟硬件设备无关。（　　）

二、单选题

1．第一台电子计算机是 1946 年在美国研制成功的，英文缩写名是（　　）。
A．ENIAC　B．EDVAC　C．EDSAC　D．MARK
2．自计算机问世至今已经经历了 4 个时代，划分时代的主要依据是计算机的（　　）。
A．规模　B．功能　C．性能　D．构成元件
3．当前的计算机一般被认为是第四代计算机，它所采用的逻辑元件是（　　）。
A．晶体管　B．集成电路
C．电子管　D．大规模集成电路
4．当前计算机的应用领域极为广泛，但其应用最早的领域是（　　）。
A．数据处理　B．科学计算　C．人工智能　D．过程控制
5．冯•诺依曼结构计算机的五大基本构件是运算器、存储器、输入输出设备和（　　）。
A．显示器　B．控制器　C．硬盘存储器　D．鼠标器
6．冯•诺依曼计算机的基本原理是（　　）。
A．程序外接　B．逻辑连接　C．数据内置　D．程序存储
7．计算机系统由两大部分组成，分别是（　　）。
A．系统软件和应用软件　B．主机和外部设备
C．硬件系统和软件系统　D．输入设备和输出设备
8．通常所说的“裸机”是指计算机仅有（　　）。
A．硬件系统　B．软件　C．指令系统　D．CPU
9．计算机存储单元中存储的内容（　　）。
A．可以是数据和指令　B．只能是数据
C．只能是程序　D．只能是指令
10．下列计算机存储器中，读写速度最快的是（　　）。
A．内存　B．硬盘　C．光盘　D．软盘

11．计算机断电后，会使存储的数据丢失的存储器是（　　）。

A．RAM　　B．硬盘　　C．ROM　　D．软盘

12．将计算机分为巨型计算机、大型计算机和微型计算机等的分类标准是（　　）。

A．计算机处理数据的方式

B．计算机的使用范围

C．计算机的规模、运算速度、综合性能指标

D．计算机出现的时间

13．个人计算机属于（　　）。

A．微型计算机　　B．小型计算机

C．中型计算机　　D．巨型计算机

14．固定在计算机主机箱上的，起到连接计算机各种部件的纽带和桥梁作用的是（　　）。

A．CPU　　B．主板　　C．外存　　D．内存

15．在微型计算机中，中央处理器芯片上集成的是（　　）。

A．控制器和运算器　　B．控制器和存储器

C．CPU 和控制器　　D．运算器和 I/O 接口

16．在微型计算机中，中央处理器的主要功能是进行（　　）。

A．算术运算　　B．逻辑运算

C．算术逻辑运算　　D．算术和逻辑运算，以及全机的控制

17．计算机一次能处理数据的最大位数称为该机器的（　　）。

A．字节　　B．字长　　C．处理速度　　D．存储容量

18．计算机的技术指标有多种，而最主要的应该是（　　）。

A．语言、外设和速度　　B．主频、字长和内存容量

C．外设、内存容量和体积　　D．软件、速度和重量

19．当前微型计算机采用的外存储器中，大部分不包括（　　）。

A．硬盘　　B．光盘　　C．U 盘　　D．磁带

20．下面各组设备中，同时包括了输入设备、输出设备和存储设备的是（　　）。

A．CRT、CPU、ROM　　B．绘图仪、鼠标器、键盘

C．鼠标器、绘图仪、光盘　　D．磁带、打印机、激光打印机

三、简答题

1．列举计算机发展史上做出突出贡献的代表人物。

2．简述计算机发展所经历的阶段及未来的发展趋势。

3．简述冯·诺依曼计算机的体系结构。

4．简述计算机的工作原理。

5．简述微型计算机各部件的组成。

第3章　软件系统

软件是用户和计算机硬件之间的接口，用户通过软件使用计算机硬件资源，计算机的所有工作都必须在软件的帮助下才能进行，没有软件的计算机称为“裸机”。本章首先介绍软件系统的组成和系统软件的相关知识，其次对操作系统的功能进行详细说明，然后对应用软件做粗略介绍，最后详细讲述 Office 办公软件的相关应用。操作系统的作用和功能，以及办公软件的使用方法是本章的教学重点，Word 长文档排版和 Excel 函数的使用是教学难点。

- 了解软件系统组成的相关知识。
- 了解系统软件的功能和作用。
- 理解操作系统的功能和相关概念。
- 理解 Office 办公软件各组件的功能和作用。

能力目标

- 掌握 Windows 操作系统文件管理、设备管理和软件管理的方法。
- 掌握 Word 文档排版的操作方法。
- 掌握 Excel 数据录入、计算和分析的操作方法。
- 掌握 PowerPoint 幻灯片制作的方法和技巧。

3.1　软件概述

一般情况下，计算机软件是指设计比较成熟、功能比较完善、具有某种使用价值的程序。而且，人们也把与程序相关的数据和文档统称为软件。数据指的是程序运行过程中需要处理的对象和必须使用的一些参数；文档指的是与程序开发、维护以及操作相关的一些资料（如使用说明、维护手册等）。性能优良的计算机硬件系统能否充分发挥其应有的功能，在很大程度上取决于所配置软件的完善与丰富程度。根据软件的用途可以把软件分为系统软件和应用软件。

3.2　系统软件

系统软件是指控制和协调计算机及外部设备，支持应用软件开发和运行的软件。系统软件的主要功能是管理、调度、监控和维护计算机系统，它负责管理计算机系统中各个独立的硬件，使它们能够协调工作。系统软件使得底层硬件对计算机用户来说是透明的，用户在使用计算机时无需了解硬件的工作过程。

3.2.1 系统软件概述

系统软件又分为操作系统和系统应用程序，操作系统是计算机系统的核心，它统一管理整个系统的所有资源，是连接用户和硬件的桥梁。系统应用程序主要包括语言处理程序、数据库管理系统和各种系统服务性程序等。

（1）操作系统。操作系统（Operating System，OS）是管理和控制计算机各种资源、自动调度用户作业程序和处理各种中断的系统软件，是用户和计算机之间的接口，提供了软件开发环境和运行环境。操作系统是系统软件的核心，由内核程序和用户界面程序组成。内核程序一般包括处理器管理、存储管理、设备管理、文件管理和作业管理等，其性能在很大程度上决定了整个计算机系统工作的优劣。目前个人计算机广泛配备的操作系统有 Windows、MAC OS、Linux 等。新的面向各种应用的操作系统还在不断产生。

（2）语言处理程序。语言处理程序包括汇编程序、编译程序、解释程序。计算机能识别的语言与它直接能执行的语言并不一致，计算机能识别的语言种类较多，如汇编语言、C 语言、C++ 语言和 Java 语言等，这些语言都有相应的基本符号及语法规则，用这些语言编写的程序叫源程序。而计算机能直接执行的只有机器语言，由机器语言构成的程序叫目标程序。用户用高级程序设计语言编写的源程序必须通过语言处理程序转换成机器语言才能在计算机上直接运行。

（3）数据库管理系统。数据库管理系统（Database Management System，DBMS）是应用最广泛的软件之一。它用于建立、使用和维护数据库，对各种不同性质的数据进行组织，以便用户能够有效地查询、检索和管理这些数据。各种信息系统（包括从一个小型销售软件到银行、保险公司等大型企业的信息系统）都需要使用数据库管理系统。

3.2.2 操作系统

操作系统是一组控制和管理计算机软硬件资源，为用户提供便捷使用的计算机程序的集合，是配置在计算机硬件系统上的第一层软件，是对硬件功能的扩充。它不仅是硬件与其他软件系统的接口，也是用户和计算机之间进行“交流”的窗口。

操作系统是直接运行在“裸机”上的最基本的系统软件，任何其他软件都必须在操作系统的支持下才能运行。它的主要作用如下：

- 管理计算机的所有系统资源。
- 提供友好的用户界面。
- 为应用程序的开发和运行提供一个高效的平台。

经过多年的飞速发展，操作系统种类众多。目前，操作系统形成了包括个人计算机操作系统、实时操作系统、网络操作系统、分布式操作系统、并行操作系统、嵌入式操作系统等多种类型的发展格局，功能各有侧重。此外，操作系统还在不断地向新的领域延伸，如数字电视机顶盒、数字影像等。可以说，只要存在智能芯片，具有一定计算能力的设备就离不开操作系统的支持。

1. Windows 操作系统

Windows 是美国微软公司推出的操作系统，它问世于 1985 年，起初仅是 MS-DOS 操作系统支持下的一个图形化程序，其后续版本逐渐发展成为个人计算机和服务器用户设计的操作系统，并最终占据个人计算机操作系统软件的垄断地位，成为最受欢迎的个人计算机操作系统之一。

长期以来 Windows 垄断了 PC 市场操作系统 90% 左右的份额，因此也吸引了许多第三方开发者在 Windows 上开发软件，开发出的软件数目之多和品种之丰富占有绝对优势，特别是办公、教育、娱乐、游戏类的通用应用软件。由于用户面广、用户量大，大部分硬件厂商也都把 Windows 用户作为其目标对象，各种显卡、鼠标器、打印机等外部设备丰富多样，这样就形成了一个以 Intel 芯片和 Windows 系统为核心的从芯片、整机、系统到应用的完整 PC 生态圈。

相较于其他操作系统，Windows 出现不稳定情况的频率较高，自身的安全漏洞也易被黑客发现并利用，再加上庞大的用户群，使得其成为黑客们攻击的热点对象。虽然微软公司也在积极地修补漏洞，但其所存在的安全问题依然不可小视。

2. UNIX 操作系统

UNIX 操作系统是广泛使用在服务器上的一种操作系统。UNIX 最先是美国 AT&T 公司贝尔实验室开发的一种通用的多用户分时操作系统，自 1970 年 UNIX 第一版问世以来，研发人员已经研制和开发了若干不同分支的 UNIX 产品，其有结构简练、功能强大、可移植性好、可伸缩性和互操作性强、网络通信功能丰富、安全可靠等优点。UNIX 操作系统的设计理念先进，现在许多流行的技术，如进程通信、TCP/IP 协议、客户 / 服务器模式等都源自 UNIX，UNIX 对近代操作系统产生了巨大影响。

自 UNIX 出现之后，又产生了许多与之类似的操作系统。它们有的是自由软件，有的是私有软件，但都相当程度地继承了 UNIX 的特性，业界把它们称为“类 UNIX”操作系统。现在智能手机上使用最多的安卓和 iOS 操作系统，它们的内核 Linux 及 Darwin 都属于类 UNIX 操作系统。

3. Linux 操作系统

Linux 操作系统也是目前个人计算机上使用比较广泛的主流操作系统。1991 年芬兰赫尔辛基大学计算机系学生林纳斯·托瓦兹基于 UNIX 开发了 Linux 内核。Linux 内核是一个知名的自由软件，其源代码是公开的。根据通用公共许可证 GPL 的规定，任何人都可以对 Linux 内核进行修改、传播，甚至出售。在此基础上，现在全球已经有超过 300 个 Linux 操作系统发行版。所谓 Linux 发行版就是通常所说的“Linux 操作系统”，它包括 Linux 内核、系统安装工具、支撑内核的实用程序和库、中间件以及若干可以满足特定应用需求的应用程序。

目前，Linux 内核已经被移植到多种计算机硬件平台上，远远超出其他任何操作系统。Linux 可以运行在服务器、大型机和超级计算机上。世界上 500 台最快的超级计算机 90% 以上运行 Linux 发行版或其变种。Linux 内核也广泛应用于智能手机、路由器、电视机和电子游戏机等设备。在智能手机上广泛使用的 Android 操作系统就是基于 Linux 内核开发而成的。

4. Mac OS 操作系统

Mac OS 是指 Macintosh 操作系统，它是为苹果计算机公司的 Macintosh 系列计算机系统设计的。Mac OS 操作系统采用的内核 Darwin 是一种“类 UNIX”操作系统，它能很好地支持多处理器，具有高性能的网络通信功能并支持多种不同的文件系统，而且还包含了工业级的内存保护功能，这样就可以降低系统发生错误和故障的概率。Mac OS 继承了 UNIX 安全性的特点，从而大大降低了安全漏洞的数量，也使得黑客通过漏洞攻击系统变得更加困难。由于 Mac OS 的用户数量远小于 Windows 用户群，因此针对 Mac OS 的病毒数量也相对较少，这也提高了 Mac OS 的安全性。

5. Android 操作系统

Android 操作系统是 Google 公司为移动设备（如智能手机）设计开发的开源操作系统，它是一个以 Linux 内核为基础的开放源代码的操作系统，Android 之所以能够成为移动终端最流行的操作系统，很大程度上得益于其开放性。Android 的开放性允许任何移动终端厂商加入到 Android 联盟中来，使其拥有十分宽泛、自由的开发环境，众多的厂商也推出了各种各样、各具功能特色的应用产品。由于都是基于 Android 平台，因此功能上的差异和特色不会影响到软件的兼容性，甚至是数据的同步。而对于消费者而言，最大的受益是拥有丰富的软件资源，且随着用户和应用的日益丰富，Android 的平台也越来越成熟。

6. iOS 操作系统

iOS 操作系统是苹果公司开发的移动操作系统，早先用于 iPhone 手机，后来陆续应用到 iPod Touch、iPad 等苹果公司的其他产品上。它和 Mac OS 一样，内核都是 Darwin。iOS 是第一种提供了手势输入管理程序的移动操作系统，它还包含了信息、日历、照片、股市地图、天气、时间、计算机备忘录、系统设置、iTunes 和 APP store 等多个自带的应用程序。

3.2.3 处理器管理

处理器管理是操作系统的主要功能之一，处理器管理的实现策略决定了操作系统的类型，其算法优劣直接影响整个系统的性能。处理器管理主要解决的是如何将 CPU 分配给各个程序，使各个程序都能够得到合理的运行安排。通常系统中只有一个 CPU，每个程序都要在上面运行，哪个程序先运行、什么时候开始运行、运行多长时间、程序在活动过程中如何与其他活动实体联系，这一调度和分配 CPU 资源的工作是由操作系统中的处理器管理程序完成的。

在计算机中，多个程序可以同时运行，在 Windows 操作系统中，可以查看正在运行的程序和进程。按 Ctrl+Alt+Delete 组合键即可启动任务管理器，如图 3-1 和图 3-2 所示。在“Windows 任务管理器”对话框的“应用程序”和“进程”选项卡中可以查看正在运行的程序和进程。若程序出现未响应状态时（俗称“死机”）可以在该窗口关闭某一正在运行的程序或进程，结束未响应状态。

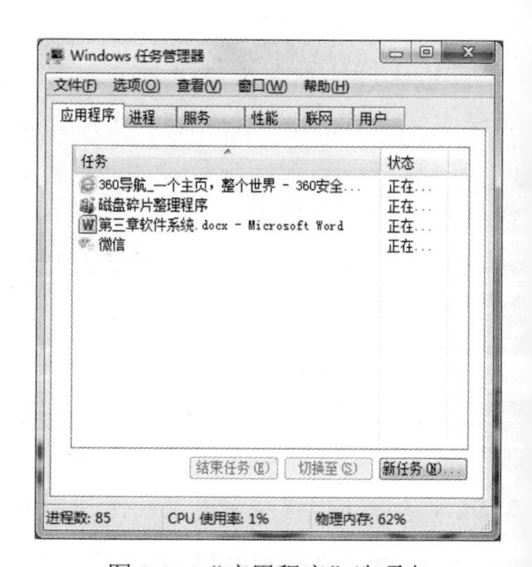

图 3-1 “应用程序”选项卡

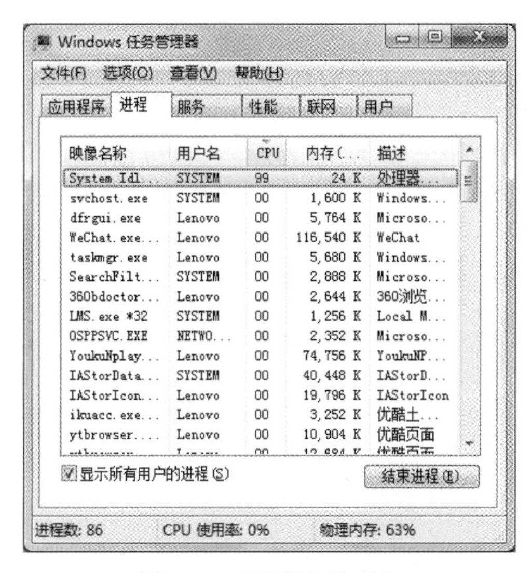

图 3-2　“进程”选项卡

3.2.4　存储管理

存储管理主要是指对内存的管理。计算机要运行程序就必须要有一定的内存空间，当多个程序都在运行时，操作系统需要将有限的内存资源分配给多个程序以满足各个程序的运行要求。操作系统将根据各程序的要求，按照一定的策略为每个程序分配内存，并采取间隔保护措施，保护各用户程序的数据不被破坏。当某程序所要求的存储容量超过了系统物理内存可用空间时，操作系统将为其提供内存扩充能力，以实现虚拟存储。程序运行结束时，操作系统将分配的内存资源收回。

在 Windows 操作系统中，可以通过任务管理器查看系统内存的使用情况。启动“Windows 任务管理器”，在“性能”选项卡中查看当前 CPU 和内存的使用情况，如图 3-3 所示。

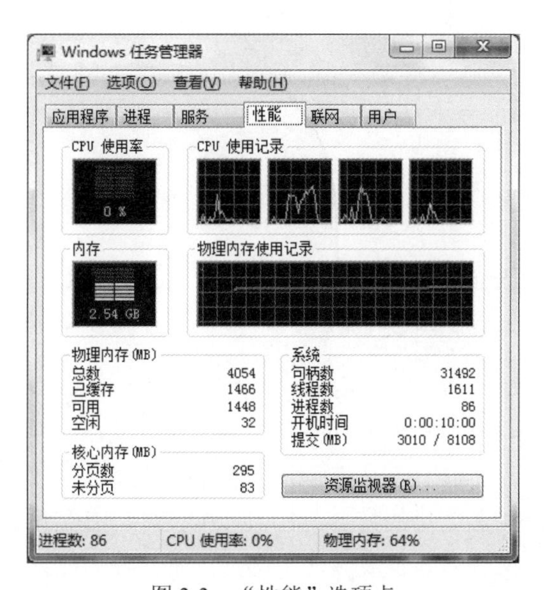

图 3-3　“性能”选项卡

3.2.5 文件管理

文件是指存储在磁盘上的信息的集合，包括文字、图形、图像、声音、视频和程序等，计算机内的信息是以文件的形式来存放的。文件管理是指操作系统对信息资源的管理，在操作系统中将负责存取和管理信息的部分称为文件系统。在文件系统中，用户可方便地对文件进行存放、检索、更新、共享和保护等操作。

从用户的角度来看，文件系统主要是实现“按名存取”，即用户只要知道所需文件的文件名，就可以存取文件中的信息，而无需知道这些文件究竟存放在什么地方。

1. Windows 文件管理

文件是 Windows 操作系统的重要资源，在计算机中所有程序和数据均以文件的形式存放在磁盘上。Windows 提供了强大的资源管理功能，可以对文件和文件夹进行复制、移动、删除等操作，以方便用户对文件的管理。

（1）文件目录结构。一个磁盘上有大量的文件，如果把所有的文件都存放在根目录下，会有很多不便。为了有效地管理和使用文件，大多数文件系统允许用户在根目录下建立子目录，在子目录下再建立子目录，也就是将目录构建成树状结构，然后用户可以将文件分门别类地存放在不同的目录中。Windows 操作系统中就是采用这种树型结构以文件夹的形式组织和管理文件的。文件夹是存储文件的容器，该容器中还可以包含文件夹（通常称为子文件夹）或文件。文件的树型目录结构如图 3-4 所示，在 Windows 操作系统中计算机窗口显示为层次结构，如图 3-5 所示。

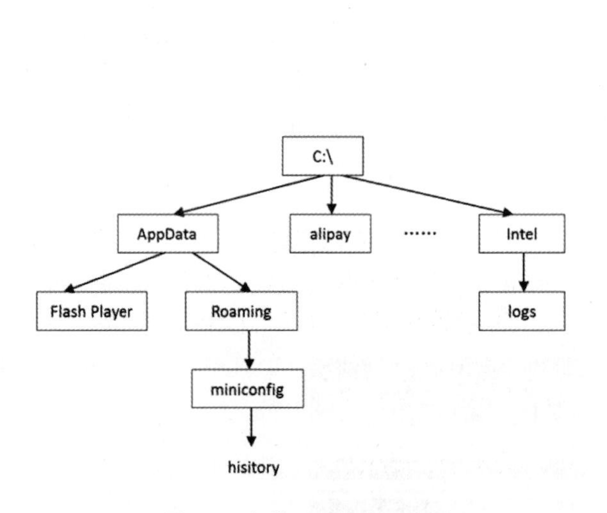

图 3-4　文件目录结构示意图

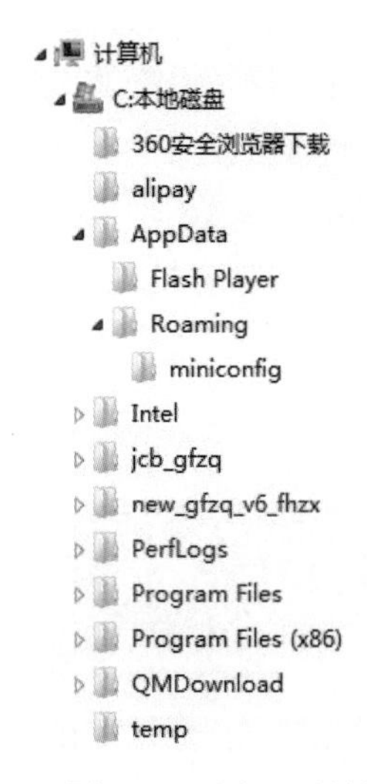

图 3-5　层次目录结构

（2）文件和文件夹。文件是计算机系统对数据进行管理的基本单位。文件夹是 DOS 中目录概念的延伸，在 Windows 中文件夹有了更广泛的含义，它不仅用于存放、组织和管理具有某种关系的文件和文件夹，还用于管理和组织计算机资源。

文件是有名称的一组相关信息的集合，任何一个文件都有文件名，文件名是用户存取文件的依据。文件名分为主文件名和扩展名两个部分。主文件名应该用有意义的词组或数字命名，以便用户识别。例如，程序的安装文件为 setup.exe，setup 是主文件名，.exe 是扩展名。

文件的扩展名表示文件的类型，对不同类型的文件处理方法是不同的。常见的文件扩展名及其说明如表 3-1 所示。

表 3-1　文件的扩展名及其说明

文件类型	扩展名	说明
可执行文件	.exe、.com	计算机软件中的可执行文件
批处理文件	.bat	在计算机启动时自动执行的一连串操作系统命令
支持程序文件	.dll、.vbx、.ocx、.vbs	为主程序的运行提供支持的程序文件
临时文件	.tmp	在文件处于打开状态时存放数据，通常在关闭文件时数据就会被清除
音频文件	.wav、.mp3、.mov	不同格式的音频文件
视频文件	.mpg、.avi、.rmvb	不同格式的视频文件
文档文件	.txt、.docx、.pdf	不同格式的文档文件
压缩文件	.rar、.zip	不同压缩方式的压缩文件

文件系统提供了一系列对文件（包括文件夹）进行操作的命令，最基本的有建立、删除、打开、关闭文件和文件夹、文件的读 / 写等。在 Windows 操作系统中，用户可以通过“资源管理器”或“计算机”进行文件和文件夹的相关操作，例如浏览文件、文件夹和其他系统资源，新建文件或文件夹，对文件和文件夹进行复制、移动、删除、重命名、属性设置、查找等操作。Windows 的资源管理器窗口如图 3-6 所示。

文件和文件夹的基本操作

文件和文件夹的属性可以设置为“隐藏”。默认情况下，隐藏的文件或文件夹是不可见的，如果要将这些文件或文件夹显示出来，就要在“文件夹选项”对话框中进行设置。如图 3-7 所示，在“查看”选项卡的“高级设置”列表框中选中“显示隐藏的文件、文件夹和驱动器”复选框，就可以将隐藏的文件或文件夹显示出来。另外，默认情况下，文件的扩展名是隐藏的，在“文件夹选项”对话框中还可以通过设置将其显示出来。

图 3-6　Windows 的资源管理器

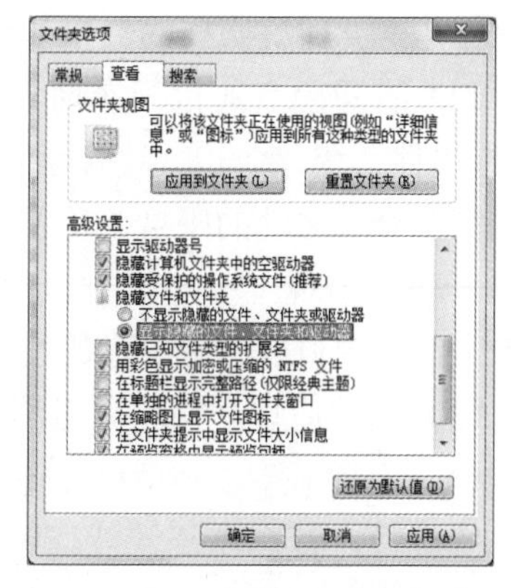

图 3-7　“文件夹选项”对话框

2. *磁盘管理*

在计算机日常使用中，用户可能会频繁地进行应用程序的安装和卸载，文件的移动、复制和删除，或者在 Internet 上下载程序文件等多种操作，这样过一段时间后，计算机硬盘上将会产生很多硬盘碎片或大量的临时文件等，致使运行空间不足，程序运行和文件打开变慢，计算机的系统性能下降等。因此用户需要定期对磁盘进行管理，以使计算机始终处于较好的状态，下面来介绍几种管理磁盘的方法。

（1）磁盘的格式化。格式化就是将磁盘进行重新规划，以便使其更好地存储文件，格式化也会造成数据的全部丢失。在资源管理器中打开“格式化”对话框即可对磁盘进行格式化，“格式化”对话框如图 3-8 所示。格式化分为快速格式化和一般格式化。其中，快速格式化是只在文件分配表中做删除标记，并不检查磁盘中的错误，可通过工具恢复磁盘数据；一般格式化会将磁盘上的所有磁道扫描一遍，清除磁盘上的所有内容，可以检测出硬盘上的坏道，所以速度会慢一些。

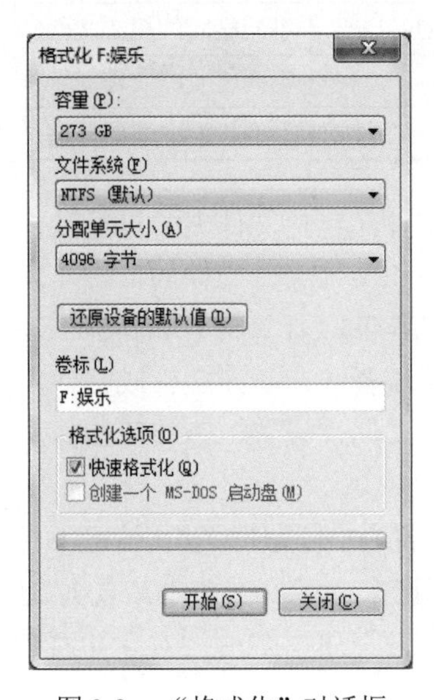

图 3-8　“格式化”对话框

值得注意的是，因为格式化操作会造成磁盘数据的全部丢失，因此应慎重进行磁盘的格式化操作，并做好必要的数据备份工作。

（2）查看磁盘的常规属性。磁盘的常规属性包括磁盘的类型、文件系统、空间大小、卷标信息等。打开“计算机”窗口，右击需要查看属性的磁盘驱动器，选择快捷菜单中的“属性”命令，随后出现一个对话框，在这个对话框中单击“常规”选项卡，从中可以查看磁盘的使用情况，如图 3-9 所示。

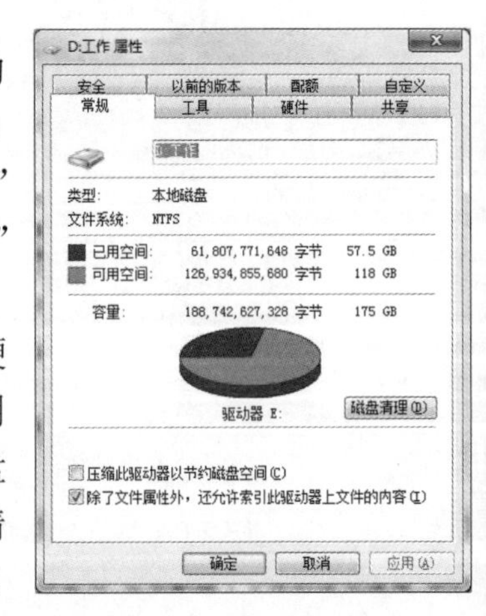

图 3-9　查看磁盘属性

（3）磁盘清理。使用磁盘清理程序可以帮助用户释放硬盘空间、删除临时文件和 Internet 缓存文件等，释放出占用的系统资源，提高系统性能。Windows 操作系统提供了磁盘清理功能，在如图 3-10 所示对话框中，用户可以选择需要清理多余文件的驱动器，确定后会弹出如图 3-11 所示的对话框，在其中用户选择需要清理的内容进行清理即可。

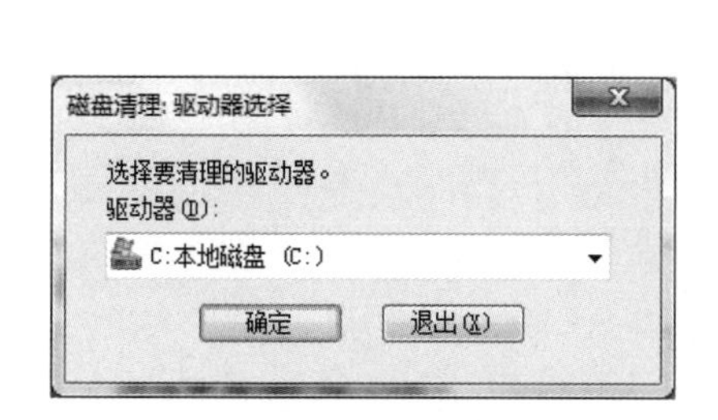

图 3-10　“驱动器选择”对话框

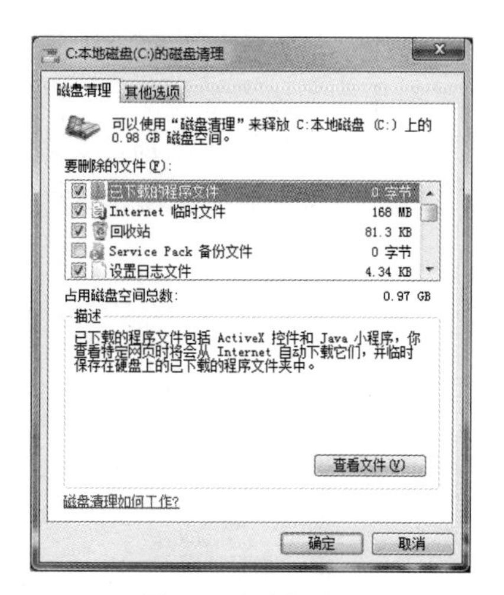

图 3-11　磁盘清理

3. 程序管理

程序管理

应用程序必须安装到操作系统中才能使用，一般软件都配置了自动安装程序，通常运行其安装程序即可自动安装。

在计算机中安装过多的应用程序不仅会占据大量的硬盘空间，还会影响系统的运行速度。如果软件自身提供了卸载功能，可以通过“开始”菜单找到程序的卸载文件对其完成卸载，如果没有提供，可以通过“控制面板”中的“程序和功能”进行卸载。有些软件在卸载后还会要求重启计算机以彻底删除该软件的安装文件。

3.2.6　设备管理

在计算机系统中，除了处理器和内存外，全都是设备管理的对象，主要是一些输入 / 输出设备和外存。由于外部设备种类繁多，性能千差万别，因此设备管理是操作系统中最为复杂、庞大的部分。设备管理的工作主要有以下几方面：

- 记住各类设备的使用状态，按各自不同的性能特点进行分配和回收。
- 为各类设备提供相应的设备驱动程序、启动程序、初始化程序、控制程序等，保证输入 / 输出操作的顺利完成。
- 利用中断、通道等技术，尽可能使 CPU 与外部设备，外部设备与外部设备之间并行工作，以提高整个系统的工作效率。
- 根据不同的设备特点，采用优化策略，使对具体设备的使用更趋合理和有效。

1. 设备管理器

Windows 操作系统中有一个工具程序——设备管理器，可以用它来管理计算机上的设备。打开如图 3-12 所示的“设备管理器”对话框，其中列出了当前系统中安装的所有外部设备。用户可以按类型或按连接方式来寻找设备，查看和更改设备的属性、更新设备驱动程序、配置设备设置和卸载设备等。用户通常使用设备管理器进行以下几个操作：

- 确定计算机上的硬件是否工作正常，查看设备的属性。
- 基于设备的类型，按设备与计算机的连接或按设备所使用的资源来查看设备。
- 更改硬件配置设置。

- 查看每个设备加载的设备驱动程序的相关信息，安装更新的设备驱动程序。
- 启用、禁用和卸载设备。

使用设备管理器只能管理“本地计算机”上的设备。在“远程计算机”上设备管理器将仅以只读模式工作，此时允许查看该计算机的硬件配置，但不允许更改该配置。

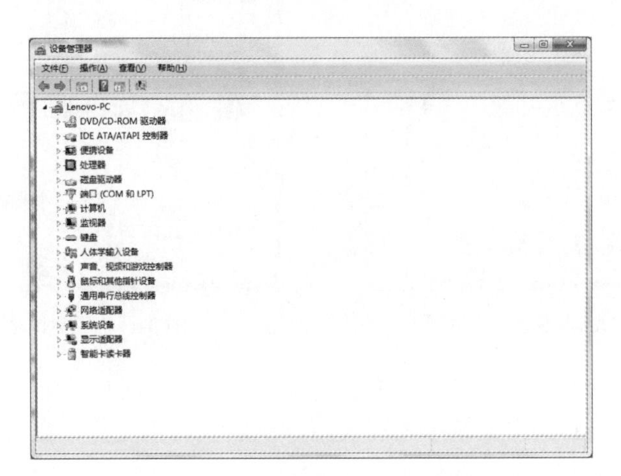

图 3-12 “设备管理器”对话框

2. 设备和打印机

在“开始”菜单中选择“设备和打印机”可以启动设备和打印机设置窗口，如图 3-13 所示。这里显示了连接到计算机上的外部设备，用户可以通过单击设备图标来检查打印机、鼠标等设备，不仅如此，通过该窗口用户还可以连接蓝牙耳机等无线设备。单击“添加设备”按钮，Windows 系统将自动搜索可以连接的无线设备，操作非常方便。

图 3-13 设备和打印机设置窗口

3.3 应用软件

应用软件是指那些专门用于为用户解决各种具体应用，完成特定任务的软件。由于计算机的通用性和应用的广泛性，应用软件比系统软件更加丰富多样。计算机工作时，硬件、系统软件和应用软件既有分工又有合作，三者有序配合协同完成预定的任务。

3.3.1 应用软件概述

除了系统软件以外，计算机上的所有软件都是应用软件。它是用户利用计算机及其提供的系统软件为解决各种实际问题而编制的计算机程序。由于计算机的应用已经渗透到了各个领域，所以应用软件也是多种多样的。按照应用软件的开发方式和适用范围，可将其再分为通用应用软件和专用应用软件两大类。

1. 通用应用软件

在现代社会，无论是学习还是工作，不论从事何种职业、处于何种岗位，人们几乎都需要在计算机中通过阅读、书写、通信、娱乐、办公或查找信息等方式来丰富自己的生活，所有这些活动都有相应的软件。由于这些软件几乎人人都需要使用，所以把它们称为通用应用软件。

通用应用软件种类繁多，例如办公软件、网页浏览软件、游戏软件、音视频播放软件、通信与社交软件、信息管理软件等。这些软件的用户多，使用非常频繁，设计也很精巧，不同系统有不同的版本，大多易学易用，甚至有些软件用户几乎不需要经过培训就能上手使用，在日常工作、学习和生活中这些软件发挥了很大作用。

2. 专用应用软件

专用应用软件是按照不同领域用户的特定应用要求而专门设计开发的，如超市的销售管理和市场预测系统、汽车制造厂的集成制造系统、学校教务管理系统、医院信息管理系统、酒店客房管理系统等。这一类软件专用性强、设计和开发成本相对较高，因此价格比通用软件要高一些。

在通用应用软件中，比较常用的一类是办公软件。在当今的信息时代，数字化智能办公正成为全球企业办公的大趋势。在数字化智能办公中，文档的整理与查找、数据的转换与共享等任务都变得高效快捷，这不仅要求使用者熟练掌握常用文档处理软件的使用方法，还需要学会运用计算思维的方法和习惯解决数字编辑问题。微软的 Office 系列套装、金山公司的 WPS 系列套装都是数字化智能办公常用的软件，利用这些软件用户可以很好地完成文字处理、表格处理、演示文稿制作、简单的数据库管理等操作。下面简要介绍 Office 套件中常用的三个组件的功能及文档类型。

3.3.2 文字处理 Word

Word 是 Office 家族中最为重要的成员之一，其主要功能是进行文字的输入、编辑、排版和打印。作为 Office 套件的核心程序，Word 为用户提供了许多易于使用的文档创建工具，同时也提供了丰富的图片处理、表格处理等功能。办公中涉及的各种实用文体、科技文章等办公文件都可以用 Word 来制作成电子文档，以便对其进行处理、存储、发布和交流，Word 文档的扩展名是 .docx。

1. 基础文档排版

一般情况下，文档处理过程包括文本的录入和编辑、格式排版、打印等，其中格式排版有很多种操作，下面简单介绍文档中经常使用的格式设置。

（1）字符格式设置。字符格式是为已选择的文本设置字体、字号、字体颜色、字符间距和文字效果等，是 Word 文档格式设置中最基本的操作，用户可以通过选择“开始”选项卡中的“字体”组对字体进行格式设置，也可以打开“字体”对话框进行更多的设置，如图 3-14 所示。

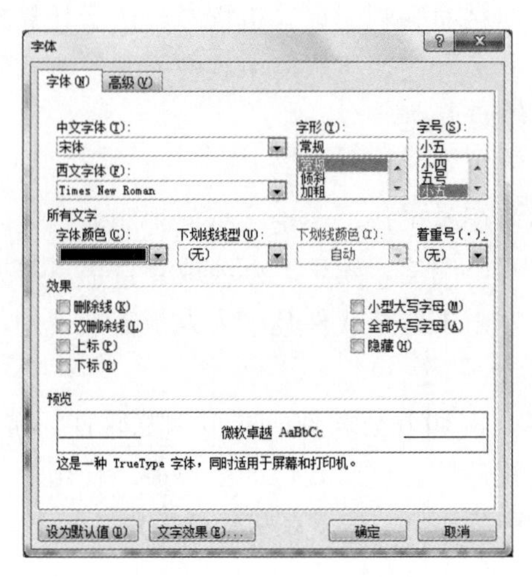

图 3-14 “字体”对话框

（2）段落格式设置。段落格式设置是对一个或多个段落进行格式设置，包含设置对齐方式、缩进、特殊格式、行间距，设置项目符号与编号，设置边框和底纹，设置纵横混排、双行合一等。同字符格式设置一样，可以使用“开始”选项卡中的“段落”组进行设置，也可以打开“段落”对话框进行设置，如图 3-15 所示。

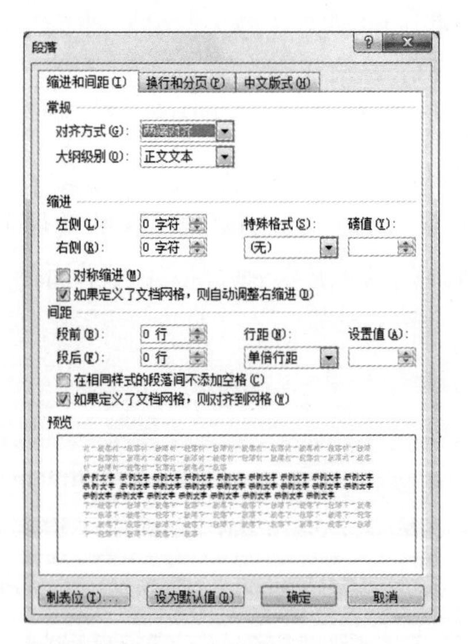

图 3-15 “段落”对话框

（3）格式刷。格式刷是 Word 中非常实用的功能之一，使用格式刷可以快速将指定段落或文本的格式沿用到其他段落或文本上，以提高排版的效率。由此可见，格式刷是复制粘贴格式的工具。选择要被复制格式的文本，单击“开始”选项卡“剪贴板”组中的“格式刷”

按钮，这时光标变成刷子形状，选择需要复制格式的文本，这样被选择文本的格式就与源文本的格式相同。当有多个不连续目标区域需要更改格式时，可以双击格式刷，鼠标指针始终保持刷子形状，在不连续区域内拖动，直到再次单击格式刷才停止粘贴格式。

（4）页面设置。在文档打印输出之前必须进行页面设置，这样打印出来的文档才能正确美观。页面设置主要包括纸张大小、纸张方向、页边距、文字方向、分栏等设置，具体设置既可以通过选择“页面布局”选项卡中的“页面设置”组设置，也可以通过打开“页面设置”对话框进行更详细的设置，如图 3-16 所示。

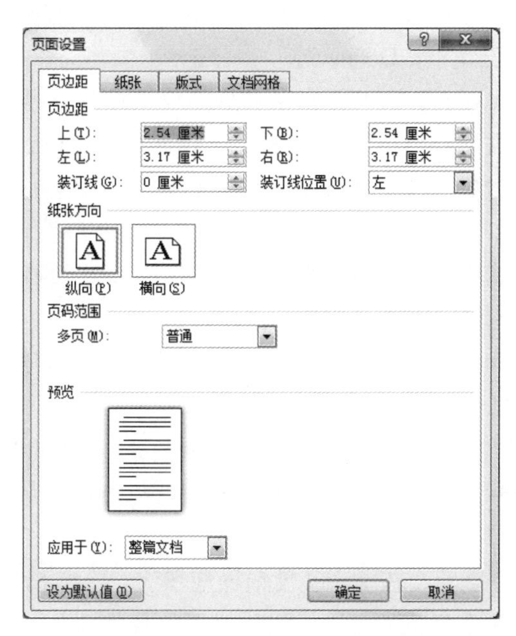

图 3-16　“页面设置”对话框

2. 长文档排版

在实际的工作中经常需要制作多章节或大量数据的复杂文档，这一类文档也称为长文档。如学生的毕业论文、调研论文、企业的项目合同、标书、产品说明书等。长文档通常包括样式、分节、目录、页眉和页脚、脚注和尾注等设置。

（1）样式。在编辑 Word 文档过程中，用户可以使用格式刷复制各部分字体和段落的格式。然而，对于一篇长文档使用格式刷来粘贴格式，不仅浪费时间，而且一旦格式要求发生变动，重新设置又将是一项繁重、重复的劳动，为此 Word 提供了“样式”功能，以提高排版效率、减少重复操作。

样式是指一组已经命名的字符和段落格式。Word 内置了一些样式，“样式”任务窗格如图 3-17 所示。用户可以选择直接套用样式来格式化文档，也可以修改样式，还可以创建新样式进行使用。新建的样式是可以删除或者修改的，但是系统内置的一些样式则只能修改而不能删除。

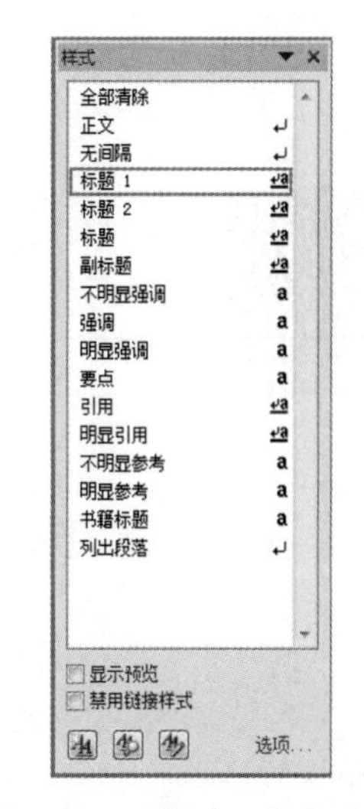

图 3-17　“样式”任务窗格

（2）分节。节是一种排版单位，同一节中只能设置一种版面布局。默认情况下，Word 将整篇文档视为一节，对文档的所有设置都是应用于整篇文档。当插入分节符（节的结束标记称为分节符）将文档分成若干“节”后，可以根据需要设置每“节”的格式。

分节符的设置

分节符有 4 种类型，分别是“下一页”、“连续”、“偶数页”和“奇数页”。其中，“下一页”表示新节从下一页开始；“连续”表示新节从当前的插入位置开始；“偶数页”表示新节从下一个偶数页开始；“奇数页”表示新节从下一个奇数页开始。

默认情况下，分节符只能在大纲视图和草稿视图中查看。若要删除分节符，在能查看到分节符的视图下单击分节符，再按 Delete 键。

（3）页眉和页脚。在 Word 中插入页眉和页脚不仅可以使文档美观，而且还可以方便用户查看文档位置等信息。页眉和页脚分别位于每个页面的顶部和底部区域，其内容可以是文本、图片、艺术字等多种对象。通常情况下页眉一般显示公司名称、文档标题等，页脚一般显示文档的页码、文件名和作者姓名等。

在设置 Word 页眉页脚时，可以为每页插入相同的页眉、页脚和相应的页码，也可以设置首页不同的页眉页脚，还可以设置奇偶页不同的页眉页脚。

为论文排版有时目录和正文处的页码需要单独编排，此时应该先将目录和正文分节，然后为不同的节设置不同的页码。

（4）目录。Word 目录包括文档目录、图目录和表目录等多种类型。文档目录用于显示文档的结构，它是文档各级标题及其页码的列表；图目录和表目录是用于显示文档中所有图标的题注及其页码的列表。

在长文档中，为了方便查阅，在文章正文前面应该有一个文档目录，Word 可以自动搜索文档中的标题。建立一个非常规范的目录，操作时不仅快速方便，而且目录可以随着内容的变化自动更新。文档目录的生成是建立在标题的文本样式上的，必须是标题级别才能生成目录。也就是说，如果标题的样式是除“标题 1、标题 2、…”之外的样式，则生成的目录里不会出现该标题。打开如图 3-18 所示的“目录”对话框，根据需要设置目录的显示级别、目录的样式等。

样式和目录

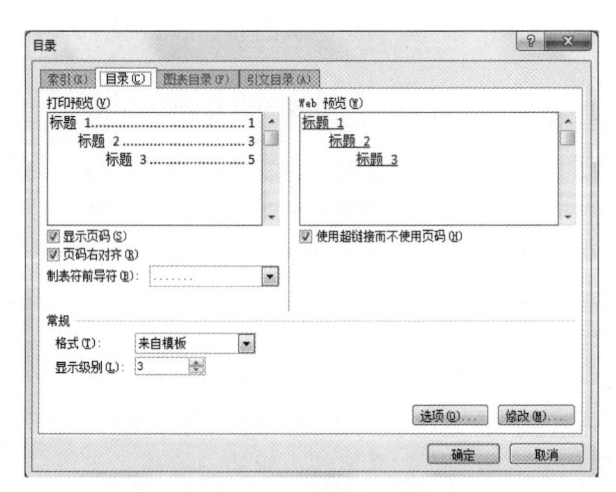

图 3-18 “目录”对话框

目录除了有检索功能外，还具有超级链接功能。按 Ctrl 键的同时将光标移动到需要查看的标题上，光标将会成为小手状，此时单击系统会自动跳转到指定内容位置。从这个意义上来讲，目录也起到了导航条的作用。

目录还可以更新，当增删或修改文章内容时会造成页码或标题发生变化，这时可以通过更新目录自动修改。

（5）脚注和尾注。编辑文档时常常需要对某些内容加以注释，注释分为脚注和尾注。脚注一般附在每页的最底端，按顺序显示该页包含的所有脚注内容，例如科技论文的作者简介等。尾注一般附在文档最后一页文字下方，显示该文档包含的所有尾注内容，例如文档的参考文献就可以采用插入尾注的方法实现。脚注和尾注都可以在“脚注和尾注”对话框中进行设置，如图 3-19 所示。默认情况下，尾注后不能再有文档正文内容。如果需要在尾注后添加文档，那么必须对文档进行分节。不论是脚注还是尾注，都由注释引用标记、注释文本和分隔符组成。通常情况下，删除注释引用标记后，注释文本将被自动删除，编号也会自动更新。

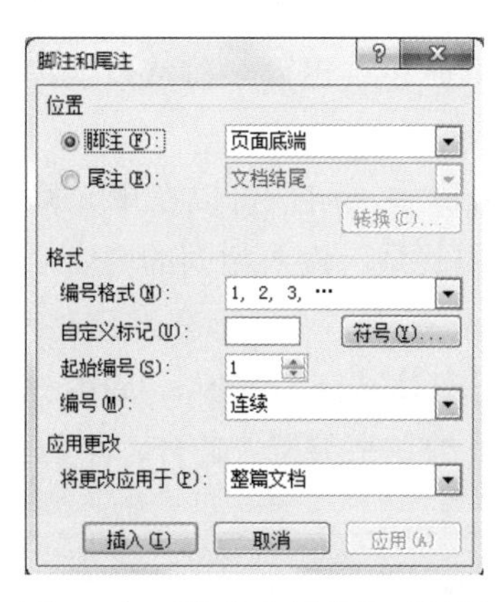

图 3-19　“脚注和尾注”对话框

（6）批注。批注是为文档中的文字添加注释内容。长文档中经常要输入大量的文字，有时需要为某些文本加入一些注释，但是又不想让这些注释显示在文档中，这样就可以插入批注，效果如图 3-20 所示。批注和修订不同，不需要接受就直接添加进去，如果不需要只需将其删除即可。

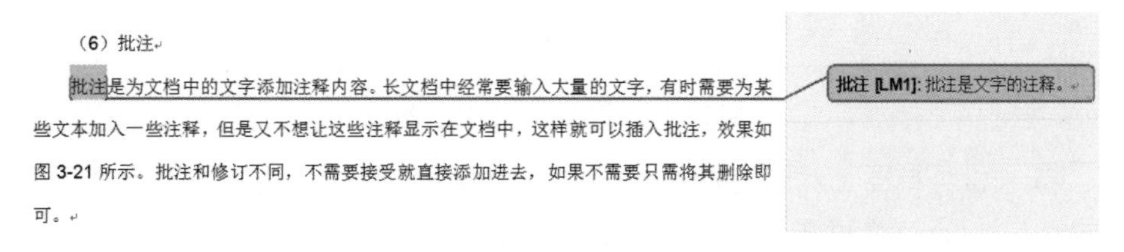

图 3-20　插入批注

3.3.3　电子表格 Excel

Excel 是目前最流行的数据处理工具之一，利用它用户可以进行各种数据的处理、统计分析和辅助决策等操作。它被广泛应用于管理、统计、财经、金融等众多领域。Excel 文档的

扩展名是 . xlsx。Excel 的主要操作对象有工作簿、工作表和单元格。

工作簿是 Excel 中计算和存储数据的文件，通常所说的 Excel 文件就是工作簿文件。它由多张工作表组成，通常新建的工作簿中包含三张默认的工作表，分别以 sheet1、sheet2 和 sheet3 命名。

工作表是一个二维表格，也是 Excel 的主要编辑区域，它是由若干个单元格组成。用户可以右击工作表标签进行工作表的插入、重命名、复制和删除等操作。

单元格是工作表的最小单位，也是 Excel 保存数据的最小单位。它的地址用行号和列标来标记，如工作表中最左上角的单元格地址为 A1，表示该单元格位于第 A 列第 1 行。在工作表中单击某个单元格，该单元格边框加粗显示，表明该单元格为“活动单元格”，并且活动单元格的行号和列标也会突出显示。如果向工作表中输入数据，这些数据将会被填写在活动单元格中。向单元格中输入的数据可以是数字、字符串、公式，也可以是图形或声音等。

1. 数据的基本应用

在 Excel 中录入数据时，因为单元格数据类型不同，往往会遇到录入的数据和显示的结果不同的情况。在设置单元格格式时也会遇到一些特殊的需求，比如只为符合条件的数据进行特殊的格式设置等。

（1）单元格数据类型。在 Excel 中，用户可以在单元格中输入多种类型的数据。单元格显示的内容与其数据类型有很大的关系，输入相同的内容后，设置成不同的数据类型就会有不同的显示结果。

如图 3-21 所示，Excel 提供了包括常规、数值、货币、会计专用、日期、时间、百分比、分数、科学记数、文本和特殊等多种数字类型。此外，用户还可以自定义数据格式。

单元格格式设置

图 3-21 “设置单元格格式”对话框

其中，文本可以包含具有文本性质的数字。若要在单元格内输入纯数字的文本，如学号、身份证号等，可以将单元格数据类型设置为“文本”后直接输入，也可以在输入的数字前加英文的单引号。

（2）条件格式。条件格式是指当指定条件为真时，系统自动应用于单元格的格式，如单元格底纹或字体颜色等。例如，在单元格格式中突出显示单元格规则时，可以设置满足某一规则的单元格，将其突出显示出来，如大于或小于某一个数的规则。条件格式可以在“新建格式规则”对话框中进行设置，如图 3-22 所示。

同一区域可多次设置条件格式。对于设置好条件格式的空白单元格，在输入数据之前表面上没有任何变化，但当输入数据后数据的字体格式会自动按照设定样式进行改变，并且会随着自身内容的变化自动进行格式调整。

图 3-22　“新建格式规则”对话框

（3）自动填充。自动填充是指在一个单元格内输入数据后，与其相邻的单元格可以自动地填充具有一定规则的数据。填充的内容可以是相同的数据，也可以是一组序列。自动填充一般是使用填充柄完成的。

1）填充柄。选中单元格时，单元格右下方黑色的小方块即为“填充柄”，当光标置于填充柄上时，就会变成一个实心的十字，此时鼠标指针沿水平方向拖动即为行填充，沿垂直方向拖动即为列填充。通常情况下，选中一个单元格自动填充即为复制，选中多个单元格自动填充会根据选中的内容进行有规律的填充。单元格内如果是公式，也可以完成自动填充。

2）通过“自定义序列”填充。Excel 自身带有一些填充序列，在单元格中输入某一序列的其中一项，再利用填充柄向四周填充可以出现该序列的下一项。用户还可以自己定义新的序列，通过“自定义序列”对话框即可完成序列的自定义，如图 3-23 所示。

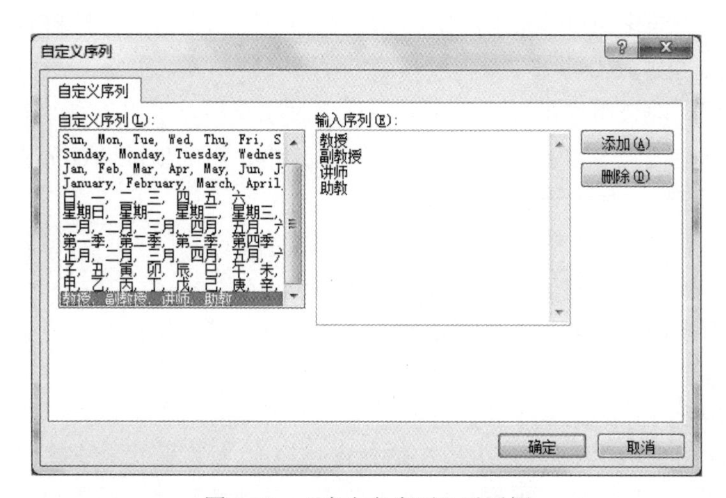

图 3-23　“自定义序列”对话框

2. 公式和函数

（1）公式。在 Excel 单元格中，除了可以直接输入数据外，还可以输入公式完成各种计算、统计等。公式是以 = 开头，再通过运算符将常数、函数、单元格引用等元素按照一定的顺序组合进行数据处理的式子。

公式和函数

（2）运算符。运算符是公式中对各种元素进行运算的符号，分为算术运算符、比较运算符、文本运算符和引用运算符 4 种类型。

- 算术运算符。算术运算符包括 +、–、*、/、% 和 ^（幂），运算顺序为先乘除后加减。
- 比较运算符。比较运算符包括 =、>、<、>=、<=、< >，它们的优先级相同，比较运算结果返回逻辑值 TRUE 或 FALSE。
- 文本运算符。文本运算符为 &，用于连接两个或多个文本字符串以产生一个新的字符串。
- 引用运算符。引用运算符包括冒号、逗号和空格。其中，冒号（:）为区域运算符，单元格与单元格之间用冒号，表示引用单元格地址之间的所有单元格；逗号（,）为联合运算符，可将多个引用合并为一个引用；空格为交叉运算符，用于选取两个区域的公共单元格区域。

（3）单元格引用。单元格引用是指对工作表中的单元格或单元格区域进行引用，也就是指定公式中所使用的值和数据的位置。在使用公式时，可以引用本工作表、本工作簿中单元格的数据，还可以引用其他工作表、工作簿中单元格的数据。单元格引用分为相对引用、绝对引用和混合引用 3 种。

- 相对引用。相对引用是指单元格的名称直接用在公式中，该引用也是 Excel 的默认引用方式，其特点是如果含有相对引用的公式被复制或填充到另一个单元格中时，公式中的引用也会随之发生相应的变化，即若公式所在原单元格到目标单元格发生行、列位移，公式中的所有单元格引用都会发生与之相同的位移变化。例如，在复制公式时，如果目标单元格的行号（列标）增加 1，则公式中引用的单元格地址的行号（列标）也相应地增加 1。
- 绝对引用。绝对引用是指在复制公式的过程中，所引用的单元格地址不随目标单元格的变化而变化。使用绝对引用时，需要在被引用单元格的行号和列标前加上 $ 符号，如 $A$2、$B$4:$D$6 等。
- 混合引用。混合引用是指引用单元格地址时既有相对引用也有绝对引用，即只在行号或列标前加上 $ 符号。复制公式时，单元格引用的地址一部分固定，一部分自动改变。如 $A2、B$3、$B4:D$6 等。

（4）函数。函数是 Excel 系统内置的已经定义好的程序，用户可直接调用。Excel 提供财务、日期和时间、数学与三角函数、统计、查找与引用、数据库、文本和信息、逻辑、信息等多个类别的数百个函数。函数是极其重要的计算工具，其对用户解决复杂计算问题提供了有力的帮助。函数形式如下：

函数名 ([参数 1][, 参数 2]…)

函数由函数名和括号内的参数组成，括号内可以有一个或多个参数，参数间用逗号分隔。参数可以是常量、单元格、单元格区域、公式或其他函数等。函数也可以没有参数，如

today()、now() 函数等，但函数名后面的圆括号是必需的。

插入函数的方法有很多，可以直接在公式中输入函数，也可以在“公式”选项卡的“函数库”组中单击“插入函数”按钮，还可以在编辑栏中单击“fx”按钮打开函数向导。Excel 中一些常用函数的使用说明如表 3-2 所示。

表 3-2　Excel 常用函数的使用说明

函数名	功能
SUM(number1,[number2],…)	求各参数的和
AVERAGE(number1,[number2],…)	求各参数的平均值
MAX(number1,[number2],…)	求各参数中的最大值
MIN(number1,[number2],…)	求各参数中的最小值
COUNT(value1,[value2],…)	求包含数值的单元格个数
COUNTA(value1,[value2],…)	求各参数中非空单元格的个数
COUNTIF(range,criteria)	求参数 range 中满足指定条件 criteria 的单元格个数，range 可以为一个或者多个连续数据区域，criteria 为指定的满足条件的表达式
ROUND(number,number_digits)	对数值项 number 进行四舍五入
IF(logical_test,[value_if_true],[value_if_false])	条件判断函数。logical_test 为逻辑表达式，结果为真（TRUE）或假（FALSE）。若 logical_test 为真（TRUE），则取 value_if_true 表达式的值；否则，取 value_if_false 表达式的值。IF 函数可以嵌套使用，最多可嵌套 7 层
TODAY()	返回当前系统的日期（以计算机自身时钟日期显示），为一个无参数函数。显示出来的日期格式可以通过单元格格式进行设置
YEAR(serial_number)	返回日期型参数 serial_number 所对应的年份。返回值为数值型数据
NOW()	返回当前系统的时间，为一个无参数函数
MID(test,start_num,num_chars)	取子串函数，从文本字符串 test 的第 start_num 位开始提取 num_chars 个特定的字符
RANK(number,ref,order)	排序函数。返回数字 number 在一组数 ref 中的排名。number 为需要排位的数字，ref 为包含一组数字的数组或引用，ref 中的非数值型参数将被忽略。order 为一数字，指明排位的方式，如果 order 为 0 或省略，将 ref 按降序排列。如果 order 不为 0，将 ref 按升序排列
VLOOKUP(lookup_value,table_array, col_index_num, [range_lookup])	垂直查找函数，指可以在表格的首列查找指定的数据并返回指定的数据所在行中指定列的数据。其中 lookup_value 是指需要在数据表第 1 列中查找的数据，table_array 是指定需要在其中查找数据的数据表，col_index_num 指的是在 table_array 中要返回数据的数据列序号，range_lookup 有两种选择，如果为 FALSE 或 0，则返回精确匹配，如果为 TRUE 或非 0，则返回查找到的近似匹配值

（5）公式出错的处理。在 Excel 中输入公式或函数后，经常会因为某些错误在单元格中显示错误信息。表 3-3 中列出了常见的一些错误信息，以及可能发生的原因和解决方法，供读者参考。

3. 图表

图表是解释和展示数据的重要方式。通常情况下，用户使用 Excel 工作簿内的数据制作的图表都存放在工作簿中，图表会随着工作表中的数据变化而自动更新。使用图表可将工作表中的数据以统计图表的形式显示，从而能直观形象地反映数据的变化规律和发展趋势。

表 3-3　Excel 中错误提示信息的含义及解决办法

错误类型	错误原因	解决办法
#####	输入到单元格中的数值太长或公式产生的结果太长，单元格容纳不下	适当增加列的宽度
#DIV/0!	公式中零为除数时产生的错误信息	修改单元格引用或在用作除数的单元格中输入不为零的值
#N/A	当在函数或公式中没有可用的数值时产生的错误信息	如果工作表中某些单元格暂时没有数值，在其中输入 #N/A，公式在引用这些单元格时，将不进行数值计算，而是返回 #N/A
#NAME?	在公式中使用了 Excel 不能识别的文本	如所需的名称没有列出，添加相应的名称；如名称存在拼写错误，修改错误
#NULL!	当试图为两个并不相交的区域指定交叉点时将产生错误	如果要引用两个不相交的区域，使用合并运算符
#NUM!	当公式或函数中某些数字有问题时将产生该错误信息	检查数字是否超出限定区域，确认函数中使用的参数类型是否正确
#REF!	当单元格引用无效时将产生该错误信息	更改公式或在删除 / 粘贴单元格之后立即单击“撤消”按钮以恢复单元格
#VALUE!	使用错误参数或运算对象类型、自动更正公式功能不能更正公式时将产生该错误信息	确认公式或函数所需的参数或运算符是否正确，并确认公式引用的单元格是否都有效

图表类型主要有柱形图、折线图、饼图、条形图和面积图等。柱形图显示一段时间内的数据变化或显示各组数据之间对比的关系；饼图显示一个数据系列中各项大小与各项组合的比例；折线图显示随时间而变化的连续数据；条形图与柱形图类似，但其主要表现数据之间的差别；面积图强调数量随时间变化的程度。

通常一个完整的图表由图表区、绘图区、图表标题、图例、数据系列和坐标轴等对象组成，如图 3-24 所示。

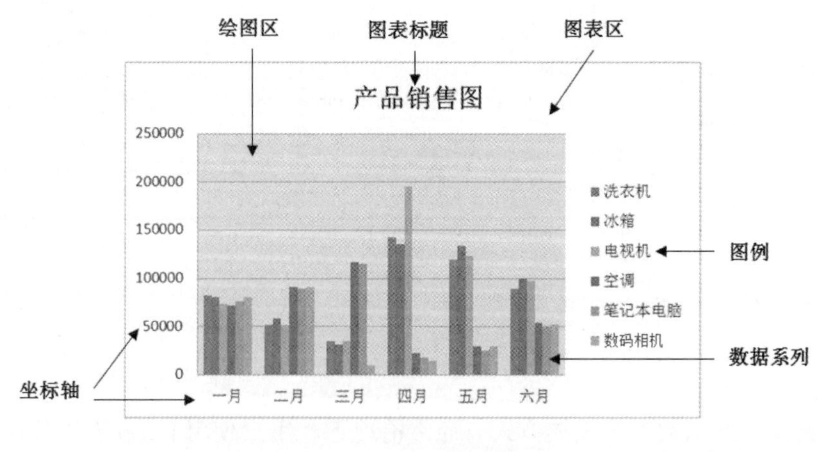

图 3-24　图表的组成

4. 数据分析与处理

Excel 具有强大的数据处理功能，如对数据排序、筛选、分类汇总和数据透视等操作，这样可以很方便地从大量数据中获取所需数据并重新整理从不同的角度观察和分析数据。

（1）排序。Excel 表格可以对一列或多列数据按升序、降序或自定义序列进行排序。

- 简单排序。如果只对数据表中的某一列数据进行排序，可以单击简单的排序按钮来简化排序过程。将光标置于待排序列的任一单元格中，设置“升序”或“降序”即可。
- 多字段排序。如果对数据表中的多个列进行排序，可以通过单击“排序”对话框中的“添加条件”按钮添加一个主要关键字和多个次要关键字进行相应的设置。“排序依据”可以对数值按值排序、对英文字母按字母次序排序、对汉字按音序排序，还可以用单元格颜色、字体颜色作为排序依据。“次序”包括升序、降序、自定义序列，如图 3-25 所示。

图 3-25　“排序”对话框

- 自定义排序。自定义排序是指对选定的关键字按照用户定义的顺序进行排序。在图 3-25 中，将“次序”设置为“自定义序列”即可。

（2）筛选。筛选是指在数据表中查询满足特定条件的记录，它是一种快速查找数据的方法。使用筛选可以从数据表中将符合某种条件的记录显示出来，而那些不满足筛选条件的记录将被暂时隐藏起来，然后用户可以将筛选出来的记录复制到指定位置存放，而原数据不变。筛选方式有两种：自动筛选和高级筛选。

- 自动筛选。自动筛选是对整个数据表操作，筛选结果将在原有数据区域中显示，原有的记录将被隐藏。使用自动筛选时，数据表中的字段名旁会出现筛选箭头，单击箭头，在出现的下拉列表中可以设置筛选条件，不同的字段类型特征不同，筛选条件也不同。
- 高级筛选。高级筛选不但包含了自动筛选的所有功能，还可以设置更复杂的筛选条件，并且可以将筛选结果生成一张新的数据表。使用高级筛选功能前要在数据表之外建立一个条件区域，条件区域至少有两行，首行输入字段名，其余行输入筛选条件。其中，同一行的条件为逻辑“与”关系；不同行的条件为逻辑“或”关系，如图 3-26 所示。在“高级筛选”对话框中可以对列表区域、条件区域等进行设置，如图 3-27 所示。高级筛选的结果可以在原数据表中显示，也可以将筛选结果复制到其他位置。

性别	年龄	部门
男	>=35	人事部
女	<35	财务部

图 3-26 条件区域

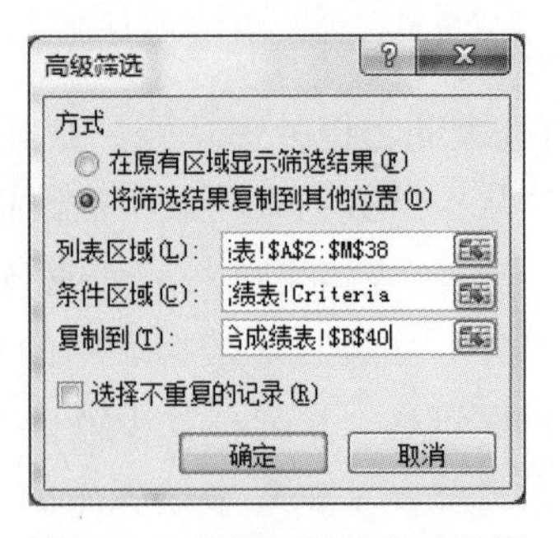

图 3-27 “高级筛选”对话框

（3）分类汇总。分类汇总是对工作表中的内容按某一个字段进行分类，分类字段值相同的归为一类，其对应的记录在表中连续存放，然后按分好的类对其他字段进行求和、求平均值、计数、求最大值、求最小值等汇总运算。需要注意的是，分类汇总前必须先对分类字段进行排序。

分类汇总允许将汇总后的数据再次汇总，这称为嵌套汇总。通常的操作方法是在原汇总数据表中再次打开“分类汇总”对话框修改汇总方式，取消对“替换当前分类汇总”复选框的勾选，如图 3-28 所示。若要删除分类汇总，只需在“分类汇总”对话框中单击“全部删除”按钮。

分类汇总和透视分析

图 3-28 “分类汇总”对话框

3.3.4 演示文稿 PowerPoint

PowerPoint 是比较流行的演示文稿制作工具，用户可以为演示文稿的文本和图像制作动画效果，PowerPoint 被广泛应用于产品展示、学术交流、课堂教学等领域。PowerPoint 文档的扩展名是 .pptx，通常人们称它为 PPT。

1. 幻灯片的设计

目前，人们已经不再满足于传统的 PPT 制作，而是非常重视 PPT 的设计。一款设计感十足的 PPT 不仅能够吸引用户的眼球，还能够为演讲者在演讲现场增光添彩，起到事半功倍的作用。

一个完整的 PPT 制作流程一般分为以下几步：首先了解 PPT 使用的场合，确定 PPT 的整体风格和主题；然后梳理内容，提炼观点，添加各种对象并进行相应的设计；最后设计动画，完善细节。下面简要介绍设计制作幻灯片时要注意的问题和设计原则。

（1）页面尺寸。如果幻灯片需要进行投影放映，为了使幻灯片页面能够完美适配屏幕，取得最佳的投影效果，就要先来设置合适的页面尺寸。目前主流的尺寸有两个，一个是 16:9 的宽屏比例，能够铺满大多数计算机屏幕；另一个是 4:3 的近方形比例，能够铺满多数投影屏幕。一般来讲，当页面与投影屏幕尺寸等比时，其能够完全匹配页面，正好铺满整个屏幕，观众看起来会非常舒服，所以在制作幻灯片之前最好了解清楚幻灯片是在计算机上供人观看，还是在投影幕布上演示使用。

除了主流的两个比例外，有时幻灯片会在一些特殊尺寸的屏幕上放映。比如近几年的各种发布会、行业峰会等放映场合多被定在酒店或者剧院，这种场合中屏幕尺寸都比较特殊，比如有的是 2.35:1。如果想在这些特殊的屏幕尺寸上播放，那么就要将页面尺寸设置成与它们等比的大小。

（2）图片。在幻灯片中使用图片时的基本原则：一是所选用的图片一定是高清无水印的；二是配图一定要和文字相关联，符合主题。不管选择哪种图片，只要和内容相关，符合主题即可。

有时还可以利用图形来制作蒙版效果，主要是弱化图片效果，丰富页面内容，比如创造留白区域添加文字等。

（3）字体。在幻灯片中使用字体时也要遵循一定的原则：一是在一个 PPT 中字体的选择和使用不要超过 3 种；二是应当选择与 PPT 主题相符合的字体；三是选择容易识别、阅读的字体；四是少用宋体和过多的艺术字体，使用宋体做出来的 PPT 字体效果太过传统，而使用过多的艺术字体又过于花哨。

（4）配色。配色在幻灯片设计中有着非常重要的作用，它也是幻灯片常用元素中最难处理的一部分，如果配色处理不好，很容易拉低整个 PPT 的制作水平。

幻灯片的配色基本原则：一是颜色要少，一般不要超过 3 种；二是要符合行业气质；三是要使文字内容看得见、看得清。

配色一般主要由背景色、字体色、主色和辅助色搭配而成。不同的场合应采取不同的配色方案。例如像发布会这样的场合，为了便于摄影和保证良好的现场效果，一般以深色作为背景色，浅色作为字体色；而工作汇报答辩时则适合用浅色作为背景色，深色作为字体色。主色就是 PPT 作品中每个页面的主基调。辅助色则是 PPT 作品中少数页面用到的颜色。一般情况下，根据应用场合和行业确定主色，再选择与之搭配的辅助色。

（5）图标。图标可以使 PPT 可视化更有设计感，因为它本身具有基本形状和美感，能很好地为画面增色。图标一般有两个作用：概括主题、装饰点缀。

选用图标有两个标准：一是符合主题，图标除了给用户带来视觉上的美感，还能更好地诠释文字内容，所以图标必须与文字相匹配，否则容易产生歧义；二是风格统一，图标有不同的特征，包括复杂度、形状和线条粗细，图标风格选用不当会破坏整个画面的统一性。

（6）图表。在幻灯片设计中，经常需要用到数据，比如在年终总结报告中需要展现过去一年的业绩数据，为了能够清晰直观地让别人了解这些数据所传递的含义，通常将其做成数据图表。

当在幻灯片中使用图表来展示一些数据时，首先根据想要表达的观点选择合适的图表类型。不同的图表类型适合不同的工作场景，所以先要理清图表的含义以及它们各自的应用场景，这样才能正确合理地使用它们。然后要美化图表，美化时要注意以下几点：一是要去掉一些装饰性的元素，比如背景、系列的立体效果等；二是选择合适的字体；三是要对图表的字体进行配色。做到以上这三步，就可以制作出一个主题明确、设计简洁的图表了。

（7）排版。设计元素制作好之后，最终要经过排列组合呈现在页面上，这个过程就是排版，好的 PPT 排版可以使读者更好地理解并接受所传递的信息。一般来说 PPT 排版要遵循以下几个原则：

- 把相关联的元素放到一起，让画面看起来有序并且逻辑关系清晰。
- 每个元素都应当与页面上的另外一个元素有某种视觉联系。
- 如果页面上的元素不同，那就让它们截然不同，起到一定的对比作用。
- 让视觉要素在整个作品中重复，以实现风格的统一。

2. 母版设计

母版是用来定义演示文稿中幻灯片格式的，它可以使一个演示文稿中的每张幻灯片都包含某些相同的文本特征、背景颜色、图片等。当每一张幻灯片中都需要有相同内容（如企业标志、CI 形象、产品商标、有关背景设置等），就应该将其放到母版中。

幻灯片母版设计

演示文稿的母版类型一般分为 3 种：幻灯片母版、讲义母版和备注母版，通常使用的是幻灯片母版。

（1）幻灯片母版。幻灯片母版主要用来控制除标题幻灯片以外的幻灯片的标题、文本等外观样式。如果修改了母版的样式，将会影响所有基于该母版的演示文稿的幻灯片样式。在“视图”选项卡的“母版视图”组中单击“幻灯片母版”按钮进入幻灯片母版的编辑界面，如图 3-29 所示，在左边的窗格中显示系统自带的所有版式的幻灯片母版，最上面的一张称为主母版，其他为版式母版。改变主母版能影响所有版式母版，而版式母版只能单独设置，改变版式母版只会改变应用了这个版式的所有幻灯片中的内容。

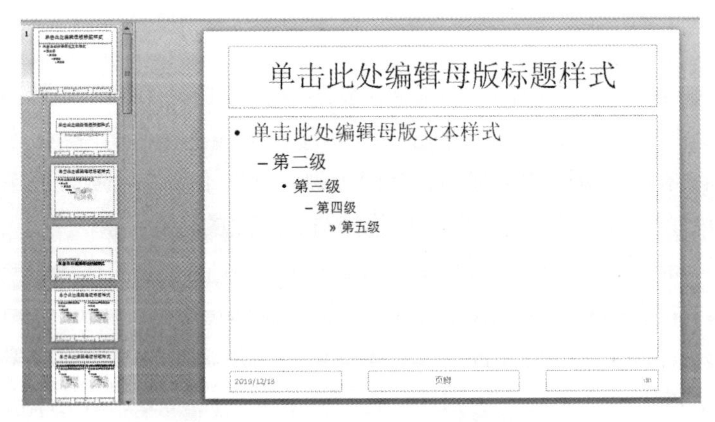

图 3-29 “幻灯片母版”编辑界面

若要为每张幻灯片加入一张 Logo 图片，那么就应该在主母版中插入该图片，这样在每张幻灯片中就会出现一张相同的 Logo 图片；若只想为所有标题幻灯片插入该图片，则在标题幻灯片版式的母版中插入该图片，这样该图片将出现在演示文稿的每一张标题幻灯片中。

（2）备注母版。备注母版主要为演讲者提供备注使用的空间以及设置备注幻灯片的格式

（3）讲义母版。讲义母版用于控制幻灯片以讲义的形式打印的格式，可增加页眉和页脚等。

3. 动画设计

动画功能是 PowerPoint 中非常具有特色的一部分，应用动画效果可以使幻灯片在放映时增加许多趣味性和吸引力。但是在幻灯片中动画的使用也有一些基本原则：一是不要使用过多的动画效果，那样不仅会延长整个演讲的时间，而且还会很大程度地分散观众对内容的注意力；二是同一页幻灯片动画要保持一致性，即如果需要为同一页幻灯片中的同类元素添加动画，最好能够添加同一种动画效果，这样可以使幻灯片播放时看起来更整齐。

一般情况下，动画分为两类：一是幻灯片的切换动画，二是幻灯片中对象的自定义动画。

幻灯片动画设计

（1）幻灯片切换动画。幻灯片切换动画主要是为缓解 PPT 页面之间转换时的单调感而设置的。切换动画的特点是大画面、有气势，适合使用它制作拥有简洁画面和简洁动画的 PPT，它也可以是自定义动画的补充。

在“切换”选项卡的“切换到此幻灯片”组中单击所需的切换效果，可为选定的幻灯片添加切换效果。添加切换动画后，可以设置该动画的效果选项、播放动画时的声音、持续时间、动画切换时的换片方式等。动画效果时间是系统默认的，用户可以自行设置动画效果时间以及换片的时间，其中幻灯片默认的切换方式是“单击鼠标时”，也可以选择“设置自动换片时间”来自行设置换片时间。一旦勾选“设置自动换片时间”复选框后，在幻灯片浏览视图下每张幻灯片底部均出现时间数值。

（2）自定义动画。自定义动画设计是指对幻灯片中的标题文本、图形、图片、艺术字、声音等对象设置放映时出现的动画方式，使这些对象在幻灯片放映时能动态地显示，以达到突出重点、控制信息流程的目的，从而提高演示文稿的趣味性。

PowerPoint 提供了进入、退出、强调和动作路径 4 种自定义动画效果。用户可以在“动画”选项卡的“动画”组中选择所需要的动画效果。选择某一动画效果后，可以在“计时”组中对动画的开始方式、持续时间、延迟时间和动画出现的先后顺序进行具体的设置。在开始方式的设置中，动画播放开始的时间有“单击时”、“之前”和“之后”3 种，“单击时”是指当单击幻灯片或按键盘的向下方向键时才会播放动画；“之前”是上一个对象动画播放完之前就开始播放；“之后”是在上一个对象动画播放完之后才开始播放。因此“之前”比“之后”更早一些。

在自定义动画设置中，还可以为同一个对象添加多种动画效果。例如，为一个对象添加一种进入的效果后，还可以再添加退出的效果，同一个对象最多可同时添加 4 种不同类型的动画效果。设置完动画效果后，可以打开“动画”选项卡“高级动画”组中的“动画窗格”进行更加详细、直观的动画设置，也可以对设置的动画进行预览、调整动画播放顺序等。

本章习题

一、判断题

1. 在 Windows 中只要删除桌面上的快捷方式，相应的文件就会被删除。（　　）

2．当删除文件夹时，其所有子文件夹和文件也被删除。 （ ）
3．任何情况下，文件和文件夹删除后都放入回收站。 （ ）
4．文件在打开的情况下，不能进行重命名操作。 （ ）
5．在 Word 中，默认情况下为文档插入页眉，页眉会出现在每一页中。 （ ）
6．在 Excel 中，输入数字作为文本使用时，需要输入的先导字符是逗号。 （ ）
7．在 Excel 的高级筛选中，条件区域中同一行的条件是与的关系。 （ ）
8．在 PowerPoint 中，同一个对象“进入”时的动画可以设置多种。 （ ）

二、单选题

1．计算机系统由两大部分组成，分别是（ ）。
A．系统软件和应用软件 B．主机和外部设备
C．硬件系统和软件系统 D．输入设备和输出设备
2．某单位的人事管理程序属于（ ）。
A．系统程序 B．系统软件 C．应用软件 D．目标软件
3．操作系统中的文件管理系统为用户提供的功能是（ ）。
A．按文件作者存取文件 B．按文件名存取文件
C．按文件创建日期存取文件 D．按文件大小存取文件
4．以下关于文件夹组织结构的说法中，错误的是（ ）。
A．每一个文件夹必须有一个子文件夹
B．每个文件夹都可以包含若干子文件夹
C．每个子文件夹必须有一个唯一的命名
D．同一文件夹下的子文件夹不能重名
5．Word 文档的默认扩展名为（ ）。
A．.TXT B．.EXE C．.DOCX D．.JPG
6．在 Word 的编辑状态中，粘贴操作的组合键是（ ）。
A．Ctrl+A B．Ctrl+C C．Ctrl+V D．Ctrl+X
7．格式刷的作用是快速复制格式，其操作技巧是（ ）。
A．单击可以连续使用 B．双击可以使用一次
C．双击可以连续使用 D．右击可以连续使用
8．在 Word 中发现有多处同样的错别字，一次性更正最好的方法是（ ）。
A．使用替换功能 B．使用自动更正功能
C．使用撤消功能 C．使用格式刷功能
9．在 Excel 中，合并单元格时，如果多个单元格中有数据，则（ ）。
A．保留所有数据 B．保留右上角的数据
C．保留左上角的数据 D．保留左下角的数据
10．假定一个单元格的地址为 $D$25，则此地址的表示方式是（ ）。
A．相对地址 B．绝对地址 C．混合地址 D．三维地址
11．若某单元格的公式为“=IF(" 教授 ">" 助教 ",TRUE, FALSE)”，则其计算结果为（ ）。

A．TRUE　　B．FALSE　　C．教授　　D．助教

12．在 Excel 中进行分类汇总时，必须事先按分类字段对数据表进行（　　）。

A．求和　　B．筛选　　C．查找　　D．排序

13．在 PowerPoint 中，停止幻灯片播放的按键是（　　）。

A．Enter　　B．Shift　　C．Esc　　D．Ctrl

14．要从头开始放映幻灯片，可按（　　）键。

A．F8　　B．F5　　C．Shift+F5　　D．Shift

15．超级链接只有在（　　）中才能被激活。

A．幻灯片视图　　B．大纲视图

C．幻灯片浏览视图　　D．幻灯片放映视图

三、简答题

1．系统软件由哪几部分组成？

2．什么是操作系统？它的主要功能是什么？

3．什么叫样式？样式和格式刷的区别是什么？

4．简要说明自动筛选和高级筛选的区别。

5．Excel 中排序的方式有哪几种？

6．简要说明幻灯片中母版的作用。

第 4 章　多媒体技术

当代信息传播领域已完全离不开多媒体这种表达形式。本章通过对多媒体技术的介绍，使学生了解多媒体技术的特点，掌握多媒体技术的核心思想和发展方向，并用现代的和变化的眼光去对待多媒体技术在信息技术中的作用与地位，对多媒体技术有一个完整客观的认识。媒体数字化过程是本章学习的重点，媒体格式和编码方法是教学难点。

知识目标

- 了解多媒体的定义、组成和发展过程。
- 了解常见媒体的分类。
- 理解多媒体在信息表达上的特点和分类。
- 理解多媒体信息数字化的含义。

能力目标

- 掌握多媒体的判断准则。
- 掌握建立表现型媒体体系的方法。
- 掌握各种媒体格式选择的方法。

4.1　多媒体概述

多媒体的出现必须依赖于计算机信息处理能力的提高，必须依托于网络技术的成熟，所以它是一个时代的产物。

4.1.1　多媒体基础知识

在讲解多媒体技术之前，首先介绍一下多媒体技术的相关基础知识。

1. 多媒体的基本概念

多媒体是同时包含两种或两种以上媒体表达的信息传播方式，这个定义有以下几个限制条件：

- 多媒体传播的对象是信息。
- 多媒体传播信息只能在人—机（计算机）交互模式下进行，而且传输必须是双向的。
- 多媒体只能传输数字信息，不能传输模拟信息。
- 多媒体必须同时传输两种或两种以上的信息类型。

举个例子，传统电视节目虽然能够同时播放图像与声音，但不满足双向传输条件，就不属于多媒体。

2. 媒体信息的类型

媒体信息的类型很多，由于多媒体是人与计算机交流的媒介，所以通常按照人的感觉方式对其进行分类，常见的有以下几种类型：

- 视觉媒体：图形、图像、照片、动画、视频。
- 听觉媒体：音响、声音。
- 触觉媒体：震动、位移、加速度。
- 嗅觉媒体：气味。
- 其他媒体：可以以不同形式表现的信息，如文字信息、时间同步信息等。

3. 多媒体技术发展历史上的结点事件

与其他信息相比，多媒体信息具有数据量大、类型繁多、消耗系统资源多、实时性要求高等特点，只有这些要求被满足后，多媒体技术才能在计算机中得到广泛应用。下面介绍一下多媒体发展历史上的几个重要事件。

（1）超文本传输协议的出现。1960 年，美国信息技术先锋人物 Ted Nelson 构思了一种通过计算机处理文本信息的方法，称为超文本（hypertext），这也成为了 HTTP（超文本传输协议）标准架构的发展根基。Ted Nelson 提出了一种叫做“链接”的想法，即不再将保存在各处的计算机信息编辑成统一格式汇总到一起，而是保持它们原有的存放方式，并用指向标签把它们的索引集合在一个页面上，用逻辑指针替代了物理集中，规避了各种信息格式和存储地点的差异，从理论上完善了多媒体信息处理的核心理念。

（2）光盘的出现。因为多媒体数据量巨大，早期只能依靠磁带和胶片等原始的模拟设备存储。计算机存放不下这些信息就无法使用数字方式对其进行处理传播，在当时一张软盘只能存储几百 KB 的数据量，仅仅相当于一张图片的大小，更不用说声音和视频了。1972 年荷兰飞利浦公司开始研究使用激光设备存储数字信息，1982 年该公司和日本索尼公司合作推出了第一代音频激光唱片（CD-DA），在此基础上，于 1985 年又发布用于存放计算机数据的 CD-ROM 光盘，该光盘每张不到 10 美元、存储容量为 650MB，这也是人们首次用低廉成熟的技术彻底解决了多媒体数据的存储问题。

（3）Pentium（奔腾）处理器的发布。20 世纪 80 年代多媒体数据处理主要依靠专用芯片，价格高、速度慢，且功能单一，普通用户需要购买昂贵的视频解压卡才能在计算机上播放数字电影。直到 1992 年，美国 Intel 公司发布了第五代 x86 处理器——奔腾，该处理器以其强大的计算能力第一次让家用计算机仅仅依靠软件解压，就可以播放各种格式的数字影片，解决了多媒体信息中最消耗资源的视频处理问题。

经历了以上结点事件，再加上互联网的兴起，多媒体技术就不可阻挡地走入了社会的各个角落，被大众所接受并喜爱，成为人们生活不可分割的一部分。

4.1.2 多媒体技术的应用

多媒体技术发展到现在虽然时间不长，但其各方面都已不可替代。今后一个时期，多媒体技术仍将处在一个高速发展的过程当中，主要体现在下面几个领域中。

1. 生活娱乐领域

更清晰的视频、更炫酷的特效、更逼真的音响效果、多通道 3D 技术和 VR 影像都将会在计算机、手机和家电等设备中充分展示。

2. 学习培训领域

打破传统的媒体传播模式，应用先进的科学技术，多媒体在课堂、科技馆和培训中心等场所可以使用户学习变得更加有趣和高效。

3. 医疗领域

使用新的数字成像技术可以使诊断变得更加直接，可以让不在同一个地方的多名医生远程协作来完成一台复杂的外科微创手术。多个技术的联合应用使社区医院就能完成三甲医院所能完成的很多功能，人人都会变成医疗专家。

4. 工程科研领域

多媒体技术和超级计算机结合后，人们的工作效率大大提升。短期天气预报可以精确到分钟，精准的长期空气污染指数预测可以使工业生产避开污染高峰。

多媒体技术还可以应用于更多的领域，最新的 5G 移动通信技术和多媒体结合后，远程驾驶完全变为可能，无须聘请代驾，只需要家人用手机操作，就可以将赴宴归来的你带回家中。未来，多媒体技术发展的空间将异常广阔。

4.2 多媒体图像

在不附带特种输出设备时，计算机一般只能通过显示器输出视觉信息，通过音箱或者耳机输出听觉信息。根据研究，视觉信息占到人类接收信息总数的 70% 以上，所以对多媒体图像的研究就成为多媒体技术研究的首要任务。

4.2.1 图形与图像

本小节所介绍的多媒体图像是广义上的静态视觉媒体，其具有无时间关联性、信息量丰富、细节细腻等特点。从计算机图形学的角度来定义，静态视觉媒体主要表现为图形和图像两种类型。

一般来说，自然界中不单独存在的、被抽象出来的简单形状，并以视觉媒体方式表现出来的信息叫做图形，比如三角形、矩形、圆形等。具有具体意义实物的投影和影像叫做图像。图形和图像没有明显界限，简单的图像，比如一个太阳，可以将其看作图形；复杂的图形，比如晴朗夜晚满天的亮点——星空，也可以被看作图像。

图形和图像都有一些基本要素，下面逐一介绍。

1. 像素和分辨率

我们知道，自然界万事万物的影像都是无限精细的，人们不可能把每一个场景用影像百分之百完整还原出来，不管是影像本身还是展示这个影像的显示设备，都有一个细节表现能力的极限，这个极限叫做分辨率，在这个极限下表现出来的最小图像细节叫做像素。通常像素是正方形、圆形这样的中心对称图形，有时也会是矩形这样的轴对称图形。

分辨率的表示方法有两种：一种是基于长度的，常用单位是 DPI（Dot Per Inch），也就是每英寸长度下能显示点的数目，比如某打印机的打印精度是 300DPI；另一种是基于全局信息量的，单位是像素数，比如某张照片的分辨率是 4000×3000，表示这张照片横向上有 4000 列点，纵向上有 3000 行点，整张照片有 1200 万个点，即 1200 万像素。这两种指标体系各有特点，前者注重精度，后者注重规模，通常将这二者结合起来评价一张图片或者显示设备的画质优劣。

2. 位图和矢量图

因为信息量太大，人类无法完整还原某一个客观场景，同理，计算机也无法百分之百存储某一个场景画面，必须要用数字化的方法将场景离散化后才能存储。根据离散化程度的不同，把计算机内存储的数字场景（也就是图像）分为矢量图和位图。

当二阶的平面图形被离散为无数一阶的直线和曲线时，生成的图形称为矢量图。矢量图的特点是每一个元素都可以用一个函数表示，这些元素包括由直线或曲线围起来的区域以及区域内填充颜色的方法。从直观上看，元素的边沿都是一些没有粗细只有方向的线，所以习惯性把这种图形称为矢量图。

把矢量图的一阶元素进一步离散化成零阶的点时，整个图像就变成了一个平面上无数个独立点的集合。因为计算机无法存储下无数个点，就需要按照一定区域进行划分，把这无数个点用求代数和的方法归纳成有限多个点，这些由有限多个点构成的图形叫做点位图，每个点都是一个像素。

矢量图和点位图各有优缺点，矢量图适合文字表示、绘画、设计等一些主观创作；点位图适合拍摄、采集和后期处理等一些客观素材加工。大多数图像处理软件都能够同时处理这两类图片，也能将这两类图片混合在同一个文件中。需要注意的是，矢量图比较容易转换成点位图，这个过程叫做“打碎”；反之难度较大，需要使用傅里叶变换和小波变换这样的数学方法大量计算后才能得到近似结果。

3. 色彩模式和颜色深度

自然界的景物所包含的亮度与色彩信息都是无限丰富的，要把这些信息保存在计算机内并加以处理，首先要对其离散化，这也叫数字化。亮度和色彩的数字化过程遵循的框架叫做色彩模式或者色彩空间。也可以说，色彩模式是使用有限个指标描述无限种颜色的方法。下面介绍一些常见的色彩模式。

（1）RGB 模式。使用红（Red）、绿（Green）、蓝（Blue）3 种纯色混合相加生成各种颜色的模式叫做 RGB 模式。RGB 模式一般应用在显示设备能够主动发光的场合，例如显示器、电视机和手机等。我们日常所使用的绝大多数静态图片都是用 RGB 模式保存的。RGB 模式是加色模式的代表，加色模式还有 RGGB（红、深绿、浅绿和蓝）和 RGYB（红、绿、黄、蓝）等。需要特别指出的是生活中所说的三基色是红绿蓝，而三原色是红黄蓝。

（2）CMYK 模式。使用青（Cyan）、品红（Magenta）和黄（Yellow）3 种单色染料从白光中吸收多余色彩而生成各种颜色的模式叫做 CMY 模式，在印刷中为了降低成本又添加进黑色（blacK）染料，这种模式就是印刷行业广泛使用的 CMYK 模式。黄色、青色、品红都是由两种单色相混合而成，所以它们又被称为相加二次色。这几种颜色之间的关系可以简单表示为：

红色 + 绿色 = 黄色

绿色 + 蓝色 = 青色

红色 + 蓝色 = 品红

红色 + 绿色 + 蓝色 = 白色

（3）YUV 模式。YUV 是色亮分离模式的一个代表，除此之外，这一系列还包括 YIQ、YCbCr 和 YPbPr 等。因为人的视觉系统对亮度 Y 的感知能力要远强于色彩，所以色彩专家设计了另外两种自然界中并不存在的逻辑色彩，称为色彩分量（如 I、Q、U、V 等），来替代真实的物理色彩信息，并将后两者压缩处理，以减小总数据体积。色亮分离模式主要是用在视频、电影拍摄和播放系统中。

（4）HSB 模式。HSB 模式是用色度（Hue）、饱和度（Saturation）和亮度（Brightness）来表示颜色的一种方法，主要应用在艺术创作中。这种模式可以理解为首先选择一种或几种颜色的颜料，并将它们混合，确定 H 值；之后加入水调整颜色的浓淡，确定饱和度 S；最后加入黑色或者白色的颜料，调整颜色的亮度 B，使明暗发生变化。这种模式非常符合人们的生活逻辑，画家多使用此模式。

图像的颜色深度有两层含义。第一层是指某种颜色的浓度，从感官上说就是这种颜色的极限饱和度。我们说一朵花特别红，其实是在说这朵花的红色饱和度特别高。从物理上解释，一种光波越纯净，掺入其他的杂波越少时，这个波长对应色彩的饱和度就越高。日光是一种完全混合光，呈现出白色，所以日光的颜色深度为 0。评价某种色彩模式能够表现出最大色彩深度的范围叫做色域，广色域显示设备能够表现出更加浓郁的色彩。图 4-1 中的大钟形状色块表示人类眼睛能看到的全部色彩范围，黑色三角形表示国际电信联盟于 1990 年专门为高清电视设定的 REC709 色彩范围，后来也被广泛应用于计算机显示设备，俗称 sRGB 色域。图中“D65”字样所指示的位置是 6500k 日光的色相，即标准白色。

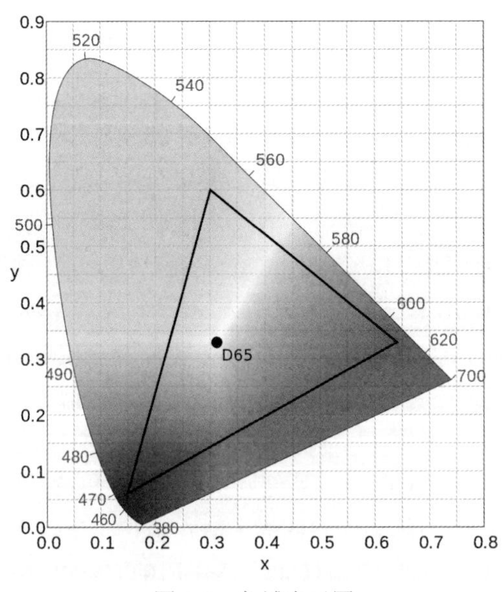

图 4-1　色域表示图

颜色深度的另一层含义是指色彩在数字化时所使用的二进制位数，位数每增加 1，表示浓淡的种类就增加一倍。单色（或亮度）8 位是指能表示从纯黑到纯白的 256（即 2^8）种深浅过渡色；RGB 分色 8 位就表示在红绿蓝 3 个色相上均有 256 种色彩过渡，即一共能显示 16777216（即 2^{24}）种颜色。由此可知，颜色深度越深，色彩过渡越自然，整体表现越好。图 4-2 所示左侧的图片为 24 位彩色图片，右侧图片为 8 位彩色图片（出现了明显色块）。

图 4-2　不同色彩深度对颜色的表示

4.2.2　图像表示类型

计算机图像根据表示的性质不同，可以有下面几种分法。

1. 矢量图和位图

矢量图的构成元素是线和色块，如图 4-3 左侧“中国”字样。位图的构成元素是点和像素，如图 4-3 右侧字样。矢量图不仅能用来绘图，动画制作、字体设计、广告和印刷领域也在大量使用，其最重要的特点就是图形放大不变形。

图 4-3　矢量图和位图的对比

当创作人员用矢量图描述过于复杂的信息时（比如大量飘逸的头发丝），也会因为曲线函数特别繁杂而影响创作速度和显示效果，这种情况下使用位图比较合适。大多数图像处理软件都能同时处理这两类图像，比如 Photoshop 和 CorelDRAW，可以在不同的素材层中同时存放它们。

2. 灰度图和彩色图

只能表示一种色相的图像叫做灰度图，能表示任何一种色相的图像叫做彩色图。大多数情况下，灰度图都会按照黑白两种颜色以亮度信息表示，俗称“黑白照片”，但在有些场合灰度信息仅仅取自于某一个或多个非混合的单色色相，比如图 4-4 所示的我国吉林一号遥感卫星拍摄的 660nm 和 560nm 双波段合成遥感照片，虽然看起来图像有颜色，但这种颜色只是两种不同频率灰度图像的叠加合成，仍然不能算作彩色图像。这种灰度图片可以达到非常高的分辨率。

图 4-4　吉林一号卫星拍摄的双波长灰度遥感图片

3. 静态图和动图

只含有一帧图片信息的图像叫做静态图，含有多帧图像并包含时基参数的图片叫做动图，例如网页中的表情包等。为了保证动态图能构造出不规则的外轮廓，常见的动图格式均支持 Alpha 通道，也就是透明像素的效果。

4.2.3　图像文件格式

常见的图像文件格式很多，根据权属可以分为开放格式和私有格式，从显示方法上可以分为硬件相关和硬件无关，从数据压缩上可以分为有损压缩和无损压缩。下面介绍几种常用的图像文件格式。

1. BMP 格式

BMP（Bit Map Picture，位图）格式是微软公司开发的一种非压缩图片格式，也是兼容性最好的一种图片格式。其支持单色、灰度、8/16/24 位色彩模式，因为其不对数据进行压缩，所以图片体积较大，但因为兼容性好，几乎可以被各种设备显示。

2. JPEG 格式

JPEG（Joint Photographic Experts Group，联合图像专家组）是由国际标准化组织 ISO 和国际电工委员会 IEC 联合组织的一些图像专家开发的一种有损压缩图像格式，文件扩展名为 *.jpg。早期此格式的核心专利为 C-Cube 公司私有，在该公司倒闭后，JPEG 格式逐渐成为事实上的国际标准。JPEG 格式使用离散余弦变换（DCT）对图像数据进行有损压缩，相比 BMP，它可以达到 10:1 的压缩比，并保证在此压缩比下肉眼看不出明显失真。JPEG 格式是最常用的图片格式之一。

3. GIF 格式

GIF（Graphics Interchange Format，图形交换格式）主要用于网页上的标签和符号展示，是一种公用的图像文件格式标准，由 Compu Serve 公司于 1987 年开发，其现已失去专利保护，成为一种国际标准格式。GIF 仅支持 8 位色彩，色彩表现能力很差，但也正因为此，这种图片体积很小，再加上它能够显示动画效果和非矩形轮廓，很快就在网页上流行起来，早期网页上几乎全部的标签和动态符号都使用 GIF 格式。

4. TIFF 格式

TIFF（Tag Image File Format，标签图像文件格式）是平面设计行业中使用最广泛的一种图形图像格式，它利用了复杂的标签（Tag）对图像文件进行多样化定义，甚至可以扩展支持印刷设备自动选择纸张材质和装订方式。TIFF 格式是一种典型的硬件无关图像格式，可以支持很多种色彩模式，而且独立于操作系统，在各个环境下都有准确的色彩表现，因此得到了广泛应用，是印刷广告行业最主要的事实图像标准格式。

5. PNG 格式

PNG（Portable Network Graphics，便携网络图像）格式的开发是为了解决 GIF 图片画质较差、TIFF 图片体积较大的问题，并将二者替代，但 PNG 格式最终还是未能替代二者，而是呈现“鼎足相立”的态势。PNG 格式非常灵活，可以支持动图、透明像素、单色到 48 位全彩等各种像素模式，也可以支持非压缩、有损 / 无损、自定义压缩比等多种压缩方式，在高质量演示文档和网页中使用非常普遍。

6. PSD 格式

PSD（PhotoShop Documents，Photoshop 文档）格式是 Adobe 公司的 Photoshop 软件专用的私有格式，但因为 Photoshop 软件使用面太广，PSD 格式也成为了行业标准。PSD 格式和 TIFF 格式一样，也能支持各种图像特性。

7. CDR 和 AI 格式

CDR 和 AI 两种格式是业内非常著名的两个矢量绘图软件 CorelDRAW 和 Adobe Illustrator 的私有格式，主要用于平面广告图标设计领域。这两种格式各有千秋，但 CDR 更强大一些。需要注意的是这两种格式和 PSD 格式都是设备相关的图像格式，不但在不同操作系统中会出现显示偏差，在同一操作系统的不同显示设备中也要对基准颜色进行重新校正。设计师在完成设计稿后，一般不会把 CDR 或 AI 格式的图片直接交给印刷厂输出，而是要先将其转曲至 TIFF 格式。

8. DWG 格式

DWG（Drawing 的缩写）是 AutoDesk 公司的 AutoCAD 软件工程设计类文件的私有图像格式，但有限授权为一般用户免费使用，现已成为工程设计类图片的事实标准。因为工程图片对色彩几乎无严格要求，所以 DWG 文件可以被认为是一种设备无关文件，它能够直接在各种场合用打印机输出，但在编印成册时仍需先转换成 TIFF 格式文件。

9. ICO 格式

ICO（Icon）图标格式是图形操作系统内文件图标的专用格式，在 Windows 和 Mac 系统中不但能用 ICO 格式的图片替换普通文件的图标，也能替换系统图标，如图 4-5 所示。

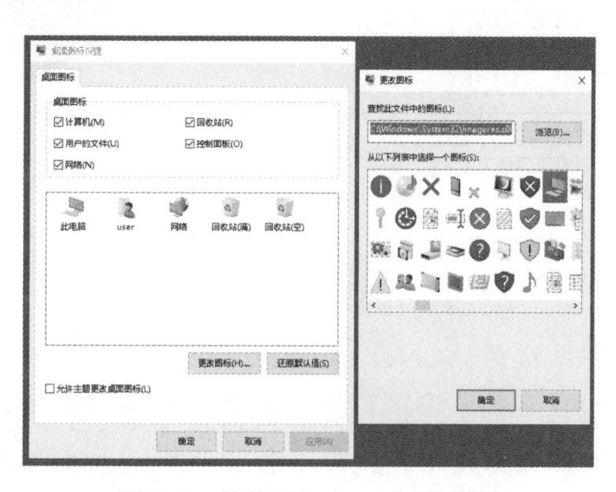

图 4-5　替换 Windows 系统图标

10. RAW 类格式

严格来说 RAW 并不是一种图像格式，而是图像采集设备厂商开发的一类专门记录图像传感器获取的原始图像信息的文件类型，除了比较常用的 DNG 格式外，每个厂商都有自己的私有格式，比如尼康的 NEF 格式、佳能的 CR2/CR3 格式、索尼的 ARW 格式和宾得的 PEF 格式等。这些格式包含的私有特性信息极多，文件体积也很大，只有使用专用软件打开后才能获取最佳的图片还原效果。

4.2.4 图像处理技术

图像处理的发展方向和其特性相吻合，更快、更细、更炫。下面介绍一下图像处理的分类。

图像处理分为硬件处理和软件处理，硬件处理是指一般制作成芯片固化在设备内部，速度快、运行效果好，但功能单一。图 4-6 所示为索尼微单相机使用的 Bionz X 图像处理芯片，它每秒可以处理 10 幅 2400 万像素的 14 位彩色原片，性能异常强大。而软件处理因为成本低且操作灵活，使用更为广泛。大部分的业内厂商主要研究软件图像处理技术。

图 4-6　索尼 Bionz X 图像处理芯片

图像处理软件从业务流程上可以分为创作类软件和加工类软件，从功能上可以分为单一功能软件和组合功能软件，从平台上可以分为计算机软件和手机软件。知名的创作类软件除了前文中提到的 Corel DRAW 和 Illustrator 之外，还有 Corel Painter，其除了内置各种绘图效果，还可以让艺术家使用电磁笔在电磁感应屏幕上真实绘制出精美的图片。图 4-7 所示为业界最知名的 Wacom 公司的 Cintiq g3 电磁绘图板。

图片工具使用举例

图 4-7　Wacom 公司的 Cintiq g3 电磁绘图板

图片加工类软件的代表就是 Adobe 公司的 Photoshop，因为这个软件太强大、太有名气，以致于它的简称 PS 已经变为一个动词，“P 图”作为处理图片的代名词也成为人们的共识。除此之外，Corel PaintShop 也是一个图片加工的工具。相对于上述软件的庞大体积与功能，也有一些小型图片加工软件，它们功能够用、体积很小、易用性很强。例如迅雷旗下的免费软件光影魔术手就能够在一定程度上实现 Photoshop 的主要功能，如裁剪、缩放、抠图、美图、调色、排版、相框叠加等均有很好的效果，该软件非常适合普通用户使用。

虽然功能强大是一件好事，但在很多场合下我们需要大量使用某一功能，这时就会接触到一些功能单一的软件。例如 Adobe Lightroom 主要可以对摄影师拍摄的照片进行批量预处理，其深得职业摄影师的喜爱。美图秀秀软件因为主打人像美颜，其也成为一个很知名的单一功能软件，并且为众多女性用户所喜爱。这里需要特别指出，因为智能手机的流行，美图秀秀手机版的市场占有率非常高，是国内用户最多的手机图像处理软件之一。

4.3　多媒体音频

计算机从诞生的那一天起就可以用指示灯输出肉眼可以识别的视觉信息。除此之外，简单的打孔纸带、复杂的 CRT（阴极射线管）都能用来显示信息，但之后很多年，能够输出声音信息的仅仅是利用 I/O 端口驱动的蜂鸣器或者一个能发出“嘀嘀嗒嗒”声音的小喇叭。1981 年，IBM 公司推出的第一台个人计算机 IBM PC 也才将这个小喇叭作为标准配置。1984 年，英国 Adlib 公司制造出第一块用于计算机输出声音的附加卡，利用 FM 调频机制发出振动电压波形使计算机第一次可以播放音频媒体。1989 年，新加坡创新（Creative）公司推出的 Sound Blaster（声霸卡）第一次实现了声音的数字采集、数字处理和数字生成，使计算机具备了声音媒体的交互能力，多媒体时代终于到来。

4.3.1　音频数字化

声音是一种在实体介质（非真空）中连续振动的机械波，计算机要想对其进行操作，首先要将其变成电压信号，再离散化、数字化。声波转化为电压波动依靠的器件是麦克风。常见的麦克风有三种工作模式，第一种是碳晶式，声波推动振膜来压迫松散的碳晶粉末改变总电阻，将恒定电流变为振动电波，碳晶式麦克风也叫电阻式麦克风；第二种是动圈式，声波推动振膜来带动一个金属线圈切割磁力线产生电动势，生成电压震荡；第三种是电容式，声波推动两个充电薄膜并改变它们之间的距离，进而改变电容系数，不断让电容充电放电，进而产生电压震荡。小型电容式麦克风也叫咪头，是电子设备中最常用的拾音器材。

麦克风产生的电压震荡信号依旧是连续的、模拟的，所以还需要 A/D（模 / 数）转换器来完成信号转换，模 / 数转换的原理如图 4-8 所示，整个采样过程分为离散化和数字化两个环节，这两个环节也被称为采样和量化。

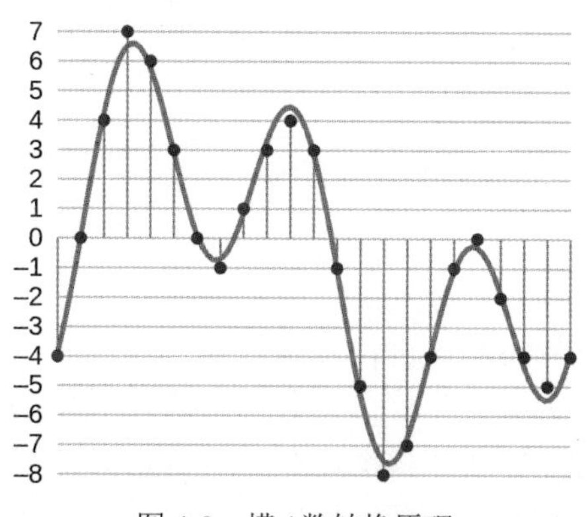

图 4-8　模 / 数转换原理

1. 采样

采样的全称是采集样本，即在连续不断的电压震荡信号中找到有代表性的点，并将这些点的振幅采集出来。在信号预测技术出现之前，人类无法判断哪些电压值是有代表性的，只能按照固定时间间隔采集样本，这种方法叫做均匀采样。均匀采样最重要的参数是采样频率，采样频率的大小受多方面条件的约束，下面介绍一下采样频率的确定方法。

通过研究，在理想情况下，人的听觉系统可以感知的声音频率范围是 20Hz ～ 20kHz，这个范围内的声波信息被叫做音频。根据奈奎斯特定律，为了保证采集信号的有效性，采样频率 F_s 要不小于被采样对象最大固有频率的 2 倍，即：

$$F_s \geqslant 2F$$

通过计算可知，要对音频信息充分采样，采样频率至少应该是其最大频率的 2 倍，也就是 40kHz，但考虑到 40kHz 并不是全球两种动力交流电频率 50Hz 和 60Hz 的公倍数，音响电气设备容易出现差分波纹干扰，所以飞利浦和索尼公司在设计 CD 唱片参数时把大于 40kHz 并且是 50 和 60 的最小公倍数的 44100 作为数字音频的标准采样频率并沿用至今。虽然很多高清、超清影片的声音采样频率已经提高至 48kHz、96kHz 和 192kHz，但它们依然满足上述各种条件。

当频响预测技术出现后，很多数字音响设备开始对声音进行非均匀采样，即声音简单、单纯时使用较低的采样频率；声音复杂、变化量大时采用较高的采样频率。这种方法能够明显节省存储空间，在互联网音频的制作和使用中得到了广泛使用。

2. 量化

采集到的样本依旧是一个模拟电压，还需要通过电压比较器这把“尺子”将其转化为二进制的数字信息，这个过程叫做量化。量化过程最重要的技术参数是量化精度，也叫量化位数。类似于图像颜色的量化，声音的量化位数越高，声波震荡形状描述得就越准确，常用的量化标准有 16 位、24 位和 32 位。音频设备不可避免地会出现噪声信号，评价信号纯净度的指标叫做信噪比（SNR），即信息与噪声的比值，单位是分贝。根据香农定律，声音量化位数为 n，则信噪比可写成：

$$\text{SNR}=20\lg(2^n) \approx 6.02n$$

通过计算可知，量化位数为 16 的音频理论上信噪比的最优值约为 96 分贝。上述普通的量化过程叫做线性量化。同样地，类似于非均匀采样，量化也有非线性的，其在互联网音频中使用也较广。

4.3.2 音频文件格式

因为技术、商业等多方面原因，不同软件厂商开发了很多种音频格式，下面介绍几种常见的格式。

1. WAVE 格式

这种格式是微软公司为 Windows 操作系统设计的一种非压缩波形文件格式，文件扩展名为 *.wav。它直接记录声音波形的数字信息，可支持 8 位、16 位、24 位和 32 位量化和 11.025kHz ～ 192kHz 之间的各种采样频率，并且可自定义通道（声道）数量，是兼容性最好的音频媒体格式之一。但 WAVE 音频格式的缺点是文件体积很大，并且播放高精度 WAVE

音频文件时会有比较高的时基抖动，影响音质。编码标准化的 WAVE 格式在专业领域也叫 PCM 格式。为避免时基抖动而将数据串流化的 WAVE 格式叫 DSD 格式，常用在高端家用音响系统中。

2. CDDA 格式

WAVE 波形文件在被写入 CD 时，需要按照音轨方式对其进行规范化处理，并进行 EFM 编码调制，这种格式的信息用激光烧写在光盘的镜面数据层后，只能依靠激光头读出。而用户在计算机文件资源浏览器中能够看到的 CDDA 文件并不记载音频信息，只有音轨的位置索引，因此该文件不能直接播放，这类索引文件的扩展名是 *.cda。

3. MP3 格式

MP3 的全称是 MPEG-1 Audio Layer III（MPEG-1 音频第三层），它利用后文要介绍的 MPEG 第一代视频压缩编码的音频模块第三层的算法，单独对声音信息进行压缩。MP3 格式利用了声音的掩蔽效应，精简掉人耳不敏感部分的声波震动，在压缩比为 10:1 时人耳几乎感觉不到声音失真，其可以把一首歌曲的体积降为 3 ～ 5MB，大大方便了声音信息的交换，是当今最流行的音频文件格式，以至于人们通常把随身携带的音频播放器直接称为 MP3。

4. WMA 格式

WMA（Windows Media Audio，视窗媒体音频）格式是微软公司为 Windows 操作系统设计的私有音频格式，它的声音编码算法与 MP3 格式有很多相似之处，同时还支持无损方式进行压缩。WMA 格式音频与微软操作系统兼容性非常好，尤其是与 PowerPoint 软件，极少出现播放错误。

5. RA 格式

RA（Real Audio）是 Real Network 公司开发的流媒体音频格式，是世界上第一种大规模推广的互联网音频流，其文件体积很小，时间同步性也很好，特别适合在低带宽网络下进行音频广播。

6. AAC 格式

AAC（Advanced Audio Coding，先进音频编码）是诺基亚和苹果公司为寻求替代 MP3 方案而主推的 MPEG-2 音频编码格式，其各方面性能都要比 MP3 优秀。在 MPEG-4 标准推出后，AAC 增加了对其的支持，即用一半的体积就实现了超过 MP3 的音质效果。苹果设备专用的 AAC 音频文件扩展名是 *.m4a（mpeg-4 audio）。

7. APE 和 FLAC 格式

APE（Adaptive Predictive Encoding，自适应预测编码）和 FLAC（Free Lossless Audio Codec，免费无损音频压缩编码）两种格式是全球使用最广的高质量无损音频压缩格式，它们能在 WAVE 文件体积一半的情况下提供相同的播放质量。APE 和 FLAC 的不同之处在于 APE 格式是音频软件 Monkey's Audio 的私有格式，有限授权个人用户免费使用，而 FLAC 则是完全开源的，任何个人和团体都可以免费使用。这两种音频格式广受音乐爱好者的青睐，主要的原因是它们是高保真的音频交换格式。

8. MIDI 格式

与上述所有格式不同，MIDI（Musical Instrument Digital Interface，乐器数字接口，俗称“迷笛”）格式是一种与硬件相关的乐谱格式。通俗地讲，MIDI 音乐记录的不是声音波形，而是一条条五线谱数据流，在给每段乐谱定义了演奏乐器（比如钢琴或小提琴）后，声卡会在音色库（俗称“波表”）中找到乐器对应的声音特征码加以调制并合成为声音脉冲，最后播放出来。不同的声卡、不同的音色库、不同的时基定义都会对最终的音乐产生很大影响。MIDI 格式不但可以用来演奏音乐，还可以用来给电子乐器记谱，是音乐制作人最常使用的音乐媒体格式。MIDI 格式文件的扩展名是 *.mid。

4.3.3 音频处理技术

相比高清图片和视频，声音信息的采集、处理、传输与播出的要求都不算特别高，在高保真音乐不断推广的同时，环境效果处理也取得了很大进步。

音频工具使用举例

1. 音频采集技术

环境音的采集一直是音频采集的难点，下面介绍两种新的采集技术。

（1）语音的降噪采集技术。越来越多的随身设备（如移动电话等）需要在嘈杂的环境下获取干净的语音，技术人员在这些设备背面加入一个环境噪声麦克风专门用来拾取环境音频，通过和原声峰值部分拟合，校准时间后，将环境音做反相位处理，与原声叠加，削减掉的部分就是噪声，留下的就是干净的语音。举例来说明，某一时刻主麦克风获得的电压值是 5V，包含了噪声和语音。环境麦克风获得的电压是 3V，只包含噪声。电路把 3V 取反再和 5V 叠加，计算结果 2V 就是干净语音波形的振荡电压。

（2）环绕声采集技术。早期的环绕声采集需要多个麦克风同时来完成，随着指向性麦克风的小型化，开发人员可以把多个小型麦克风集成在拇指大小的空间内，一次就可以拾取所有方向的音频信息。图 4-9 所示为日本铁三角公司为理光景达全景相机设计的全空间环绕声麦克风。

图 4-9 全空间环绕声麦克风

2. 音频处理技术

采集到的声音需要有效地被处理后才能更加动听，下面介绍 4 种新的音频处理技术。

（1）游戏虚拟环绕声。随着电子竞技产业的发展，游戏音效处理被重视起来，并迅速步入发展的快车道。大多数电竞参赛选手均使用耳机作为发声设备，但由于一般耳机只有左右两个发声单元，使用者不容易通过声音判断其背后出现的战况，很容易错过最佳时机。为了解决这个问题，各个声卡厂商都在声卡的驱动程序中内置了虚拟环境音效处理功能，借助这个功能，双声道耳机也能发出比较准确的环境音效，把方位、距离和角度等信息通过声音传给用户。图 4-10 所示为 Realtek 声卡的虚拟环境音效设置界面。

（2）动态增强技术。依靠此技术软件可以把用户需要的某个特定声音加强或减弱，比如加强游戏中的敌方脚步声、削弱卡拉OK中的原唱嗓音。和虚拟环绕声一样，这个功能一般也集成在声卡的驱动程序中。

（3）高质量外接声卡小型化技术。一些厂商为了方便职业电子竞技选手携带，推出了一些小型化的高级外置声卡。图4-11所示为创新的Sound BlasterX G1外置声卡，其完整地预置了游戏音效，采用USB接口，只有U盘大小。

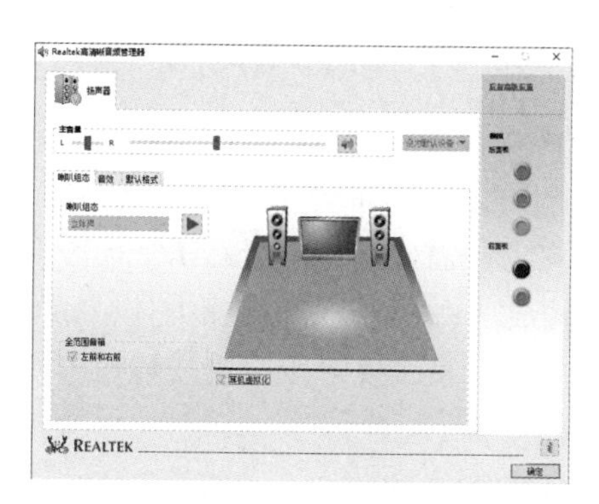

图4-10　虚拟环境音效设置界面

图4-11　创新Sound BlasterX G1外置声卡

（4）智能音箱的语音处理技术。在传统音箱里加入处理器后，用户就可以直接与音响进行交互而不需要借助于计算机。智能音箱的核心技术并不是智能交互程序，而是语音识别。通过此技术人类可以直接通过语音对电子设备进行控制，例如用户可以对小米智能音箱喊道：“小爱（小米的虚拟智能助手），帮我拉开窗帘。”音箱识别后，会向电动窗帘发出控制信号，从而实现人的语音控制。

3. 音频传输技术

音频输出设备在很多时候不能和音源以及音频处理设备放在一起，这就需要将音频进行传输，除了使用有线方式传输音频信号，还可以使用新的无线技术来传输。

（1）高解析的蓝牙音频传输技术。蓝牙技术很早就被应用到音频传输上，但仅限于电话通话时的语音传输，传输带宽低，并伴有一定的延迟。虽然蓝牙4.2协议增加了专门降低音频延迟的机制，但对于高解析的音乐仍不能解决。2018年，美国高通公司发布了aptX HD音频压缩标准，再配合最新的蓝牙5.0标准，可以实现CD级音质的无延迟播放，很好地改善了用户用蓝牙耳机不能听高保真音乐的问题。我国华为公司开发的HWA音频压缩算法也可以实现类似功能。

（2）大数据量的Wi-Fi传输技术。无论蓝牙技术怎么改进都仍是一种低带宽、近距离的传输技术，要想从根本上解决上述问题，必须使用更加强大的传输手段。无线局域网技术就是最终解决方案，利用Wi-Fi可以同时传输高清音频和视频信号，还可以下载各种数据，完全没有限制。前文中提到的智能音箱就是使用Wi-Fi通信传输各种音频信号，效果很好。

4. 音频播放技术

电子化的音频信息最终要用播放设备回放成声波才能被人感知，而新的音频播放技术也一直都是研究热点，下面介绍一下。

（1）无线耳机小型化技术。一直以来，无线耳机因需要自带电池和充电电路，体积无法做得很小。在高密度锂电池和无线充电技术改进后，无线耳机的体积大幅减小，以苹果AirPods Pro 无线耳机为例，每只仅有 3 厘米长，5.4 克重，在保证使用效果的前提下异常轻盈，外观如图 4-12 所示。

（2）多发声单元耳机技术。虽然使用前文介绍的虚拟环绕立体声技术能够使双声道耳机产生环绕效果，但毕竟这种效果是用软件模拟而来，与真实的声音还是有很大的差距。一些游戏外设厂商推出了多发声单元耳机，直接用不同的发声单元对应不同的声道，实现物理上的真实环绕立体声，效果很好。市面的产品中，7.1 声道耳机的代表有 Razer（雷蛇）迪亚海魔 V2 和华硕 strix 7.1 耳机等。

（3）全景声音效技术。不管是杜比 AC3 的 5.1 环绕音效还是 DTS 的 7.1 环绕音效，所有的音箱都处于同一个水平面，不能很好地还原出上下的空间感，于是全景声音效应运而生。技术人员在原有 7.1 声道（前左、前中、前右、中左、中右、后左、后右 7 个标准声道和一个重低音声道）的基础上，增加了 4 个顶部声道，构成 7.1.4 全景声，使得立体空间的音效也可以完美重现，12 个声道的布局如图 4-13 所示。全景声系统现阶段一般安装在影院，不久的将来就可以进入普通家庭中。

图 4-12　苹果 AirPods Pro 无线耳机

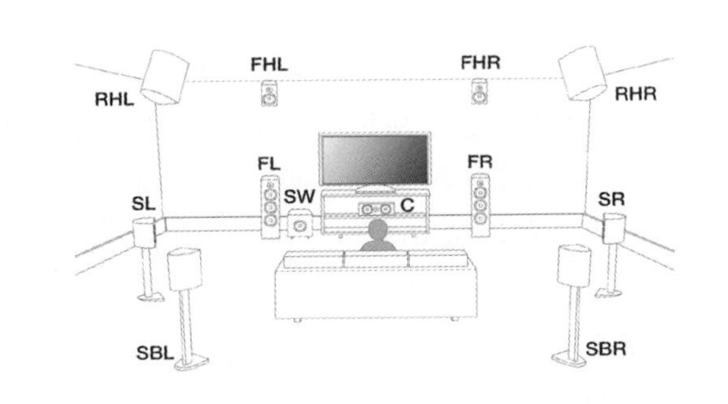

图 4-13　7.1.4 声道全景声系统音箱布局

4.4　多媒体视频

当前信息技术应用到娱乐行业中最热的热点——媒体社交视频，“斗鱼直播”、“虎牙直播”、“抖音”、“西瓜视频”和“快手”等视频应用的快速崛起，说明了当技术不再成为障碍时，媒体最复杂的形式——视频，开始成为信息传播的最主要手段。在行业资本的强力推动下视频技术飞速发展，下面介绍多媒体视频的相关知识。

4.4.1　视频数字化

图像的分辨率很高，但却不需要实时生成，可以慢慢处理。声音对时间延迟和时序抖动要求很高，但不需要加入过多的特效，即便使用特效，也都有很强的规律可循，从编码算法到存储传输都很成熟。与它们不同，视频在各个方面对技术的要求几乎都达到了极限：分辨率更高一些，帧速率更高一些，延迟更低一些，特效更多一些，对现有的硬件环境要求极高高消耗意味着高参数与高指标，下面介绍一下视频数字化过程中的参数和指标。

1. 分辨率

视频的分辨率和图片的分辨率类似，都用长 × 宽表示，乘积等于总像素数，表 4-1 列出了常见视频分辨率及通俗叫法等。

表 4-1　常见视频分辨率

<table>
<tr><th>俗称</th><th>分辨率</th><th>总像素数（万）</th><th>长宽比</th><th>标准名称</th></tr>
<tr><td rowspan="2">普清</td><td>720×480（NTSC 制式）</td><td>35</td><td rowspan="2">4:3</td><td rowspan="2">480 清晰度</td></tr>
<tr><td>720×576（PAL 制式）</td><td>41</td></tr>
<tr><td>标准高清</td><td>1280×720</td><td>92</td><td rowspan="4">16:9</td><td>720 清晰度</td></tr>
<tr><td rowspan="2">高清</td><td>1920×1080</td><td>207</td><td>1080 清晰度</td></tr>
<tr><td>2560×1440</td><td>369</td><td>2K 清晰度</td></tr>
<tr><td>超清电视</td><td>3840×2160</td><td>829</td><td rowspan="2">4K 清晰度</td></tr>
<tr><td rowspan="2">超清电影</td><td>4096×2160</td><td>885</td><td>约 19:10</td></tr>
<tr><td>7680×4320</td><td>3318</td><td>16:9</td><td>8K 清晰度</td></tr>
</table>

从表 4-1 中可以看出，随着分辨率的增高，视频总像素数急剧增加。因为拍摄设备影像传感器生成的数据量和像素数成正比，8K 清晰度的像素数就是 480 清晰度的 94 倍，但如此大的提升，在感官上给观众带来了无比冲击的同时，也极大地增加了信息的采集量。

2. 色彩采样率

虽然摄像机感光元件按照红绿蓝三基色获得每个像素的色相激发值，但使用这种方法产生的数据量过于庞大。考虑到人的视觉系统对颜色远不如对亮度敏感，摄像机通常使用色亮分离的色彩模式（见 4.2.1 节）。

以 YPbPr（又叫色差分量）方式为例，摄像机可以选择 4:4:4、4:2:2、4:1:1 和 4:2:0 这 4 种色彩采样方式。第一个数字代表每 4 个像素采样亮度的次数，后边两个数字代表每 4 个像素采样蓝色色差和红色色差的次数。有些不同的是，4:2:0 是一种俗称，可以理解为 8:1:1。可以看出，除了第一种全采样方式外，其他几种方式都通过减少色度采样次数的方法降低了总数据量。虽然肉眼对颜色不如亮度敏感，但不代表感受不到，而且在视频信息的处理过程中还会进一步引入损耗，所以专业视频素材的采集过程（如电影拍摄）还是需要色彩全采样的。

3. 帧速率

人类通过肉眼看到的客观世界是连续不断的，但视频采集却不能做到连续，必须将其离散化，分割成一系列静态图像收集下来，每一幅图像称为一帧。理论上来说，帧的间隔越密，回放时利用视频暂留特性得到的感官效果越好，但成本也越高，除了采集到的信息必须以非常快的速度处理外，高帧速率还大大限制了摄影机快门速度的选择范围，强制摄影师使用高速快门并提高感光元件的感光度，这会引起画质下降。所以，不管是电影还是电视，帧速率通常是一个常数，如电影采用每秒 24 帧的速率。

为了避免锁相环效应引起的图像干扰，在交流电为 60Hz 的国家（如美国），电视节目采用每秒 30 帧的速率；在交流电为 50Hz 的国家（如中国），电视节目采用每秒 25 帧的速率。

随着芯片处理速度的提高以及感光元件制程的升级，摄影师们可以选择更高的帧速率，绝大多数平板电视均已支持 1080 清晰度下以每秒 50 帧或 60 帧的速度播放。著名华裔导演李安执导的两部电影《比利·林恩的中场战事》和《双子杀手》均实验性地以每秒 120 帧的高速率拍摄并上映，取得了很好的观看效果。

4. 通道数

一般的摄影机只有一个镜头，只能拍摄一个视角的画面。而人有两只眼睛，可以看到两个不同视角的场景，并通过大脑分析这两个视角场景的差异进而产生视觉空间感。为了模拟这种感觉，一些摄影机被并排装上了两个镜头，像人眼一样以双通道方式拍摄视频，这就是通常所说的 3D 电影。而当两个鱼眼镜头背对背同时拍摄时，就可以将水平和垂直方向 360° 范围内的所有运动景象拍摄下来，这就是常说的环绕球幕电影。图 4-14 所示为 JVC GS-TD1 3D 摄影机，图 4-15 所示为能够拍摄球幕电影的理光 Theta Z1 全景数码相机。

图 4-14　JVC GS-TD1 3D 摄影机

图 4-15　理光 Theta Z1 全景数码相机

5. 动态范围

早期的视频采集设备能够记录的亮度与色度范围都比较小，拍摄的画面层次感较差。通俗地讲，就是白的地方不够亮，黑的地方不够沉，灰的地方一团雾。改进这个不足就要扩大感光元件的动态范围，动态范围需要同时满足色域的表现能力和灰阶重现能力两个方面的特性，可以理解为楼盖得要高，同时台阶也要更密。

日本索尼公司为此专门开发的背照式 CMOS 感光元件增加微透镜开口率，吸纳更多光线，有效地扩大了视频采集的动态范围，可达单色 14 ～ 16 位。在开发硬件的同时，也出现了利用软件扩大动态范围的 HDR（高动态对比度）技术，虽然这是一种数字处理的“障眼法”，但从实际画面上看，也能在一定程度上提高视频的画面层次感。

6. 数据总存储量

伴随着视频数字化技术不断提高，前文中列出的参数也不断增长，视频媒体数字化占用的空间也越来越大，这个数值可以用以下公式来计算：

每秒总数据量（字节）= 总像素数 × 帧速率 × 色彩采样率 × 通道数 × 色彩深度 ÷8

我们以电影《双子杀手》的拍摄过程为例，电影采用 4K 分辨率，每秒 120 帧，4:4:4 全采样，双通道 3D 效果，14 位色深，通过计算，每秒未压缩数据量大约为 10GB。

这里引出了一个新的问题：视频数据量太大，该如何存储呢？下面就来介绍一下不同视频格式和不同压缩技术的处理方法。

4.4.2 视频文件格式

视频文件通常由 3 个逻辑部分组成：图像编码、声音编码和时基编码，有的还包括字幕等附加编码。图像和声音编码包含视觉和听觉信息，时基编码负责让图像和声音在需要的时候按照需要的速度播放出来。互联网视频普及后，时基编码还负责流管理，控制播放器正常播放不完整的数据片段，这一点在网络直播节目中特别重要。

常见的视频文件格式很多，设计开发这些不同的格式都有一个主导思想：确定画质的前提下，怎么保存数据才能最小；确定编码速率的前提下，怎样才能让画质更好。下面来介绍一下这些格式。

1. AVI 格式

AVI（Audio Video Interleaved，音频视频交错格式）是微软公司为 Windows 操作系统开发的一种视频文件格式，其兼容性很好，几乎可以被所有播放设备接受，但因为开发时间很早，编码算法过于落后，文件体积太大，使用者已经不多。微软在 AVI 基础上又开发了增加流控制功能的视频格式——ASF（Advanced Streaming Format，高级流格式），它是第一种大规模使用的流媒体视频格式，但因为受制于 AVI 编码压缩效率不高，ASF 也被其他格式逐渐取代。

2. MPEG 格式

MPEG（Moving Picture Experts Group，运动图像专家组）是 ISO（国际标准化组织）在开发了 JPEG 标准后，扩充进一些研究运动图像和音频编码的专家，将专家组改为此名，设计的视频格式也就叫 MPEG 格式。MPEG 格式视频压缩算法分为帧内压缩和帧间压缩，帧内压缩部分完全套用了 JPEG 的思想，所以二者从名字到算法都有很多相似之处。

第一代 MPEG 格式主要用于 VHS 录像带数字化和 VCD 的压缩编码，清晰度很低，文件扩展名是 *.mpg。

第二代 MPEG 编码格式改进了动态压缩算法，允许编码器自适应调整码率速度，主要用于 DVD 影碟的压缩。第二代 MPEG 格式文件的扩展名是 *.vob。

因第三代 MPEG 格式被取消，现在主流使用的是第四代 MPEG 压缩编码格式，也被称为 MPEG-4。这一代标准中添加了分区线性预测编码的内容，对于高速运动镜头有很好的压缩效果，业内把这种压缩算法称为 H.264 算法。研制初期低分辨率的 MPEG-4 格式文件的扩展名是 *.3gp，现在常用的扩展名是 *.mp4。

3. WMV 格式

WMV（Windows Media Video，视窗媒体视频）是微软公司推出的一种私有流媒体格式，它是由 ASF 格式升级而来，吸收了很多 MPEG 的编码思想，在较小的文件体积下就有比较好的显示效果。WMV 格式的视频在微软公司的软件中兼容性非常好，很多版本的 PowerPoint 软件只允许内嵌 WMV 视频格式播放。由微软主导开发的另一组 MPEG-4 算法叫 VC-1 编码算法，此算法已补充进最新的 WMV 规范，也可以认为 WMV 是另一种 MPEG-4 格式。

4. QuickTime 格式

QuickTime 是苹果公司的私有格式，其支持一系列新特性，在所有视频格式中，它对于 Alpha 通道的支持是最好的，所以 Adobe 公司的专业级多媒体视频处理软件 After Effects 和 Premiere 都将它作为重要的视频中间格式。QuickTime 格式视频文件的扩展名是 *.mov。

5. RM 格式

RM（Real Media）格式是 Real Network 公司开发的流媒体视频格式，它是第一种风靡全球的流媒体格式，其以极小的体积容纳长时间的视频，特别适合低带宽网络下的视频播放。

但因为商业原因，RM 格式更新很慢，加上网络提速较快，带宽紧张程度大大缓解，其优势不再明显，现在用户较少。RM 格式文件的扩展名是 *.rmvb。

6. FLASH 格式

伴随着 Flash 动画的流行，它的视频规范也成为网络上流行的视频格式，相比于 RM 格式，FLV（Flash Viedo）格式可以内嵌于网页播放，体积更小，而且不需要安装单独的播放器。“爱奇艺”“土豆”“优酷”等大部分视频网站都使用它作为网页视频播放的标准格式。Adobe 公司为迎接高清时代，推出了对 MPEG-4 规范支持的 FLASH 视频文件格式，扩展名是 *.f4v。

4.4.3 视频处理技术

随着手机等日常拍摄设备的飞速进步，现有视频处理方式已经不能满足用户的需求，下面介绍 4 种新的视频处理技术。

视频工具使用举例

1. 移动设备中的视频制作技术

智能手机普及以来，其 CPU 速度越来越快，最新的骁龙 865、麒麟 990 等处理器已经接近早期台式计算机的处理能力；同时，8GB 内存的智能手机也已十分普遍。在这个大背景下，软件企业开始开发基于移动设备的视频制作软件，前文中提到的“抖音”等手机视频制作 APP 不但能完成音视频的拍摄剪辑，还能添加字幕，最后加入大量酷炫特效，即可直接发布至互联网服务器，堪称完整流程全服务。越来越多的年轻人不再使用计算机处理视频，充分显示了视频制作的核心正在由计算机端向移动端转移的趋势。

2. 更高清视频处理技术

2015 年以来，公开发行的 4K 清晰度的视频越来越多，如 4K 清晰度的现场直播等。在 4K 高清即将普及之际，日本 NHK 电视台的 8K 高清频道已于 2018 年开播。截止到 2019 年 11 月，部分 8K 高清平板电视已跌至 3 万元人民币，预计 1 ～ 2 年内就会出现万元以内的 8K 高清电视。虽然视频的清晰度已经接近人眼的极限，但分辨率继续提高的势头丝毫没有减弱，并且视频处理技术还将进一步提升，新标准会不停更迭。

3. 超高压缩比视频编码技术

在前文中粗略计算了一部高清 3D 电影拍摄的码流，可以看出，原始图像数据如果不压缩存储，是没有任何可能被普通用户观看的，也可以这么说，视频必须被压缩，才有传播的可能性。现今视频中最流行的压缩算法是 H.264，理想情况下可以达到 100:1 的压缩比，即便如此，对于即将普及的 8K 分辨率还是不够，于是更加先进的 H.265 压缩算法应运而生。

H.265 算法在 H.264 的基础上增加了视频矢量运动预测的方向数和可变区块自采样技术，仅仅这两个变化，就让它的压缩比提高一倍以上，即用 H.264 一半的码率实现了相同的画质，压缩比至少可以达到 200:1。当然，高压缩比算法带来的问题就是不管编码还是解码，处理器的消耗都成倍增加。根据实测，解码（播放）H.265 视频，处理器负荷增加 3 倍；编码（编辑）H.265 视频，处理器负荷增加 8 ～ 10 倍。在芯片性能飞速提高的今天，这并不是一个特别令人担忧的问题，新的 GPU 视频加速功能也会让高清视频处理越来越轻松。

4. AI 视频处理技术

超级计算机的出现极大地推进了 AI（人工智能）技术的发展。虽然 AI 计算需要消耗大量系统资源，但是家用计算机性能的飞速提高为这种实践创造了可能，下面介绍一下已经投入使用的 3 个 AI 视频处理技术。

（1）AI 景物分层技术。很多人喜欢用大光圈镜头拍摄背景虚化的效果，但小型摄像机或者手机受镜头焦距的物理限制，很难拍出这种效果。利用 AI 技术可以把拍好的视频分为前景、中景和后景，对非主体的景物加入模糊效果，即人工虚化。华为公司在这个技术上有很强的实力。

（2）AI 视角拆分技术。早期电影都是单镜头拍摄的，在当今 3D 大潮的推动下，很多电影公司使用 AI 技术对 2D 电影 3D 化。制作原理是先用 AI 技术对连续多帧的景物进行分析，分割成不同的元素，接下来对元素空间定位，形成一个三维的空间模型，再利用视角关系重建第二视角，最后对第二视角中的元素重新贴图渲染输出，最终将一个视角的视频拆分成双视角 3D 视频。最著名的例子就是詹姆斯·卡梅隆执导的电影《泰坦尼克号》于 2012 年被重新制作成 3D 版本再次上映。

（3）AI 内容替换技术。不管是使用图像工具 Photoshop 抠图，还是使用视频特效工具 After Effects 抠像，都会遇到特别难以处理的细节，手工操作费时费力，抠掉的部分漏出空洞又无法补上。现在利用 AI 技术可以轻松把特别细小的元素（如头发末梢）细致地抠出来，再从其他背景中找到合适的素材填补到空洞之中，此技术已经在 Adobe After Effects CC 2019 和其他组件上实现，效果很好。

本章习题

一、判断题

1. 传统的模拟电视既有声音又有图像，属于多媒体。（　　）
2. 网络视频点播既有声音又有图像，属于多媒体。（　　）
3. 通常来说，声音的数据量大于视频的数据量。（　　）
4. 位图放大不会产生锯齿和模糊。（　　）
5. 人的两只眼睛看到的景物是一样的。（　　）
6. 正常电影每秒播放 25 格胶片。（　　）
7. MP3 这个词有时指音乐格式，有时指硬件。（　　）
8. 不管什么环境下，图片处理软件都是越大越强越好。（　　）

二、单选题

1. 1960 年，（　　）发明了“超文本”概念。

   A．克劳德·香农　　B．泰德·尼尔森

   C．冯·诺依曼　　D．比尔·盖茨

2. 1600×1200 的照片，总像素数是（　　）万。

   A．192　　B．200　　C．300　　D．500

3．下面不属于三基色的颜色是（　　）。

A．红色　　B．绿色　　C．黄色　　D．蓝色

4．声音进行数字化时，首先要进行的是（　　）。

A．采样　　B．量化　　C．编码　　D．声波转电压

5．（　　）是声音进行数字化流程的第一个设备。

A．麦克风　　B．数 / 模转换器　　C．模 / 数转换器　　D．存储器

6．（　　）对多媒体的传输延迟要求最低。

A．网络电台直播　　B．网络视频直播

C．网络文字直播　　D．网络游戏直播

7．设计稿交付印刷厂之前，一般需要转换为（　　）格式。

A．BMP　　B．PSD　　C．TIFF　　D．JPG

8．拍摄球幕视频，最少需要（　　）镜头的摄像机。

A．一个　　B．两个　　C．三个　　D．四个

9．中国电视节目的标准帧速率是（　　）。

A．24FPS　　B．25FPS　　C．30FPS　　D．60FPS

10．标准单层蓝光光盘的容量是（　　）。

A．650MB　　B．4.7GB　　C．11GB　　D．25GB

11．音乐创作人用计算机记谱最适合使用的音频文件格式是（　　）。

A．*.mid　　B．*.wav　　C．*.pcm　　D．*.dsd

12．下列使用 AI 技术对图像内容进行替换和修改不合法的是（　　）。

A．修改证件日期　　B．强力磨皮美颜

C．去除老照片霉斑　　D．美化旅游照片

13．用手机处理自拍照片，相对于使用计算机处理的优点是（　　）。

A．真实　　B．效果好　　C．方便　　D．运行速度快

14．MPEG 是（　　）的缩写。

A．电影图像专家组　　B．运动处理专家组

C．运动图像专家组　　D．音乐处理专家组

15．夜视仪的原理是获取被观察对象发射或反射的红外线，并转换为对应强弱的单色可见光。从夜视仪上截取到的图片是一种（　　）。

A．彩色图　　B．灰度图　　C．单色图　　D．运动图

三、简答题

1．为什么多媒体信息一定要用数字方式存储，而不能用模拟方式存储？

2．简要描述降噪耳机的工作原理。

3．查找本章中所介绍的 Adobe 公司软件，并简要说明它们的主要功能。

4．简要描述 2D 电影转 3D 电影的过程，并判断原电影的哪个参数对转换效果影响最大。

5．VR 技术只能用在娱乐领域吗？如果不限于此，请列举几个其应用在其他领域的例子。

第 5 章　数据库技术

数据库技术是信息技术的一个重要支撑。没有数据库技术，人们在浩瀚的信息世界中将显得手足无措。本章首先介绍数据管理技术的发展和数据库技术的相关概念，随后介绍数据模型并详细介绍关系数据库，接着结合关系数据库的应用介绍数据库设计的相关知识，最后对关系数据库使用的结构化查询语言（SQL）中的数据操纵语句（DML）进行简单介绍。关系数据库、数据库设计和 SQL 的数据操纵语句是本章的重点内容，关系运算、概念结构设计和逻辑结构设计是教学难点。

知识目标

- 了解数据管理技术的发展历程。
- 理解概念模型的作用。
- 理解关系数据模型的数据结构、完整性和关系运算的实现原理。
- 了解数据库设计的步骤及各阶段的任务。
- 理解关系运算在 SQL 语言中的实现。

能力目标

- 掌握抽象构建概念模型的方法。
- 掌握从概念模型转换到关系模型的方法。
- 掌握关系模型的优化方法。
- 掌握 SQL 中数据操纵语言的使用。

5.1　数据库技术概述

数据库技术研究和管理的对象是数据，涉及的具体内容主要包括：通过对数据的统一组织和管理，按照指定的结构建立相应的数据库和数据仓库（存储数据）；基于所存储的数据，实现数据的添加、修改、删除、处理、分析、报表打印等多种功能（管理数据）；利用信息管理系统实现对数据的处理、分析和理解（利用数据）。

5.1.1　数据管理技术的发展

伴随着计算机技术的不断发展，数据管理技术也产生了极大的变革。使用计算机作为数据管理工具大大提高了数据处理效率，数据管理技术也得到很大的发展，其发展过程大致经历了人工管理、文件系统、数据库系统 3 个阶段。

1. 人工管理阶段

20 世纪 50 年代中期以前，计算机主要用于科学计算，在硬件方面，没有磁盘等直接存取的存储设备；在软件方面，没有操作系统和管理数据的软件，数据处理方式是批处理。这个时期数据管理有以下 4 个特点：

（1）数据不保存。该时期的计算机主要应用于科学计算，只是在计算某一课题时将数据输入，完成计算任务，计算机并不存储计算结果。

（2）没有数据管理软件。每个应用程序都要包括数据的存储结构、存取方法、输入输出方式等内容。程序员需要通过应用程序设计和说明（定义）数据的每一项内容。

（3）数据不共享。一组数据只能对应一个程序，即使多个程序用到相同的数据，也必须各自定义、各自组织，数据无法共享、无法相互利用和相互参照，从而导致程序和程序之间有大量重复数据。

（4）数据不具有独立性。数据的独立性既包括数据库的逻辑结构和应用程序相互独立，也包括数据物理结构的变化不影响数据的逻辑结构。

在人工管理阶段，数据的逻辑结构和物理结构都不具有独立性，当数据的逻辑结构或物理结构发生变化后，必须对应用程序做相应的修改，从而给程序员设计和维护应用程序带来繁重的负担。

在人工管理阶段，程序与数据之间的对应关系如图 5-1 所示。

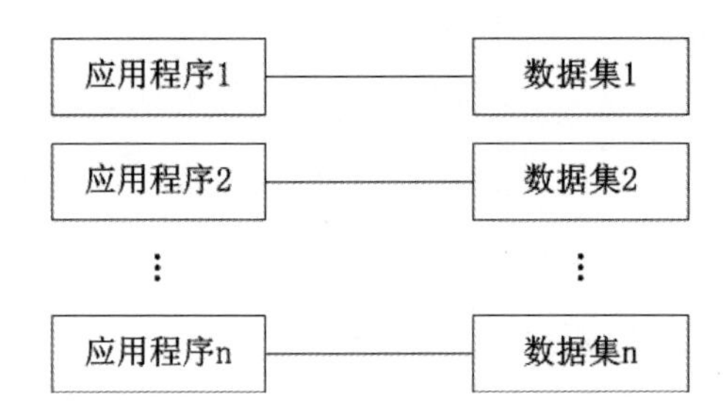

图 5-1 人工管理阶段应用程序和数据之间的对应关系

2. 文件系统阶段

20 世纪 50 年代中期到 60 年代中期，在硬件方面，已经有了磁盘等直接存取的存储设备；在软件方面，操作系统中已经有了专门用于管理数据的软件，称为文件系统。这个时期数据管理有以下 3 个特点：

（1）数据可长期保存。由于计算机大量用于数据处理，经常对文件进行查询、修改、插入和删除等操作，所以数据需要长期保留，以便于反复操作。

（2）有专门的文件系统管理数据。操作系统提供了文件管理功能和访问文件的存取方法，程序和数据之间有了数据存取的接口，程序可以通过文件名访问数据，不必再寻找数据的物理存放位置。至此，数据有了物理结构和逻辑结构的区别，但此时程序和数据之间的独立性尚不充分，当不同程序需要使用部分相同的数据时需要建立各自的文件。

（3）数据可重复使用。长期存储的数据文件可以被不同的应用程序反复使用。

在文件系统阶段，应用程序与数据之间的对应关系如图 5-2 所示。

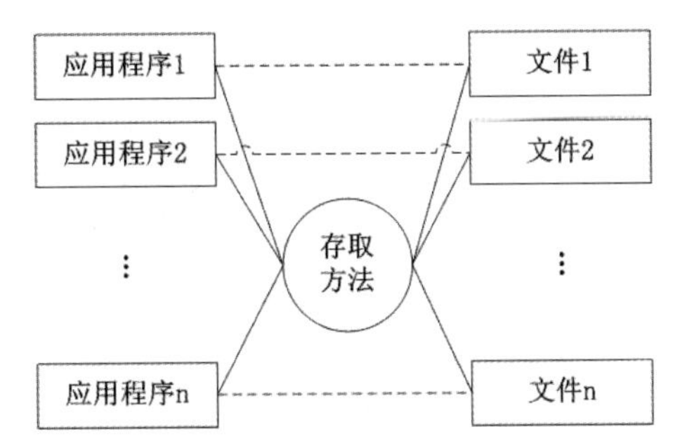

图 5-2　文件系统阶段应用程序和数据之间的对应关系

文件系统阶段是数据管理技术发展中的一个重要阶段。在这一阶段中，得到充分发展的各种数据结构和算法丰富了计算机科学，为数据管理技术的进一步发展打下了基础。但随着数据管理规模的扩大，数据量急剧增加，文件系统也暴露出以下一些缺陷：

（1）数据冗余。由于文件之间缺乏联系，造成每个应用程序都有对应的文件，有可能同样的数据在多个文件中重复存储，即数据冗余现象。

（2）数据不一致性。由于相同数据的重复存储和各自管理，在进行更新操作时，稍不谨慎，就有可能使同样的数据在不同的文件中不一样，即数据存在不一致性。

（3）数据联系弱。这是由文件之间相互独立、缺乏联系造成的。

由于这些原因，促使人们研究新的数据管理技术，这就促使在 20 世纪 60 年代末产生了数据库技术。

3. 数据库系统阶段

数据库系统阶段从 20 世纪 60 年代末期开始，计算机管理的数据对象规模越来越大，应用范围越来越广，数据量急剧增加，数据处理的速度和共享性的要求也越来越高。与此同时，磁盘技术也取得了重要发展，具有数百兆字节容量和快速存取的磁盘陆续进入市场，为数据库技术的发展提供了物质条件。同时，人们开发了一种新的、先进的数据管理方法：将数据存储在数据库中，由数据库管理软件对其进行统一管理，应用程序通过数据库管理软件来访问数据。在这一阶段，数据库中的数据不再只是面向某个应用或某个程序，而是面向整个企业（组织）或整个应用。

数据管理技术进入数据库系统阶段的标志是发生在 20 世纪 60 年代末的 3 件大事：

（1）1968 年，IBM 公司推出层次模型的数据库管理系统 IMS（Information Management System）。

（2）1969 年，美国数据库系统语言协会 CODASYL（Conference On Data System Language）下属的数据库任务组 DBTG（Data Base Task Group）提出了 DBTG 报告，总结了当时各式各样的数据库，提出网状模型。

（3）1970 年，IBM 公司 San Jose 研究实验室的研究员 Edgar F. Codd 发表了题为《大型共享数据库数据的关系模型》的论文，提出关系模型，开创了关系数据库方法和关系数据库理论，奠定了关系数据库的理论基础。

20 世纪 70 年代以来，数据库技术得到迅速发展，数据库系统克服了文件系统的缺陷，提供了对数据更高级更有效的管理。概括起来，数据库系统阶段主要有以下几个特点：

（1）数据结构化。实现了整体数据的结构化，这是数据库的主要特征之一，也是数据库系统与文件系统的本质区别。数据库中的数据不再仅仅针对一个应用，而是面向全组织，数据之间是具有联系的。

（2）较高的数据独立性。数据和程序彼此独立，数据存储结构的变化尽量不影响用户程序的使用。

（3）较低的冗余度。数据库系统中的重复数据被减少到最低程度，这样在有限的存储空间内可以存放更多的数据，并减少存取时间。

（4）数据由数据库管理软件统一管理和控制。数据库管理软件提供了数据的安全性机制，以防止数据的丢失和被非法使用；具有数据的完整性，以保护数据的正确、有效和相容；具有数据的并发控制，避免并发程序之间的相互干扰；具有数据的恢复功能，在数据库被破坏或数据不可靠时，系统有能力把数据库恢复到最近某个时刻的正确状态。

在数据库系统阶段，应用程序与数据之间的对应关系如图 5-3 所示。

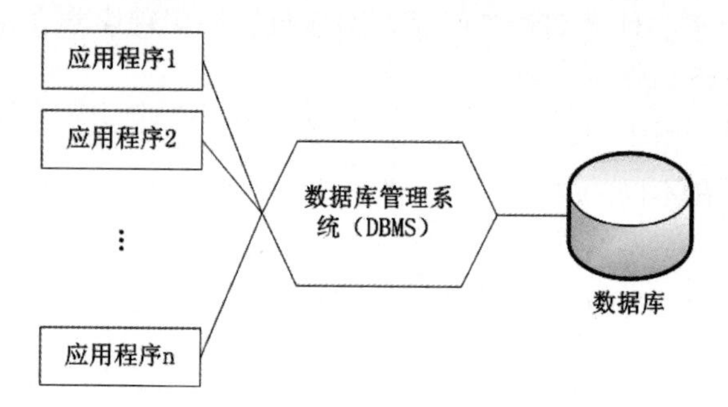

图 5-3　数据库系统阶段应用程序和数据之间的对应关系

人们把 20 世纪 70 年代称为数据库时代。20 世纪 80 年代以来几乎所有新开发的系统均是关系型的，其中涌现出了许多性能优良的商品化关系数据库管理系统，如 DB2、Oracle、SQL Server、Informix、Sybase 等。这些商用数据库系统的应用使数据库技术日益广泛地应用到企业管理、情报检索、辅助决策等技术领域，也成为实现和优化信息系统的基本技术。

5.1.2　数据库技术的相关概念

在学习数据库技术之前，先来了解一些基本概念，主要包括数据库、数据库管理系统和数据库系统等。

1. 数据库

数据库（Database，DB）是经过累积的、长期存储在计算机设备内的、有组织结构的、可共享的、统一管理的数据集合。通俗地讲，数据库是计算机用来组织、存储和管理数据的“仓库”。可以从两个方面来理解数据库：数据库是一个实体，它是能够合理保管数据的“仓库”；数据库是对数据进行管理的一种方法和技术，它能更有效地组织数据、更方便地维护数据、更好地利用数据。

2. 数据库管理系统

数据库管理系统（Database Management System，DBMS）是一种操纵和管理数据库的系统软件，是数据库系统的核心，位于用户与操作系统之间。DBMS 为用户或应用程序提供访问数据库的方法，包括数据库的建立、查询、更新，以及各种数据控制。它的主要功能有数据定义、数据操纵、数据控制等。

目前，常见的关系型数据库管理系统主要有甲骨文公司的 Oracle 和 MySQL、微软公司的 SQL Server 和 Access、IBM 公司的 DB2 等。

3．数据库系统

数据库系统（Database System，DBS）是指计算机系统引入数据库后的系统组成，它不仅包括数据库本身，还应包括相应的硬件、软件和各类人员，它一般由数据库、数据库管理系统及其开发工具、应用系统、数据库管理员和用户构成。

5.2　数据模型

模型是现实世界特征的模拟和抽象，如一张地图、一组建筑设计沙盘、一架精致的航模飞机等。数据模型（Data Model）也是一种模型，它是现实世界数据特征的抽象。数据模型的种类很多，根据应用的不同目的，可以将这些模型划分为分属于不同层次的两类。

第一类模型是概念数据模型（Conceptual Data Model），简称概念模型。它是从用户的角度来对数据和信息建模，主要用于数据库设计。它独立于计算机系统，完全不涉及信息在计算机系统中的表示，只是用来描述某个特定组织所关心的信息结构。

第二类模型是逻辑数据模型（Logical Data Model），它是从计算机系统的角度对数据建模，主要用于 DBMS 的实现。这类模型有严格的形式化定义，以便于在计算机系统中实现。目前，常见的逻辑数据模型有层次模型、网状模型、关系模型、面向对象数据模型、对象关系数据模型、半结构化数据模型等。

逻辑数据模型通常由数据结构、数据完整性约束和数据操作 3 部分组成。

（1）数据结构：主要描述数据的类型、内容、性质以及数据间的联系等。

（2）数据完整性约束：给出数据及其联系所具有的制约和依赖规则，这些规则用于限定数据库的状态及状态的变化，以保证数据库中数据的正确、有效和安全。

（3）数据操作：主要指对数据库的检索、更新、删除、修改等。

为了把现实世界中的具体事物抽象、组织为某一 DBMS 支持的逻辑数据模型，人们常常先将现实世界抽象为信息世界，然后将信息世界转换为机器世界。也就是说，首先把现实世界中的客观对象抽象为某一种信息结构，这种信息结构并不依赖于具体的计算机系统，不是某一个 DBMS 支持的数据模型，而是概念级的模型；然后把概念模型转换为计算机上某一 DBMS 支持的逻辑数据模型，这一过程如图 5-4 所示。

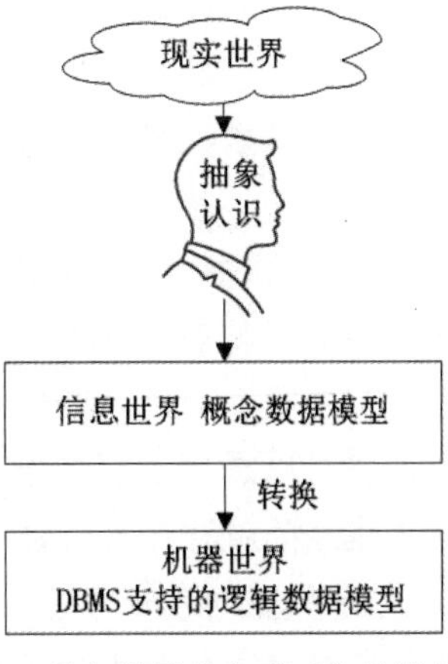

图 5-4　现实世界中客观对象的抽象过程

5.2.1　概念数据模型

由图 5-4 可以看出，概念模型实际上是现实世界到机器世界的一个中间层次。概念模型用于信息世界的建模，是现实世界到信息世界的第一层抽象，是数据库设计人员进行数据库设计的有力工具，也是数据库设计人员和用户之间进行交流的语言。因此，概念模型一方面应该具有较强的语义表达能力，能够方便、直接地表达应用中的各种语义知识；另一方面它还应该简单、清晰、易于用户理解。

1. 信息世界中的基本概念

信息世界涉及的概念主要有以下几个：

（1）实体（Entity）。客观存在并可相互区别的事物称为实体。实体可以是具体的人、事、物，也可以是抽象的概念或联系，如一个学生、一门课程、学生的一次选课、教师与系的工作关系等。

（2）属性（Attribute）。用于描述实体性质的特征称为实体的属性。如学生具有学号、姓名、系别等属性。

（3）码（Key）。能够唯一标识每个实体的属性或属性组称为实体的码，也可称为键。如果实体有多个码存在，则可从中选一个最常用的，简称主码或主键。如学号是学生实体的主码。

（4）域（Domain）。属性的取值范围称为该属性的域。如学号的域为 8 位整数，姓名的域为字符串集合，性别的域为 (男, 女)。

（5）实体型（Entity Type）。具有相同属性的实体必然具有共同的特征和性质。用实体名及其属性名的集合来抽象和刻画同类实体，称为实体型。

（6）实体集（Entity Set）。同型实体的集合称为实体集。如全体学生就是一个实体集。

（7）联系（Relationship）。在现实世界中，事物内部以及事物之间是有联系的，这些联系在信息世界中反映为实体（型）内部的联系和实体（型）之间的联系。实体内部的联系通常是指组成实体的各属性之间的联系。实体之间的联系通常是指不同实体集之间的联系。

实体集之间的联系有以下 3 类不同语义的情况：

- 一对一联系（1:1）。若对于实体集 A 的每一个实体，实体集 B 中至多有一个实体与之联系，反之亦然，则称实体集 A 和实体集 B 具有 1:1 联系。例如，系部实体集与系部主任实体集就存在 1:1 的联系。因为一个系部只有一名系部主任，而一名系部主任也只能在一个系部任职。
- 一对多联系（1:n）。若对于实体集 A 中的每一个实体，实体集 B 中有 n 个实体（$n \geqslant 0$）与之联系，而对于实体集 B 中的每一个实体，实体集 A 中至多有一个实体与之联系，则称实体集 A 与实体集 B 存在 1:n 的联系。例如，班级实体集与学生实体集就存在 1:n 的联系，因为按学籍管理规定一个班级包含多名学生，而一个学生只属于一个班级。
- 多对多联系（m:n）。若对于实体集 A 中的每一个实体，实体集 B 中有 n 个实体（$n \geqslant 0$）与之联系，反之亦然，则称实体集 A 与实体集 B 之间存在 m:n 联系。例如，一个学生可以选修多门课程，而一门课程也可以被多名学生选修，则学生与课程两个实体集之间就存在 m:n 联系。

2. 概念模型的表示方法

概念模型是对信息世界建模，所以概念模型应该能够方便、准确地表示出信息世界中的常用概念。概念模型最为著名最为常用的表示方法是 P.P.S.Chen 于 1976 年提出的实体－联系方法（Entity-Relationship Approach）。该方法用 E-R 图来描述现实世界的概念模型，E-R 方法也称为 E-R 模型。

E-R 图提供了表示实体型、属性和联系的方法。

- 实体型：用矩形表示，矩形框内写明实体名。
- 属性：用椭圆形表示，并用无向边将其与相应的实体连接起来。
- 联系：用菱形表示，菱形框内写明联系名，并用无向边分别与有关实体连接起来，同时在无向边旁标上联系的类型（1:1、1:n、m:n）。

需要注意的是，如果一个联系具有属性，则这些属性也要用无向边与该联系连接起来。例如，为某学校学生成绩管理系统设计一个 E-R 模型，如图 5-5 所示。

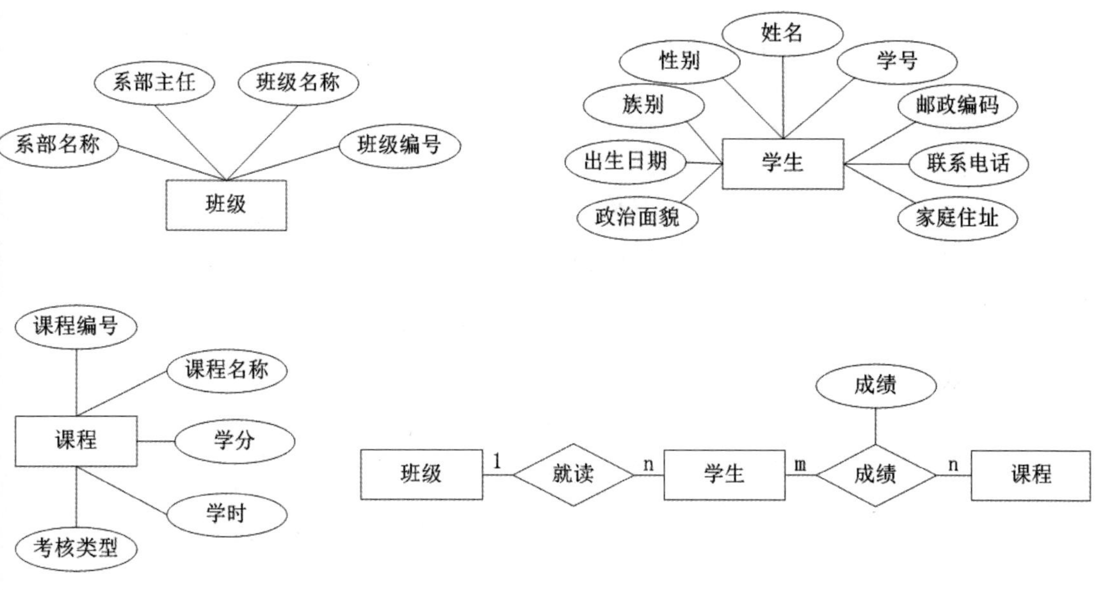

图 5-5　学生成绩管理系统 E-R 模型

5.2.2　逻辑数据模型

目前，数据库领域中常见的逻辑数据模型有层次模型、网状模型、关系模型、面向对象数据模型、对象关系数据模型、半结构化数据模型等。其中，关系模型是最重要的一种。

1. 层次模型

层次模型是数据库系统中最早出现的数据模型，它用树型结构表示各类实体以及实体间的联系，其中用结点表示各类实体，用结点间的连线表示实体间的联系。

在数据库中，把满足以下两个条件的数据模型称为层次模型：

- 有且仅有一个结点无双亲，这个结点称为“根结点”。
- 其他结点有且仅有一个双亲。

若用图来表示，层次模型是一棵倒立的树。结点层次从根开始定义，根结点为第一层，根的孩子结点为第二层。根被称为其孩子的双亲，同一双亲的孩子称为兄弟。图 5-6 所示为一个简单的层次模型示意图。

层次模型对具有一对多层次关系的描述非常自然、直观、容易理解，这是层次数据库的突出优点。然而，自然界中的实体联系更多的是非层次关系，用层次模型表示非树型结构是很不直接的，网状模型则可以克服这一弊端。

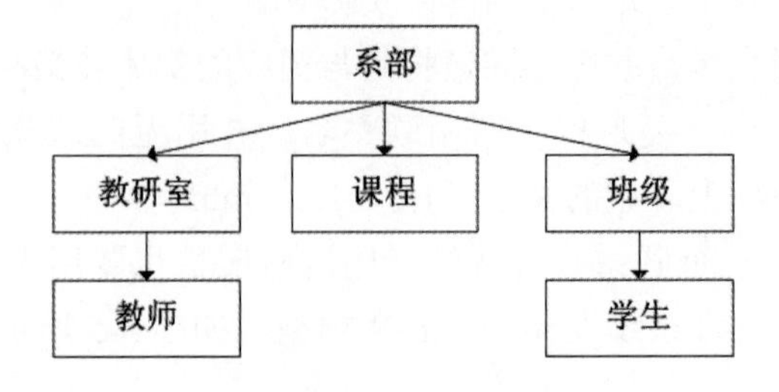

图 5-6　层次模型示意图

2. 网状模型

在数据库中，把满足以下两个条件的数据模型称为网状模型：

- 允许一个以上的结点无双亲。
- 一个结点可以有多于一个的双亲。

若用图表示，网状模型是一个网络，实际上，层次模型可以看作网状模型的特例。图 5-7 所示为一个简单的网状模型。

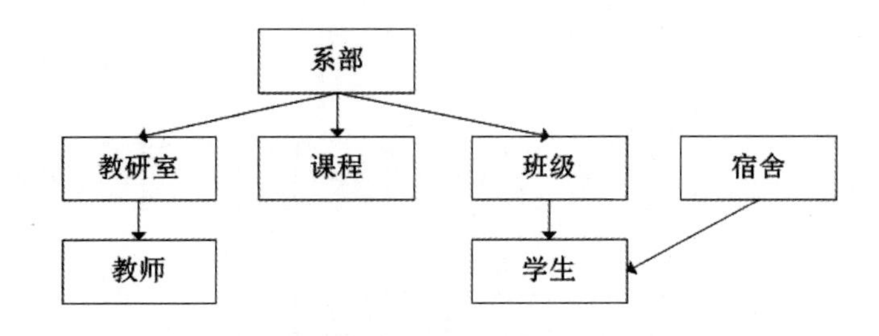

图 5-7　网状模型示意图

3. 关系模型

20 世纪 80 年代以来，计算机厂商新推出的数据库管理系统几乎都支持关系数据模型，非关系系统的产品也大都加上了关系接口。数据库领域当前的研究工作也都是以关系方法为基础。关系模型是发展较晚的一种数据模型，关系模型中数据的逻辑结构是一张规范的二维表，如图 5-8 所示。

课程关系

课程编号	课程名称	学分	学时	考核类型
001	大学英语	3	48	考试
002	C语言程序设计	3	48	考试
003	SQL Server数据库应用	3	48	考试
004	邓小平理论	2	32	考查
005	计算机组装与维护	2	32	考查
006	高等数学	3	48	考试
007	网络应用技术	2	32	考查
008	Photoshop	3	48	考查

图 5-8　关系模型的数据结构

关系模型是建立在严格的数学概念的基础上的。关系模型的概念单一，无论实体还是实体之间的联系都用关系（表）来表示，对数据进行检索的结果也是关系。关系模型具有结构简单清晰，用户易懂易用的优点，因此，关系模型是当今主要的数据模型。具有关系模型的数据库称为关系数据库，关系数据库具有更高的数据独立性、更好的安全保密性，也简化了程序员的工作和数据库开发工作。下节我们将详细介绍关系模型和关系数据库的相关知识。

5.3　关系数据库

关系数据库系统是支持关系模型的数据库系统。关系模型由关系数据结构、关系完整性约束和关系操作集合 3 部分组成。

5.3.1　关系数据结构

关系模型的数据结构非常单一。在关系模型中，现实世界的实体以及实体间的各种联系均用关系来表示。在用户看来，关系模型中数据的逻辑结构是一张二维表。

1. 关系模型的基本概念

- 关系（Relation）：一个关系对应于一张二维表。
- 元组（Tuple）：表中的一行即为一个元组。
- 属性（Attribute）：表中的一列即为一个属性，给每一个属性起的名称即属性名。
- 主码（Primary Key）：表中的某个属性组，它可以唯一确定一个元组，如图 5-8 中的课程编号，可以唯一确定一门课程，也就成为该关系的主码，即主键。
- 域（Domain）：属性的取值范围，如人的年龄一般在 1 ～ 150 岁之间，性别的域是 (男, 女)，系别的域是一个学校所有系名的集合。
- 分量：元组中的一个属性值。
- 关系模式：对关系的描述，一般表示为

关系名（属性 1，属性 2，…，属性 n）

2. 关系数据结构的形式化定义

在数据库中要区分型和值。关系数据库中，关系模式是型，关系是值。关系模式是对关系的描述。

（1）关系。

定义 5.1　$D_1 \times D_2 \times \cdots \times D_n$ 的子集称为域 D_1，D_2，…，D_n 上的关系，表示为

$$R（D_1，D_2，\cdots，D_n）$$

这里 R 表示关系的名字，n 是关系的目或度（Degree），$D_1 \times D_2 \times \cdots \times D_n$ 是一组域 D_1，D_2，…，D_n 的笛卡尔积。

关系是笛卡尔积的有限子集，因笛卡尔积可表示为一个二维表，所以关系也是一个二维表，表的每行对应一个元组，表的每列对应一个域。由于域可以相同，为了加以区分，必须对每列起一个名字，称为属性（Attribute）。n 目关系必有 n 个属性。

若关系中的某一属性组的值能唯一地标识一个元组，则称该属性组为候选码（Candidate Key）。若一个关系有多个候选码，则选定其中一个为主码（Primary Key）。主码的诸属性称

为主属性（Primary Attribute）。

基本关系具有以下性质：

- 列是同质的，即每一列中的分量是同一类型的数据，来自同一个域。
- 不同的列可来自同一个域，称其中的每一列为一个属性，不同的属性要给予不同的属性名。
- 列的顺序任意，即列的次序可以任意交换。
- 任意两个元组不能完全相同。
- 行的顺序任意，即行的次序可以任意交换。
- 分量必须取原子值，即每一个分量都必须是不可分的数据项。

（2）关系模式。

定义 5.2 关系的描述称为关系模式（Relation Schema）。它可以形式化地表示为

R（U，D，dom，F）

其中，R 为关系名，U 为组成该关系的属性名集合，D 为 U 中属性所来自的域，dom 为属性向域的映象集合，F 为属性间数据的依赖关系集合。

关系模式通常可以简记为

R（U）或 R（A_1，A_2，…，A_n）

其中，R 为关系名，U 为组成该关系的属性名集合，A_1，A_2，…，A_n 为属性名。而域名及属性向域的映象常常直接说明为属性的类型、长度。如学生关系模式可以简单表示为：

学生（学号，姓名，性别，族别，出生日期，政治面貌，家庭住址，联系电话，邮政编码

关系是关系模式在某一时刻的状态或内容。关系模式是静态的、稳定的，而关系是动态的、随时间不断变化的，因为关系操作在不断地更新着数据库的数据。但在实际工作中，人们常常把关系模式和关系都称为关系。

5.3.2 关系的完整性

为了维护数据库中数据与现实世界的一致性，对关系数据库的插入、删除和修改操作必须满足一定的约束条件，这就是关系模型的 3 类完整性，即实体完整性、参照完整性和用户定义的完整性。其中实体完整性与参照完整性是关系模型必须满足的约束条件，它是由关系数据库系统自动支持的。

1. 实体完整性（Entity Integrity）

规则 5.1 实体完整性规则：若属性 A 是基本关系 R 的主属性，则属性 A 不能取空值。

实体完整性规则规定基本关系的所有主属性都不能取空值，而不仅是主码整体不能取空值。如学生选课关系“成绩（学号，课程编号，成绩）”中，“学号，课程编号”两个属性的组合为主码，则“学号”和“课程编号”两个属性都不能取空值。

对于实体完整性规则说明如下：

（1）实体完整性规则是针对基本关系而言的。一个基本表通常对应现实世界的一个实体集。如学生关系对应于学生的集合。

（2）现实世界中的实体是可区分的，即它们具有某种唯一性标识。

（3）关系模型中以主码作为唯一性标识。

（4）主码中的属性即主属性不能取空值。所谓空值就是“不知道”或“无意义”的值。如果主属性取空值，就说明存在某个不可标识的实体，即存在不可区分的实体，这与规则说明第2点相矛盾，因此这个规则称为实体完整性。

2. 参照完整性（Referential Integrity）

现实世界中的实体之间往往存在某种联系，在关系模型中实体及实体间的联系都是用关系来描述的，这样就自然存在着关系与关系间的引用。

例5-1 学生实体和班级实体可以用下面的关系表示，其中主码用下划线标识。

学生（<u>学号</u>，姓名，性别，族别，出生日期，政治面貌，家庭住址，联系电话，邮政编码，班级编号）

班级（<u>班级编号</u>，班级名称，系部名称，系部主任）

这两个关系之间存在着属性的引用，即学生关系引用了班级关系的主码“班级编号”。显然，学生关系中的“班级编号”值必须是确实存在的班级的“班级编号”。这也就是说，学生关系中的某个属性的取值需要参照班级关系的属性取值。由此引出参照的引用规则，要说明此规则，先要认识外码，即外键。

定义5.3 设F是基本关系R的一个或一组属性，但不是关系R的主码。如果F与基本关系S的主码K_S相对应，则称F是基本关系R的外码（Foreign Key），并称基本关系R为参照关系（Referencing Relation），基本关系S为被参照关系（Referenced Relation）或目标关系（Target Relation）。关系R和S不一定是不同的关系。

显然，目标关系S的主码K_S和参照关系R的外码F必须定义在同一个或同一组域上。

在例5-1中，学生关系的“班级编号”属性与班级关系的主码“班级编号”相对应，因此“班级编号”属性是学生关系的外码。这里班级关系是被参照关系，学生关系为参照关系。

规则5.2 参照完整性规则：若属性或属性组F是基本关系R的外码，它与基本关系S的主码K_S相对应（基本关系R和S不一定是不同的关系），则对于R中的每个元组在F上的值必须为：

- 或者取空值（F的每个属性值均为空值）。
- 或者等于S中某个元组的主码值。

对于例5-1，学生关系中每个元组的“班级编号”属性只能取以下两类值：

- 空值：表示尚未给该学生分配班级。
- 非空值：这时该值必须是班级关系中某个元组的“班级编号”值，表示该学生不可能分配到一个不存在的班级中。

3. 用户定义的完整性（User-defined Integrity）

实体完整性和参照完整性适用于任何关系数据库系统，它们主要是针对关系的主码和外码取值有效而做出的约束。除此之外，不同的关系数据库系统根据其应用环境的不同，往往还需要一些特殊的约束条件，即用户定义的完整性。用户定义的完整性是针对某一具体关系数据库的约束条件，反映某一具体应用所涉及的数据必须满足的语义要求，主要包括字段有效性和记录有效性等约束条件。例如，在一个学生成绩管理系统中，规定每门课程的成绩取值在0～100之间。

5.3.3 关系运算

在关系中查询所需要的数据就要使用关系运算，关系运算的操作对象是关系，而不是行或元组。也就是说，参与运算的对象以及运算的结果都是完整的关系。基本的关系运算有传统的集合运算和专门的关系运算两类。

1. 传统的集合运算

传统的集合运算是二目运算，包括并、差、交和广义笛卡尔积 4 种运算。

设关系 R 和关系 S 具有相同的目 n（即两个关系都有 n 个属性），且相应的属性取自同一个域，则可以定义并、差、交、广义笛卡尔积运算。

（1）并（Union）。关系 R 与关系 S 的并记作：

$$R \cup S = \{ t \mid t \in R \vee t \in S \}$$

其结果关系仍为 n 目关系，由属于 R 或属于 S 的元组组成。

（2）差（Difference）。关系 R 与关系 S 的差记作：

$$R - S = \{ t \mid t \in R \wedge t \notin S \}$$

其结果关系仍为 n 目关系，由属于 R 而不属于 S 的所有元组组成。

（3）交（Intersection）。关系 R 与关系 S 的交记作：

$$R \cap S = \{ t \mid t \in R \wedge t \in S \}$$

其结果关系仍为 n 目关系，由既属于 R 又属于 S 的元组组成。关系的交也可以用差来表示，即 $R \cap S = R-(R-S)$。

（4）广义笛卡尔积（Extended Cartesian Product）。两个分别为 n 目和 m 目的关系 R 和 S 的广义笛卡尔积是一个（n+m）列的元组的集合。元组的前 n 列是关系 R 的一个元组，后 m 列是关系 S 的一个元组。若 R 有 k_1 个元组，S 有 k_2 个元组，则关系 R 和关系 S 的广义笛卡尔积有 $k_1 \times k_2$ 个元组。记作：

$$R \times S = \{ \widehat{t_r t_s} \mid t_r \in R \wedge t_s \in S \}$$

图 5-9（a）和图 5-9（b）分别为关系“2018 年优秀班级（R）”和关系“2019 年优秀班级（S）”。图 5-9（c）为关系 R 与 S 的并。图 5-9（d）为关系 R 与 S 的交。图 5-9（e）为关系 R 和 S 的差。图 5-9（f）为关系 R 和 S 的广义笛卡尔积。

2. 专门的关系运算

专门的关系运算有选择、投影和连接运算等。选择和投影运算是对一个表的操作运算，连接运算是将两个表连接成一个新表的运算。

（1）选择（Selection）。选择又称为限制（Restriction）。它是在关系 R 中选择满足给定条件的诸元组，记作：

$$\sigma_F(R)=\{t \mid t \in R \wedge F(t)=True\}$$

其中，F 表示选择条件，它是一个逻辑表达式，取逻辑值 True 或 False。

逻辑表达式 F 由逻辑运算符∧、∨、¬ 连接各算术表达式组成。算术表达式的基本形式为：

$$X_1 \theta Y_1$$

其中，θ 表示比较运算符，它可以是>、≥、<、≤、= 或≠。X_1 和 Y_1 是属性名，或为常量，或为简单函数。

2018年优秀班级（R）

班级编号	系部编号	班级名称
20183001	03	18会计01
20184002	04	18农经02
20171001	01	17物联网01

（a）

2019年优秀班级（S）

班级编号	系部编号	班级名称
20191001	01	19物联网01
20183001	03	18会计01
20184003	04	18农经03

（b）

R∪S

班级编号	系部编号	班级名称
20183001	03	18会计01
20184002	04	18农经02
20171001	01	17物联网01
20191001	01	19物联网01
20184003	04	18农经03

（c）

R∩S

班级编号	系部编号	班级名称
20183001	03	18会计01

（d）

R－S

班级编号	系部编号	班级名称
20184002	04	18农经02
20171001	01	17物联网01

（e）

R×S

班级编号	系部编号	班级名称	班级编号	系部编号	班级名称
20183001	03	18会计01	20191001	01	19物联网01
20183001	03	18会计01	20183001	03	18会计01
20183001	03	18会计01	20184003	04	18农经03
20184002	04	18农经02	20191001	01	19物联网01
20184002	04	18农经02	20183001	03	18会计01
20184002	04	18农经02	20184003	04	18农经03
20171001	01	17物联网01	20191001	01	19物联网01
20171001	01	17物联网01	20183001	03	18会计01
20171001	01	17物联网01	20184003	04	18农经03

（f）

图 5-9　传统集合运算示例

设学生成绩管理系统中有学生关系和班级关系，如图 5-10 所示。

学生关系

学号	姓名	性别	族别	出生日期	政治面貌	家庭住址	联系电话	邮政编码	班级编号
000001	陈新	男	汉族	2000-10-07	共青团员	甘肃省环县	0931-1243556	730000	20191001
000002	古丽努尔	男	维吾尔	1999-10-08	共青团员	新疆阿勒泰市	0999-1111111	836500	20191001
000003	李丽	女	汉族	1998-04-04	中共党员	新疆阿勒泰市	0999-8765432	836500	20191001
000004	马俊萍	女	回族	1999-07-10	共青团员	宁夏固原市	0951-1234567	750000	20191001
000005	马延霞	女	回族	2000-08-07	共青团员	青海省乐都市	0979-5767767	810000	20191002
000006	钱娜	女	汉族	1999-07-06	中共党员	河南省周口市	0379-5356546	450000	20191002
000007	王丛燕	女	汉族	1999-10-25	中共党员	新疆阜康市	0994-3131343	831100	20191002
000008	王巧玲	女	汉族	2000-12-09	共青团员	甘肃省环县	0931-3423244	730000	20191002
000009	张宏英	女	汉族	2000-11-21	共青团员	内蒙古赤峰市	0476-5534225	010000	20191003
000010	周江红	女	汉族	2001-08-14	共青团员	新疆和静县	0996-3535328	841000	20191003
000011	罗丹	女	苗族	2000-04-07	中共党员	陕西省渭南县	0913-5335304	710000	20191003
000012	刘思杰	男	汉族	2001-01-31	中共党员	新疆昌吉市	0994-5353555	831100	20191003
000013	王福亮	男	汉族	2000-03-03	共青团员	山东济宁市	0531-5325352	250000	20191003

班级关系

班级编号	系部编号	班级名称
20191001	01	19物联网01
20191002	01	19物联网02
20191003	01	19物联网03
20183001	03	18会计01
20184001	04	18农经01

图 5-10　学生成绩管理系统中的部分关系

例 5-2　查询所有女党员的信息。

$$\sigma_{\text{性别='女' AND 政治面貌='中共党员'}}(\text{学生})$$

结果如图 5-11 所示。

学号	姓名	性别	族别	出生日期	政治面貌	家庭住址	联系电话	邮政编码	班级编号
000003	李丽	女	汉族	1998-04-04	中共党员	新疆阿勒泰市	0999-8765432	836500	20191001
000006	钱娜	女	汉族	1999-07-06	中共党员	河南省周口市	0379-5356546	450000	20191002
000007	王丛燕	女	汉族	1999-10-25	中共党员	新疆阜康市	0994-3131343	831100	20191002
000011	罗丹	女	苗族	2000-04-07	中共党员	陕西省渭南县	0913-5335304	710000	20191003

图 5-11　选择运算举例

（2）投影（Projection）。关系 R 上的投影是从 R 中选择出若干属性列组成新的关系。记作：

$$\pi_A(R)=\{t[A]|t \in R\}$$

其中，A 为 R 中的属性列，t[A] 表示元组 t 在属性列 A 上诸分量的集合。

例 5-3　查询所有学生的学号、姓名及联系电话。

$$\pi_{\text{学号，姓名，联系电话}}(\text{学生})$$

结果如图 5-12 所示。

学号	姓名	联系电话
000001	陈新	0931-1243556
000002	古丽努尔	0999-1111111
000003	李丽	0999-8765432
000004	马俊萍	0951-1234567
000005	马延霞	0979-5767767
000006	钱娜	0379-5356546
000007	王丛燕	0994-3131343
000008	王巧玲	0931-3423244
000009	张宏英	0476-5534225
000010	周江红	0996-3535328
000011	罗丹	0913-5335304
000012	刘思杰	0994-5353555
000013	王福亮	0531-5325352

图 5-12　投影运算举例

（3）连接（Join）。连接也称为 θ 连接。它是从两个关系的笛卡尔积中选取属性间满足一定条件的元组。记作：

$$R \underset{A\theta B}{\bowtie} S = \{ \widehat{t_r t_s} \mid t_r \in R \wedge t_s \in S \wedge t_r[A]\ \theta t_s[B] \}$$

其中，A 和 B 分别为 R 和 S 上度数相等且可比的属性组，θ 是比较运算符。连接运算从 R 和 S 的广义笛卡尔积 R×S 中选取（R 关系）在 A 属性组上的值与（S 关系）在 B 属性组上的值满足比较关系 θ 的元组。

连接运算中有两种最为重要也最为常用的连接：等值连接（Equijoin）和自然连接（Natural join）。

θ 为“=”的连接运算称为等值连接，即等值连接为：

$$R \underset{A=B}{\bowtie} S = \{ \widehat{t_r t_s} \mid t_r \in R \wedge t_s \in S \wedge t_r[A]=t_s[B] \}$$

自然连接是一种特殊的等值连接，它要求两个关系中进行比较的分量必须是相同的属性组，并且在结果中把重复的属性列去掉。即若 R 和 S 具有相同的属性组 A，则自然连接可记作：

$$R \bowtie S = \{ \widehat{t_r t_s} \mid t_r \in R \wedge t_s \in S \wedge t_r[A] = t_s[A] \}$$

一般的连接操作是从行的角度进行运算，而自然连接还需要取消重复列，所以是同时从行和列的角度进行运算。

例 5-4　查询少数民族学生的学号、姓名、族别、班级名称等信息。

$$\pi_{\text{学号，姓名，族别，班级名称}}(\sigma_{\text{族别}\neq\text{'汉族'}}(\text{学生} \bowtie \text{班级}))$$

该例是连接、选择和投影运算的综合应用，先进行自然连接，再对连接结果进行选择，最后对选择结果进行投影运算，结果如图 5-13 所示。

学号	姓名	民族	班级名称
000002	古丽努尔	维吾尔	19物联网01
000004	马俊萍	回族	19物联网01
000005	马延霞	回族	19物联网02
000011	罗丹	苗族	19物联网03

图 5-13　连接运算举例

5.4　数据库设计

数据库设计是建立数据库及其应用系统的技术，是信息系统开发和建设中的核心技术。具体来说，数据库设计是指对于一个给定的应用环境，构造最优的数据库模式，建立数据库及其应用系统，使之能够有效地存储数据，满足各种用户的应用需求。设计数据库的目的在于确定一个合适的数据模型，该模型应当满足以下 3 个要求：

（1）符合用户的需求，既包含用户所需要处理的所有数据，又支持用户提出的所有处理功能的实现。

（2）能被现有的某个数据库管理系统（DBMS）所接受。

（3）具有较高的质量，如易于理解、便于维护、结构合理、使用方便和效率较高等。

数据库设计可以分为需求分析、概念结构设计、逻辑结构设计、物理结构设计、数据库实施、数据库运行与维护 6 个阶段，如图 5-14 所示。

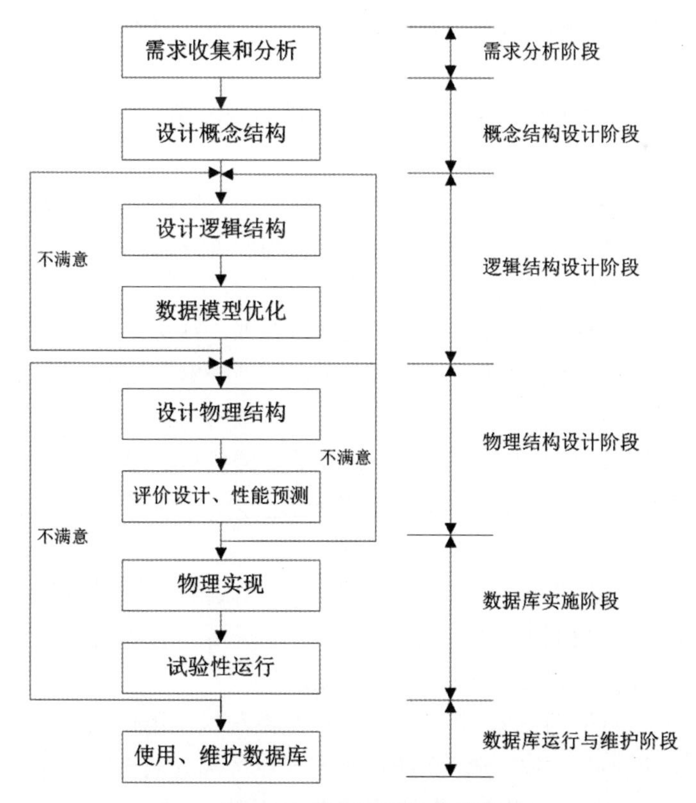

图 5-14　数据库设计的步骤

5.4.1 需求分析

需求分析结果的准确性将直接影响到后期各个阶段的设计。需求分析是整个数据库设计过程的起点和基础，也是最困难、最耗费时间的阶段。

1. 需求分析的任务

需求分析的任务就是对现实世界要处理的对象（组织、部门、企业等）进行详细调查和分析；收集支持系统目标的基础数据和处理方法；明确用户对数据库的具体要求，在此基础上确定数据库系统的功能。具体步骤如下：

（1）调查组织机构情况。了解该组织的部门组成情况、各部门的职责等，为分析信息流程做准备。

（2）调查各部门的业务活动情况。包括调查各部门要输入和使用什么数据、如何加工处理这些数据、输出什么信息、输出到什么部门、输出结果的格式等。这一步骤是调查的重点。

（3）明确对新系统的要求。在熟悉业务活动的基础上，协助用户明确对新系统的各种要求，包括信息要求、处理要求、安全性要求、完整性要求。

（4）初步分析调查的结果。对前面调查的结果进行初步分析，包括确定新系统的边界；确定哪些功能由计算机完成或将来准备让计算机完成；确定哪些活动由人工完成。

（5）建立相关的文档。主要包括用户单位的组织机构图、业务关系图、数据流图和数据字典。

2. 常用需求调查方法

在调查过程中，根据不同的问题和条件可采用不同的调查方法，常用的调查方法有以下几种：

（1）跟班作业。这是指数据库设计人员亲自参加业务工作，深入了解业务活动情况，从而可以比较准确地理解用户的需求。

（2）开调查会。通过与用户座谈的方式来了解业务活动情况及用户需求。

（3）请专人介绍。可请业务熟练的专家或用户介绍业务专业知识和业务活动情况。

（4）询问。对于某些调查中的问题，可以找专人询问。

（5）设计调查表请用户填写。如果调查表设计得合理，则有效，且易于为用户所接受。

（6）查阅记录。查阅与原系统相关的数据记录，包括账本、档案、文献等。

3. 编写需求分析说明书

需求分析说明书是在进行需求分析活动后建立的文档资料，通常又称为需求规格说明书，它是对开发项目需求分析的全面描述，是对需求分析阶段的一个总结。需求分析说明书应包括以下内容：

（1）组织情况概述。主要是对分析对象的基本情况做概括性的描述，包括组织的结构、组织的目标、组织的工作过程和性质、业务功能、对外联系、组织与外部实体间有哪些物质以及信息的交换关系、研制系统工作的背景如何等。

（2）系统目标和开发的可行性。系统的目标树是系统拟采用什么样的开发战略和开发方法，人力、资金以及计划进度的安排，系统计划实现后各部分应该完成什么样的功能，某些指标预期达到什么样的程度，有哪些工作是原系统没有而计划在新系统中增补的，等等。

（3）现行系统运行状况。介绍以一些工具（主要是作业流程图、数据流程图）为主，详细描述原系统信息处理以及信息流动情况。另外，各个主要环节对业务的处理量、总的数据存储量、处理速度要求、主要查询和处理方式、现有的各种技术手段等都应做一个扼要的说明。

（4）新系统的逻辑方案。它是系统分析报告的主体，这部分主要反映分析的结果和对今后建造新系统的设想。它应包括以下主要内容：

- 新系统拟定的业务流程及业务处理工作方式。
- 新系统拟定的数据指标体系和分析优化后的数据流程，以及计算机系统将完成的工作部分。
- 新系统在各个业务处理环节拟采用的管理方法、算法或模型。
- 与新的系统相配套的管理制度和运行体制的建立。
- 系统开发资源与时间进度估计。

5.4.2　概念结构设计

将需求分析得到的用户需求抽象为信息结构（即概念模型）的过程就是概念结构设计。它是整个数据库设计的关键。

1. 概念结构

在需求分析阶段所得到的应用需求应该首先抽象为信息世界的结构，才能更好地、更准确地用某一 DBMS 实现这些需求。概念结构的主要特点如下：

（1）能真实、充分地反映现实世界，包括事物和事物之间的联系，能满足用户对数据的处理要求。它是现实世界的一个真实模型。

（2）易于理解，从而可以用它和不熟悉计算机的用户交换意见，用户的积极参与是数据库设计成功的关键。

（3）易于更改，当应用环境和应用要求改变时，容易对概念模型修改和扩充。

（4）易于向关系、网状、层次等各种数据模型转换。

概念结构是各种数据模型的共同基础，它比逻辑数据模型更独立于机器、更抽象，从而更加稳定。描述概念模型的有力工具是 E-R 图。

2. 概念结构设计的方法

设计概念结构通常有如下 4 类方法：

（1）自顶向下。即首先定义全局概念结构的框架，然后逐步细化。

（2）自底向上。即首先定义各局部应用的概念结构，然后将它们集成起来，得到全局概念结构。

（3）逐步扩张。首先定义最重要的核心概念结构，然后向外扩充，以滚雪球的方式逐步生成其他概念结构，直至总体概念结构。

（4）混合策略。即将自顶向下和自底向上相结合，用自顶向下策略设计一个全局概念结构的框架，再以它为骨架集成由自底向上策略中设计的各局部概念结构。

其中，最经常采用的策略是自底向上方法。即自顶向下地进行需求分析，然后自底向上地设计概念结构，如图 5-15 所示。

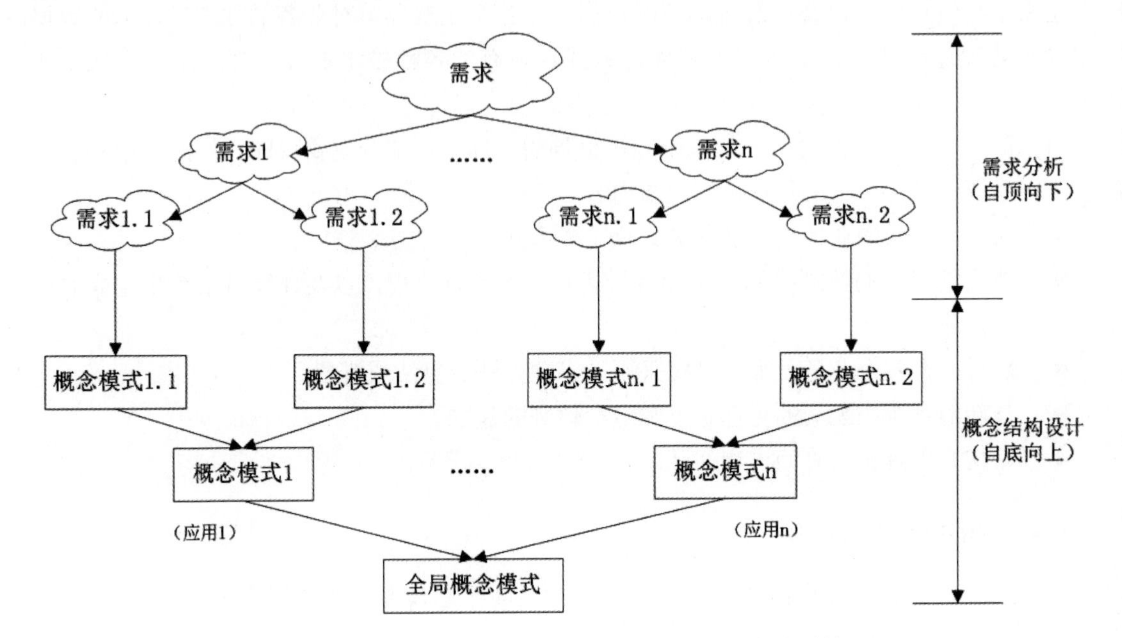

图 5-15 自顶向下分析需求与自底向上设计概念结构

3. 自底向上方法的步骤

首先设计局部概念模型，然后将局部概念模型合并为全局概念模型。

（1）设计局部概念模型。设计局部概念模型就是选择需求分析阶段产生的局部数据流图或数据字典，设计局部 E-R 图。具体步骤如下：

1）确定数据库所需的实体。

2）确定各实体的属性以及实体间的联系，画出局部的 E-R 图。

属性必须是不可分割的数据项，不能包含其他属性。属性不能与其他实体有联系，即 E-R 图中所表示的联系是实体之间的联系，而不能有属性与实体之间发生的联系。

例如，在需求分析的基础上，确定学生成绩管理数据库的实体及其属性如下：

- 学生：学校所有注册在籍的学生。其属性包括学号、姓名、性别、族别、出生日期、政治面貌、家庭住址、联系电话和邮政编码。
- 课程：可供学生选修学习的课程。其属性包括课程编号、课程名称、学分、学时、考核类型。
- 班级：班级编号、班级名称、系部名称、系部主任。

3 个实体间的局部 E-R 图如图 5-16 所示。

（2）集成局部概念模型。首先将两个重要的局部 E-R 图合并，然后依次将一个新局部 E-R 图合并进去，最终合并成一个全局 E-R 图。每次合并局部 E-R 图的步骤如下：

1）合并。先解决局部 E-R 图之间的冲突，将局部 E-R 图合并生成初步的 E-R 图。

2）优化。对初步 E-R 图进行修改，消除不必要的冗余，生成基本的 E-R 图。

例如，对上面的局部 E-R 模型进行合并集成后的结果如图 5-17 所示。

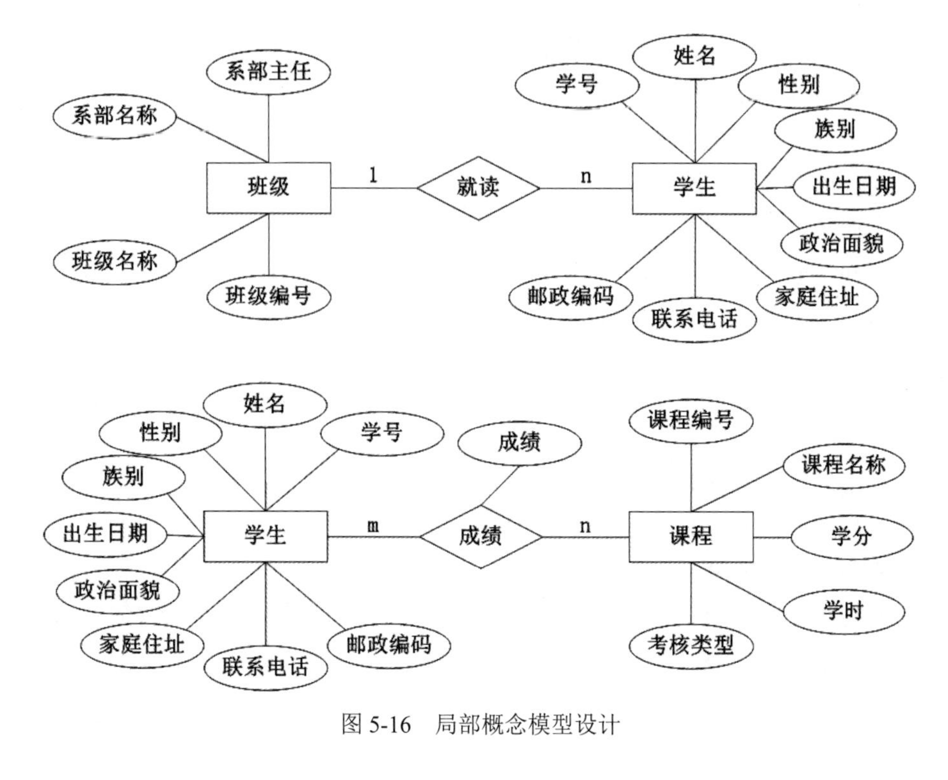

图 5-16　局部概念模型设计

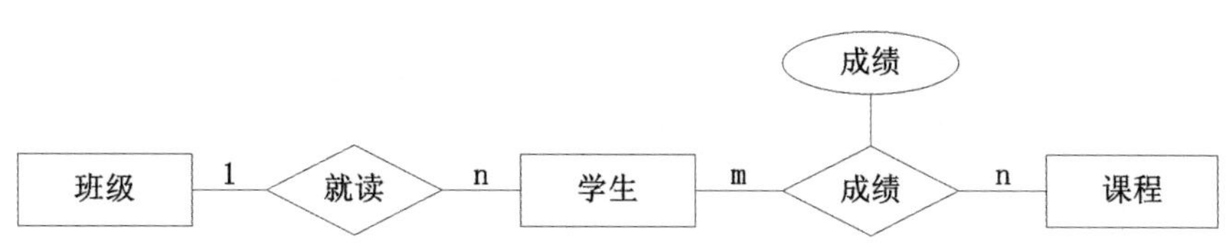

图 5-17　局部概念模型的集成

5.4.3　逻辑结构设计

逻辑结构设计的任务是把概念结构设计的概念模型（E-R 模型）转换为与选用 DBMS 产品所支持的逻辑数据模型相符合的逻辑结构。设计逻辑结构时一般要分以下 3 步进行：

（1）将概念结构转换为一般的关系、网状、层次等模型。

（2）将转换来的关系、网状、层次等模型向特定 DBMS 支持下的逻辑数据模型转换。

（3）对数据模型进行优化。

目前，数据库应用系统普遍采用支持关系数据模型的 RDBMS，因此这里只介绍 E-R 图向关系数据模型的转换原则和方法。

1．E-R 图到关系模型的转化

E-R 图向关系模型的转换要解决的问题是如何将实体和实体间的联系转换为关系模式，如何确定这些关系模式的属性和码。

关系模型的逻辑结构是一组关系模式的集合。E-R 图则是由实体、实体的属性和实体之间的联系 3 个要素组成的。所以将 E-R 图转换为关系模型实际上就是要将实体、实体的属性和实体之间的联系转换为关系模式，这种转换一般遵循以下原则：

（1）一个独立实体型转化为一个关系模式，其属性转化为关系模式的属性，实体的码就是关系的码。

（2）一个 1:1 的联系，只要将两个实体的关系各自增加一个外码（对方实体的主码）即可。

（3）一个 1:n 的联系，只需为 n 方的关系增加一个外码属性，即对方实体的主码。另外，如果联系具有属性，则一起放入 n 方关系中。

（4）一个 m:n 的联系，需要建立一个新的关系模式，该关系的主码属性由双方的主码构成，联系的属性转化为新关系模式的属性。

例如图 5-17 所示的学生成绩管理数据库的概念模型转换为关系模型后如下：

学生（学号，姓名，性别，族别，出生日期，政治面貌，家庭住址，联系电话，邮政编码，**班级编号**）

班级（班级编号，班级名称，系部名称，系部主任）

课程（课程编号，课程名称，学分，学时，考核类型）

成绩（**学号**，**课程编号**，成绩）

其中，在每一个关系模式中，加下划线的属性为主码，加粗的属性为外码。

形成了一般的逻辑数据模型后，下一步就是向特定的 RDBMS 模型转换。设计人员必须熟悉所用 RDBMS 的功能与限制。这一步依赖于具体的机器，没有一个普遍的规则，但对于关系模型来说，这种转换通常都比较简单。

2. 数据模型的优化

优化数据模型就是对数据库进行适当的修改，调整逻辑数据模型的结构，进一步提高数据库的性能。关系数据模型的优化通常以规范化理论为指导。具体的优化过程为对关系模式进行分解，实施规范化处理。

（1）关系模式的分解。关系模式的分解就是将具有较低范式的关系分解成两个或多个关系，使所得关系满足更高的范式要求。它有利于减少关系的大小和数据量，节省存储空间。另外，它是实施规范化处理的重要手段。

（2）规范化处理。在数据库设计过程中，关系模式结构必须满足一定的规范化要求，才能确保数据的准确性和可靠性。这些规范化要求被称为规范化形式，即范式。范式按照规范化的级别分为 6 种：第一范式（1NF）、第二范式（2NF）、第三范式（3NF）、BC 范式（BCNF）、第四范式（4NF）和第五范式（5NF）。

在实际的数据库设计过程中，通常需要用到的是前 3 种范式。6 种级别范式之间的关系如图 5-18 所示。

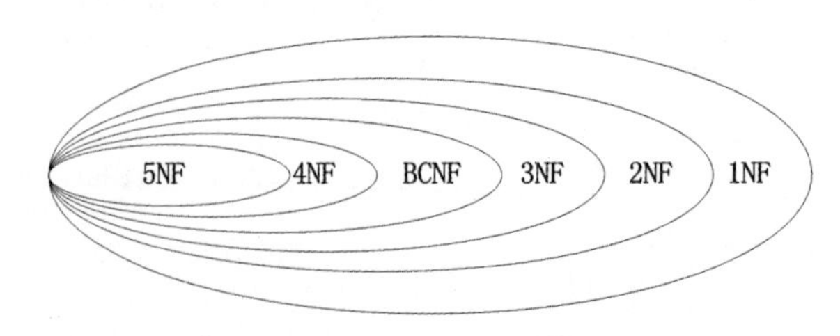

图 5-18　6 种级别范式之间的关系

1）第一范式（1NF）：当且仅当关系 R 的每个属性域都只含原子值时，关系 R 为第一范式。

2）第二范式（2NF）：关系 R 为 1NF，当且仅当它的每个非主属性完全函数相关于主码时，R 为第二范式。

3）第三范式（3NF）：关系 R 为 2NF，当且仅当它的每个非主属性都是非传递相关于主码时，关系 R 为第三范式。

在上例学生成绩管理数据库的关系模型中，通过分析可知，班级关系中，“班级编号”的取值可以决定“系部名称”的取值，而“系部名称”的取值可以决定“系部主任”的取值。也就是说非主属性“系部主任”传递相关于主码“班级编号”，因此不满足第三范式。需要对其进行优化，分解为系部和班级两个关系，经过优化后都满足 3NF 的关系模型，如下：

学生（学号，姓名，性别，族别，出生日期，政治面貌，家庭住址，联系电话，邮政编码，**班级编号**）

班级（班级编号，班级名称，**系部编号**）

系部（系部编号，系部名称，系部主任）

课程（课程编号，课程名称，学分，学时，考核类型）

成绩（**学号**，**课程编号**，成绩）

5.4.4　物理结构设计

数据库在物理设备上的存储结构和存取方式称为物理结构。物理结构设计要结合特定的数据库管理系统，不同的数据库管理系统文件的物理存储方式也是不同的。物理结构设计的具体步骤如下：

（1）确定数据库的物理结构。

（2）对物理结构进行评价，评价的重点为时间效率和空间效率。

如果评价结果满足设计要求则可以进入实施阶段，否则就需要重新设计或修改物理结构，有时甚至要返回到逻辑结构设计阶段修改数据模型。

1. 确定数据库的物理结构

确定数据库的物理结构主要是确定数据的存储结构和存取方法，包括确定表、索引、聚集、日志和备份等的存储安排与存储结构，确定系统存储参数配置。用户在设计表的结构时，应着重注意以下几点：

（1）确定数据表字段及其数据类型。将逻辑结构设计的关系模式转化为特定的存储单位——表。一个关系模式转化为一个表，关系名为表名，关系中的属性转化为表中的列，结合具体的数据库管理系统确定列的数据类型和精度。

（2）确定哪些字段允许空值（NULL）。空值即数值未知，而不是“空白”或 0，这点要切记。比较两个空值是没有任何意义的，因为每个空值都表示未知。如存储学生的“家庭地址”和“联系电话”，在不知道的情况下可以先不输入，这时就需要在设计表时允许这些字段取 NULL，以便以后输入，这样可以保证数据的完整性。

（3）确定主码。主码可唯一确定一行记录，主码可以是单独的字段，也可以是多个字段的组合，但一个数据表中只能有一个主码。

（4）确定是否使用约束、默认值和规则等。约束、默认值和规则等用于保证数据的完整性。例如，在进行数据输入时，只有满足定义的约束和规则时才能成功。在设计表结构时，应明确是否使用约束、默认值和规则等，以及在何处使用它们。

（5）确定是否使用外码。建立数据表间的关系，需要借助主码－外码关系来实现。因此，是否为数据表设置外码也是设计数据表时必须考虑的问题。

（6）是否使用索引。使用索引可以加快数据检索的速度，提高数据库的使用效率，确定在哪些字段上使用索引以及使用什么样的索引是用户必须考虑的问题。创建索引的基本规则如下：

- 在主码和外码上一般都建有索引，这有利于进行主码唯一性检查和完整性约束检查。
- 对经常出现在连接操作条件中的公共属性建立索引，可显著提高连接查询的效率。
- 对于经常作为查询条件的属性，可以考虑在有关字段上建立索引。
- 对于经常作为排序条件的属性，可以考虑在有关字段上建立索引，这样可以加快排序查询。

2. 评价物理结构

数据库物理设计过程中需要对时间效率、空间效率、维护代价和各种用户要求进行权衡，其结果可以产生多种方案，数据库设计人员必须对这些方案进行细致的评价，从中选择一个较优的方案作为数据库的物理结构。

评价物理数据库的方法完全依赖于所选用的数据库管理系统，主要是从定量估算各种方案的存储空间、存取时间和维护代价入手，对估算结果进行权衡、比较，选择出一个较优的、合理的物理结构。如果该结构不符合用户需求，则需要修改设计。

3. 数据库物理结构设计实例

例如，在 Access 中利用上例的逻辑结构设计结果对学生成绩管理数据库进行物理结构设计。

（1）确定数据表的结构。数据表的结构如表 5-1 至表 5-5 所示。

（2）确定物理存储位置。由于学生成绩管理数据库仅有 5 张表，考虑到数据库容量不是很大，将数据库存放到计算机的数据盘上即可。

表 5-1　学生信息表

列名	数据类型	字段大小	是否为空	说明
学号	文本	8	否	主关键字，即主码
姓名	文本	6	否	
性别	文本	1	否	取值为“男”或“女”
族别	文本	4	否	默认值为“汉族”
出生日期	日期 / 时间		是	
政治面貌	文本	4	是	
家庭住址	文本	50	是	
联系电话	文本	15	是	
邮政编码	文本	6	是	
班级编号	文本	8	否	来自“班级表”的外键，即外码

表 5-2　班级表

列名	数据类型	字段大小	是否为空	说明
班级编号	文本	8	否	主关键字
系部编号	文本	2	否	来自“系部表”的外键
班级名称	文本	8	是	取值唯一

表 5-3　系部表

列名	数据类型	字段大小	是否为空	说明
系部编号	文本	2	否	主关键字
系部名称	文本	8	否	取值唯一
系部主任	文本	6	是	

表 5-4　课程信息表

列名	数据类型	字段大小	是否为空	说明
课程编号	文本	4	否	主关键字
课程名称	文本	15	否	
学分	小数（3，1）		是	
学时	整型		是	
考核类型	文本	2	是	取值为“考试”或“考查”

表 5-5　成绩表

<table>
<tr><th>列名</th><th>数据类型</th><th>字段大小</th><th>是否为空</th><th colspan="2">说明</th></tr>
<tr><td>学号</td><td>文本</td><td>8</td><td>否</td><td rowspan="2">组合关键字</td><td>来自“学生信息表”的外键</td></tr>
<tr><td>课程编号</td><td>文本</td><td>4</td><td>否</td><td>来自“课程信息表”的外键</td></tr>
<tr><td>成绩</td><td>小数（4，1）</td><td></td><td>是</td><td colspan="2">取值在 0 ～ 100</td></tr>
</table>

（3）确定索引。学生成绩管理数据库中的索引按照“主键和外键考虑创建索引；经常作为查询条件的属性考虑创建索引”的原则设置，创建如下索引，其中每张表中带下划线的列为创建索引的列：

学生信息表（学号，姓名，性别，族别，出生日期，政治面貌，家庭住址，联系电话，邮政编码，班级编号）

班级表（班级编号，班级名称，系部编号）

系部表（系部编号，系部名称，系部主任）

课程信息表（课程编号，课程名称，学分，学时，考核类型）

成绩表（学号，课程编号，成绩）

5.4.5　数据库的实施与维护

在完成数据库的物理设计之后，接下来进行数据库的实施、运行与维护工作。

1. 数据库的实施

在这一阶段，设计人员用 RDBMS 提供的数据定义语言和其他实用程序将数据库逻辑设计和物理设计结果严格描述出来，成为 DBMS 可以接受的源代码，再经过调试产生目标模式然后就可以组织数据入库了。该阶段主要完成如下工作：

创建 Access 数据表对象

Excel 数据导入 Access 数据库

（1）数据库对象的实现。结合具体的某一 RDBMS，利用数据定义语言创建数据库，建立数据表，定义数据表的约束，创建索引、视图、函数和存储过程等数据库对象。

（2）数据的载入。一般数据库系统中数据量都很大，而且数据来源于部门中的各个不同的单位，数据的组织方式、结构和格式都与新设计的数据库系统有相当的差距。为提高数据输入工作的效率和质量，应该针对具体的应用环境设计一个数据录入子系统，由计算机来完成数据入库的任务。

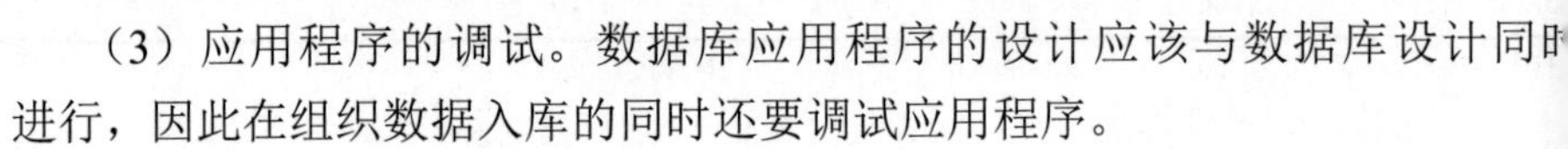

（3）应用程序的调试。数据库应用程序的设计应该与数据库设计同时进行，因此在组织数据入库的同时还要调试应用程序。

（4）数据库的试运行。数据库中输入小部分数据后，就可以开始对数据库系统进行联合调试，这称为数据库的试运行。这一阶段重点开展如下工作：

1）要实际运行数据库应用程序，执行对数据库的各种操作，测试应用程序的功能是否满足设计要求。如果不满足，对应用程序部分则要进行修改、调整，直到达到设计要求为止。

2）要测试系统的性能指标，分析其是否达到设计目标。如果测试的结果与设计目标不符则要返回物理设计阶段，重新调整物理结构，修改系统参数，某些情况下甚至要返回逻辑设计阶段修改逻辑结构。

这里特别要强调以下两点：

- 组织数据入库是十分费时费力的事，如果试运行后修改了数据库的设计，则还需要重新组织数据入库。因此应分期分批地组织数据入库，先输入小批量数据做调试用待试运行基本合格后，再大批量输入数据，逐步增加数据量，逐步完成运行评价。
- 在数据库试运行阶段，由于系统还不稳定，硬件和软件故障随时都可能发生。而系统的操作人员对新系统还不熟悉，误操作也不可避免，因此应先调试运行 DBMS 的恢复功能，做好数据库的转储和恢复工作。一旦故障发生，能使数据库尽快恢复尽量减少对数据库的破坏。

2. 数据库的运行与维护

数据库试运行合格后，数据库开发工作即基本完成，可以投入正式运行了。但是，由于应用环境在不断变化，数据库运行过程中物理存储也会不断变化，因此对数据库设计进行评价、调整、修改等维护工作是一个长期的任务，也是设计工作的延续和提高。

在数据库运行阶段，对数据库经常性的维护工作主要由数据库管理员（DBA）完成，包括

（1）数据库的转储和恢复。数据库的转储和恢复是系统正式运行后最重要的维护工作之一。DBA 要针对不同的应用要求制订不同的转储计划，以保证一旦发生故障能尽快将数据库恢复到某种一致的状态，并尽可能减少对数据库的破坏。

（2）数据库的安全性、完整性控制。在数据库运行过程中，由于应用环境的变化，对安全性的要求也会发生变化，比如有的数据原来是机密的，现在是可以公开查询的了，而新

入的数据又可能是机密的，系统中用户的密级也会改变。这些都需要 DBA 根据实际情况修改原有的安全性控制。同样，数据库的完整性约束条件也会变化，也需要 DBA 不断修正，以满足用户要求。

（3）数据库性能的监督、分析和改造。在数据库运行过程中监督系统运行，对监测数据进行分析，找出改进系统性能的方法是 DBA 的又一重要任务。目前有些 DBMS 产品提供了监测系统性能参数的工具，DBA 可以利用这些工具方便地得到系统运行过程中一系列性能参数的值。DBA 应仔细分析这些数据，判断当前系统运行状况是否是最佳，应当做哪些改进，如调整系统物理参数、对数据库进行重组织或重构造等。

（4）数据库的重组织与重构造。数据库运行一段时间后，由于记录不断增、删、改，会使数据库的物理存储情况变坏，降低了数据的存取效率，数据库性能下降，这时 DBA 就要对数据库进行重组织或部分重组织。DBMS 一般都提供数据重组织用的实用程序。在重组织的过程中，按原设计要求重新安排存储位置、回收垃圾、减少指针链等，提高系统性能。

数据库的重组织并不修改原设计的逻辑结构和物理结构，而数据库的重构造则不同，它需要部分修改数据库的模式和内模式。

由于数据库应用环境发生变化，增加了新的应用或新的实体，取消了某些应用，有的实体与实体间的联系也发生了变化等，使原有的数据库设计不能满足新的需求，需要调整数据库的模式和内模式，即数据库的重构造。当然重构也是有限的，只能做部分修改。如果应用变化太大，重构也无济于事，说明此数据库应用系统的生命周期已经结束，应该设计新的数据库应用系统了。

5.5　SQL 的数据操纵语句

SQL（Structured Query Language）语言自 1974 年由 Boyce 和 Chamberlin 提出至今，已发展成为关系数据库的标准语言。它是一种介于关系代数与关系演算之间的结构化查询语言，其功能集数据定义语言（Data Definition Language，DDL）、数据操纵语言（Data Manipulation Language，DML）、数据控制语言（Data Control Language，DCL）于一体。2016 年 12 月 14 日，ISO/IEC 发布了最新版本的 SQL 语言标准（ISO/IEC 9075：2016）。在这里我们仅介绍使用更为广泛的数据操纵语言（DML）。

5.5.1　SQL 的数据查询

SQL 语言中的数据查询操作由 SELECT 语句完成，SELECT 语句具有强大的查询功能，使用频率最高，被称为 SQL 语言的灵魂。其基本的语法格式为：

```
SELECT[ALL|DISTINCT]select_list
FROM table_source
[WHERE search_condition]
[GROUP BY group_by_expression]
[HAVING search_condition]
[ORDER BY order_expression[ASC|DESC]]
```

其中，[ ] 中的参数表示可以省略，| 表示或者的关系，各参数说明如下：

- ALL 关键字：为默认设置，用于指定查询结果集的所有行，包括重复行。
- DISTINCT：用于删除结果集中重复的行。
- select_list：指明要查询的选择列表。列表可以包括若干个列名或表达式，列名或表达式之间用逗号隔开，用来指示应该返回哪些数据。
- FROM table_source：指定所查询的表或视图的名称。
- WHERE search_condition：指明查询所要满足的条件。
- GROUP BY group_by_expression：根据指定列中的值对结果集进行分组。
- HAVING search_condition：对用 FROM、WHERE 或 GROUP BY 子句创建的中间结果集进行行的筛选。它通常与 GROUP BY 子句一起使用。
- ORDER BY order_expression [ASC |DESC]：对查询结果集中的行重新排序。ASC 和 DESC 关键字分别用于指定按升序或降序排序。如果省略 ASC 或 DESC，则系统默认为升序。

SELECT 语句既可以完成简单的单表查询，也可以完成复杂的连接查询和嵌套查询。下面我们仍以学生成绩管理数据库为例说明 SELECT 语句的各种用法。该数据库中包括 5 个表，具体表结构见表 5-1 至表 5-5。

1. 单表查询

单表查询是指仅涉及一个表的查询。

（1）选择表中的若干列。选择表中的全部列或部分列，这就是投影运算。在很多情况下，用户只对表中的一部分属性列感兴趣，这时可以在 SELECT 子句的 select_list 中指定要查询的属性。

例 5-5　在学生信息表中查询学生的学号、姓名、性别和族别信息。

```
SELECT 学号 , 姓名 , 性别 , 族别 FROM 学生信息表
```

如要查询表中的所有列，有两种方法：一种方法是在 SELECT 子句后列出所有列名；另一种方法是将 select_list 指定为 *。

例 5-6　查询所有的课程信息。

```
SELECT * FROM 课程信息表
```

（2）选择表中的若干元组。选择表中的若干元组，这就是选择运算。用户只把满足指定条件的记录查询显示出来，这需要通过 WHERE 子句来实现。WHERE 子句中常用的查询条件如表 5-6 所示。

表 5-6　WHERE 子句中常用的查询条件

查询条件	运算符	作用与意义
比较	=、!=、<>、>、>=、!>、<、<=、!<	比较两个值的大小
范围	BETWEEN AND、NOT BETWEEN AND	判断值是否在范围内
集合	IN、NOT IN	判断值是否在列表集合中
未知判断	IS NULL、IS NOT NULL	测试字段是否为空值
字符匹配	LIKE、NOT LIKE	用于模糊查询
组合条件	NOT、AND、OR	用来构造多重复合条件

例 5-7　在学生信息表中查询少数民族学生的基本情况。

```
SELECT * FROM 学生信息表 WHERE 族别 <>' 汉族 '
```

例 5-8　查询 1999 年出生的学生的基本信息。

```
SELECT * FROM  学生信息表
WHERE 出生日期 BETWEEN '1999-01-01' AND '1999-12-31'
```

注意：在 Access 中日期型常量应用 # 引起来。

例 5-9　查询课程编号为 002、003、007、014 的课程编号、课程名称、学分和考核类型。

```
SELECT 课程编号 , 课程名称 , 学分 , 考核类型 FROM 课程信息表
WHERE 课程编号 IN('002','003','007','014')
```

例 5-10　检索所有姓刘的学生的基本信息。

```
SELECT * FROM 学生信息表 WHERE 姓名 LIKE ' 刘 %'
```

其中，LIKE 关键字用于查询与指定的某些字符串表达式模糊匹配的数据行。LIKE 后的字符串中可以使用以下通配符。

- %：可以匹配任意长度的字符串。
- _（下划线）：可以匹配任何单个字符。

注意：在 Access 中通配符 % 要换成 *，_ 要换成 ?。

例 5-11　查询系部主任未确定的系部信息。

```
SELECT * FROM 系部表 WHERE 系部主任 IS NULL
```

例 5-12　检索 1998 年 5 月 1 日以后出生的女生的基本信息。

```
SELECT * FROM 学生信息表 WHERE 出生日期 >'1998-05-01' AND 性别 =' 女 '
```

（3）对查询结果分组。在大多数情况下，使用统计函数返回的是所有行数据的统计结果。如果需要按某一列数据的值进行分类，在分类的基础上再进行统计，就需要使用 GROUP BY 子句。

例 5-13　从成绩表中查询每位同学的课程门数、总成绩、平均成绩。

分析：查询每位同学的课程成绩情况实际上就是按照“学号”列分类统计，可使用“GROUP BY 学号”子句，统计课程门数、总成绩、平均成绩分别可以使用聚合函数 COUNT（课程编号）、SUM（成绩）、AVG（成绩）。具体查询语句如下：

```
SELECT 学号 ,COUNT( 课程编号 ) AS ' 课程门数 ',SUM( 成绩 ) AS ' 总成绩 ',
AVG( 成绩 ) AS' 平均成绩 ' FROM 成绩表
GROUP BY 学号
```

SELECT 语句中 GROUP BY 子句的应用

注意：当使用 GROUP BY 子句时，SELECT 子句后的各列或包含在聚合函数中，或包含在 GROUP BY 子句中，否则 SQL Server 将返回错误信息。另外，在 Access 中列别名不加单引号。

SELECT 语句中 HAVING 子句的应用

（4）对分组结果进行筛选。HAVING 子句通常用在 GROUP BY 子句之后，为 GROUP BY 分组的结果设置筛选条件，使满足限定条件的那些组被挑选出来，构成最终的查询结果。

通常，其作用与 WHERE 子句基本一样。但 WHERE 子句是对原始记录进行过滤，HAVING 子句是对查询的结果进行过滤；HAVING 子句中可以使用聚合函数，而 WHERE 子句中不能使用聚合函数。

例 5-14　查询学生民族人数多于 100 的民族和人数。

分析：此例是在统计出各民族学生人数的基础上进一步限定查询条件人数大于等于 100，

可在 GROUP BY 子句后加“COUNT(学号)>=100”子句实现此功能。具体查询语句如下：

```
SELECT 族别 ,COUNT( 学号 ) AS ' 学生人数 ' FROM 学生信息表
GROUP BY 族别
HAVING COUNT( 学号 )>=100
```

（5）对查询结果排序。用户可以用 ORDER BY 子句对查询结果按照一个或多个属性列的升序（ASC）或降序（DESC）排序，默认值为升序。

例 5-15　将学生平均成绩按升序排序。

```
SELECT 学号 ,AVG( 成绩 ) AS' 平均成绩 'FROM 成绩表
GROUP BY 学号
ORDER BY AVG( 成绩 )
```

2. 连接查询

上文中介绍的查询都是针对一个表进行的。若一个查询同时涉及两个以上的表，则称之为连接查询。连接查询是关系数据库中最主要的查询，包括内连接、外连接和交叉连接三大类。其中内连接中的自然连接应用最广，对应于关系运算中的自然连接运算，是我们重点介绍的连接查询。其连接格式有如下两种。

格式一：在 FROM 子句中定义连接。

```
SELECT < 输出列表 >
FROM  < 表 1>INNER JOIN< 表 2>ON < 表 1>.< 列名 >=< 表 2>.< 列名 >
```

格式二：在 WHERE 子句中定义连接。

```
SELECT < 输出列表 >
FROM  < 表 1>,< 表 2>
WHERE< 表 1>.< 列名 >=< 表 2>.< 列名 >
```

从概念上讲，DBMS 执行连接操作的过程是：首先在表 1 中找到第 1 个元组，然后从头开始扫描表 2，逐一查找满足连接条件的元组，找到后就将表 1 中的第 1 个元组与该元组拼接起来，形成结果表中的一个元组。表 2 全部查找完后，再找表 1 中的第 2 个元组，然后从头开始扫描表 2，逐一查找满足连接条件的元组，找到后就将表 1 中的第 2 个元组与该元组拼接起来，形成结果表中的一个元组。重复上述操作，直到表 1 中的全部元组都处理完毕为止。

例 5-16　查询陈新同学的成绩信息，要求显示其学号、姓名、课程名称、学分和成绩信息。

分析：有关学生的学号、姓名存放在学生信息表中，课程名称和学分信息存放在课程信息表中，成绩存放在成绩表中，本查询涉及 3 张表，所以利用表的连接技术。首先连接学生信息表和成绩表，它们有共同的属性“学号”；然后用新表与课程信息表连接，共同的属性为“课程编号”。具体查询语句如下：

```
SELECT 学生信息表 . 学号 , 姓名 , 课程名称 , 学分 , 成绩
FROM 学生信息表 INNER JOIN 成绩表 ON 学生信息表 . 学号 = 成绩表 . 学号
INNER JOIN 课程信息表 ON 成绩表 . 课程编号 = 课程信息表 . 课程编号
WHERE 姓名 =' 陈新 '
```

注意：在 Access 中，前一个内连接应当用小括号括起来。

自然连接查询的应用

本例的查询语句也可以写成如下形式：

```
SELECT 学生信息表 . 学号 , 姓名 , 课程名称 , 学分 , 成绩
FROM 学生信息表 , 成绩表 , 课程信息表
WHERE 学生信息表 . 学号 = 成绩表 . 学号 AND 成绩表 . 课程编号 = 课程信息表 . 课程编号
AND 姓名 =' 陈新 '
```

在 SELECT 子句的查询列表中，由于“学号”字段在学生信息表和成绩表中均有，所以此处必须指明是哪个表中的“学号”，前面加表名作前缀。

5.5.2 SQL 的数据更新

SQL 中的数据更新包括插入数据（INSERT）、修改数据（UPDATE）和删除数据（DELETE）三条语句。

1. 插入数据

SQL 的数据插入语句 INSERT 通常有两种形式：一种是插入一个元组，另一种是插入子查询的结果。后者可以一次插入多个元组。

（1）插入单个元组。插入单个元组的 INSERT 语句的语法格式为：

```
INSERT [INTO] 表名 [(column_list)]
VALUES ( { DEFAULT |NULL |expression }[,...n] )
```

其中，各参数说明如下：

- column_list：指定要插入数据的列，列名之间用逗号隔开。
- DEFAULT：表示使用为此列指定的默认值。
- expression：指定一个具有数据值的变量或表达式。

如果表名后没有指明任何列名，则新插入的记录必须在每个属性列上均有值。

例 5-17 向“学生信息表”中插入一条记录：学号为 000014，姓名为“陈欣”，性别为“女”，族别为“汉族”，班级编号为 20191001。

```
INSERT 学生信息表 ( 学号 , 姓名 , 性别 , 族别 , 班级编号 )
VALUES('000014',' 陈欣 ',' 女 ', ' 汉族 ','20191001')
```

注意：在 Access 中，系统保留字 INTO 不能省略。

（2）插入子查询结果。子查询可以嵌套在 INSERT 语句中，用以生成要插入的批量数据。其语法格式为：

```
INSERT [INTO] 表名 [(column_list)]
SELECT column_list FROM table_list WHERE search_condition
```

例 5-18 假设已在数据库中新建了一个“信息系班级表”，且表结构与“班级表”相同，把“班级表”中信息系的所有班级记录存入“信息系班级表”中。

```
INSERT 信息系班级表
SELECT 班级表 .* FROM 班级表 INNER JOIN 系部表
ON 班级表 . 系部编号 = 系部表 . 系部编号
WHERE 系部名称 =' 信息系 '
```

INSERT 语句的应用

2. 修改数据

修改表中的数据可以使用 UPDATE 语句来实现，其语法格式如下：

```
UPDATE 表名
SET column_name=value [,…]
   [WHERE condition ]
```

其中，参数说明如下：

- column_name：指定修改的列名。
- value：指出要更新表的列应取的值。有效值可以是表达式、列名和变量。

- WHERE condition：指定修改行的条件。

例 5-19 把“班级表”中班级编号为 20191001 的班级名称改为“19 软件 01”。

```
UPDATE 班级表
SET 班级名称 ='19 软件 01'
WHERE 班级编号 ='20191001'
```

3．删除数据

从表中删除数据时可以用 DELETE 语句来实现，其语法格式如下：

```
DELETE [FROM] 表名
[WHERE condition]
```

其中，condition 指定删除行的条件。

例 5-20 删除“班级表”中班级名称为“19 软件 01”的记录。

```
DELETE 班级表
WHERE 班级名称 ='19 软件 01'
```

注意：在 Access 中，系统保留字 FROM 不能省略。

本章习题

一、判断题

1．在数据管理技术的发展过程中，数据独立性最高的是文件系统阶段。（ ）

2．数据库管理系统是长期存储在计算机内有结构的、大量的共享数据集合。（ ）

3．数据库系统其实就是一个应用软件。（ ）

4．关系模型中数据的逻辑结构是一张二维表。（ ）

5．元组是在现实世界中客观存在并能相互区别的事物。（ ）

6．关系模型不能表示实体之间多对多的关系。（ ）

7．投影运算是对关系中的元组从行的角度进行的运算。（ ）

8．为确保数据的准确性和可靠性使用范式对关系模式结构进行规范化处理。（ ）

二、单选题

1．数据库 DB、数据库系统 DBS、数据库管理系统 DBMS 三者之间的关系是（ ）。

A．DBS 包括 DB 和 DBMS　　B．DBMS 包括 DB 和 DBS

C．DB 包括 DBS 和 DBMS　　D．DBS 就是 DB，也就是 DBMS

2．下面所列举的软件中（ ）不属于数据库设计软件。

A．Oracle　　B．Access

C．MySQL　　D．Visual Basic

3．用二维表来表示实体及实体之间联系的数据模型是（ ）。

A．实体一联系模型　　B．层次模型

C．网状模型　　D．关系模型

4．Access 的数据库类型是（ ）。

A．关系数据库　　B．网状数据库
C．层次数据库　　D．面向对象数据库

5．下列不是关系模型术语的是（　　）。

A．元组　　B．属性　　C．变量　　D．域

6．在数据库中能够唯一地标识出一个元组的属性或属性的组合称为（　　）。

A．记录　　B．码　　C．域　　D．字段

7．关系数据库中的任何检索操作都是由 3 种基本运算组合而成的，这 3 种基本运算不包括（　　）。

A．关系　　B．连接　　C．选择　　D．投影

8．在数据库设计的（　　）阶段用 E-R 图来描述信息结构。

A．需求分析　　B．概念结构设计
C．逻辑结构设计　　D．物理结构设计

9．实体型学生与任课老师之间具有（　　）联系。

A．一对一　　B．多对多　　C．一对多　　D．多对一

10．在下列关于数据库系统的叙述中，正确的是（　　）。

A．数据库中只存在数据项之间的联系
B．数据库的数据项之间和记录之间都存在联系
C．数据库的数据项之间无联系，记录之间存在联系
D．数据库的数据项之间和记录之间都不存在联系

11．下列不属于数据库实施阶段任务的是（　　）。

A．数据表结构的设计　　B．数据表的创建
C．数据的载入　　D．数据库的试运行

12．语句“SELECT * FROM 学生信息表”中，“*”号表示（　　）。

A．一个字段　　B．全部字段
C．一条记录　　D．全部记录

13．SELECT 语句中“GROUP BY 学号”表示（　　）。

A．修改学号　　B．过滤学号
C．对学号排序　　D．对学号分组

14．SELECT 语句中根据“成绩”字段排序需要使用（　　）子句。

A．WHERE　　B．FROM
C．HAVING　　D．ORDER BY

15．下列 SELECT 命令正确的（　　）。

A．SELECT * FROM 学生信息表 WHERE 姓名 = 张三
B．SELECT * FROM '学生信息表' WHERE 姓名 = 张三
C．SELECT * FROM 学生信息表 WHERE 姓名 = '张三'
D．SELECT * FROM '学生信息表' WHERE 姓名 = '张三'

三、简答题

1．试述关系模型的 3 个组成部分。

2．简述候选码、主码、外码之间的联系与区别。

3．试述等值连接与自然连接的区别与联系。

4．试述数据库设计过程中各个阶段的主要任务。

5．简述数据库概念结构设计阶段常用的方法。

6．简述 E-R 图到关系模型的转化方法。

第6章　程序设计

计算机的工作过程实质上就是执行程序的过程，而执行程序的过程就是对指令进行逐条执行的过程。没有程序，计算机将无法进行工作。计算机的程序都是通过程序设计语言来实现的。计算机程序可以解决很多实际问题，但计算机作为一个电子产品，本身不能解决任何实际问题，必须是由人来给出解决这些问题的算法步骤，并将其转化成为对应的计算机程序，通过计算机的执行来解决这些问题。因此，算法是计算机程序设计的基础。本章首先介绍程序、程序设计语言及程序设计方法的基础知识，然后对算法和算法描述工具进行详细介绍，最后介绍几种常见算法的设计方法。本章中，算法程序设计语言基本概念、算法基本元素及特征和算法描述工具是重点内容，程序的3种基本控制语句、流程图表示法和伪代码表示法是教学难点。

知识目标

- 了解程序和程序设计语言的基本概念。
- 理解程序设计的两种思想。
- 理解算法基本元素和特征的含义。
- 了解常见算法的描述方法。
- 了解常见算法的设计方法。

能力目标

- 掌握程序的3种基本控制语句。
- 掌握算法的表示方法。
- 掌握用流程图或伪代码来描述一般算法的方法。
- 掌握通过常见算法解决简单问题的方法。

6.1　程序和程序设计语言概述

程序可以指挥计算机进行复杂的工作，计算机中所有的工作其实就是执行相应程序的过程。程序是一组计算机能识别和执行的指令，运行于电子计算机上，用于解决某个具体的问题。

利用计算机来解决某个问题，关键是如何根据问题求解的需求设计出实现目标的程序，这一设计过程称为程序设计。程序设计往往以某种程序设计语言为工具。程序设计过程应当包括分析、设计、编码、测试、运行等不同阶段。专业的程序设计人员被称为程序员。

要编写程序，就必须使用程序设计语言，按照程序设计语言的语法写出语句的集合，这些语句的集合就构成了程序。在计算机发展的过程中先后出现了机器语言、汇编语言和高级语言 3 种程序设计语言。机器语言是一种以二进制代码指令表达的计算机语言，能够被计算机直接识别并执行，汇编语言则是采用符号来代替机器语言的二进制代码。机器语言和汇编语言比较烦琐，表达方式不适合人类的思维习惯，一般普通人不能轻易掌握。因此，目前大部分的应用程序开发使用的都是高级语言。

高级语言使用比机器语言和汇编语言更接近于人类思维的语法，能适用于不同的计算机，与具体的机器无关。使用高级语言来编写程序，可以使程序员将精力集中在寻找解决问题的方法上，而不是计算机本身的复杂结构上，同时又摆脱了机器语言和汇编语言的烦琐细节。但高级语言编写的源代码并不能直接被机器识别和执行，必须被转化成机器语言。高级语言程序是通过一个翻译程序（编译器）将其转化成机器语言，或者通过一个解释程序（解释器）来执行。

高级程序设计语言的种类非常多，语法表达方式也不一样，但语法结构大致相同。目前使用最为广泛的高级程序设计语言分为面向对象语言和过程化语言两种。面向对象语言一般也支持过程化编程，其许多单元基本上也是由简单的过程化语言构成。因此，过程化语言是高级程序设计语言共有的特性。通过过程化语言的学习可以了解程序设计语言的基本概念。

6.1.1 标识符

高级程序设计语言都具有标识符，标识符主要用来给程序中程序员自定义的数据和其他对象命名，如变量名、函数名等。标识符和一个地址相关联，程序员通过使用标识符来对数据进行操作，避免了使用地址的烦琐。

不同的程序设计语言对标识符的规定会有不同，任何标识符都不应与系统的保留字或关键字相同，以免造成混乱。大多数的程序设计语言都允许使用字母和数字组合的字符串来形成标识符，一般会要求首字符必须是字母，而且标识符的长度有限制。有些程序设计语言的标识符还允许采用专用字符。

6.1.2 变量与数据类型

程序语言中的变量是用来保存数值的，在程序运行过程中，其值可以发生变化。每一个变量都有一个特定的数据类型。不同数据类型的变量所占用的存储空间不同，其取值范围是不同的，能够进行的操作也是不同的。程序语言一般都会提供多种不同的数据类型，以满足程序设计的要求。

1. 变量

在高级语言中，变量都具有变量名，变量名也是标识符的一种。给变量命名时应当遵循标识符的要求，应做到见名知义，不应当使用 abc、a123 之类命名。变量名代替变量的存储地址，使得程序员可以直接使用变量名而不是地址来使用变量，极大地提高了程序的可读性。在程序的执行过程中，改变了某个变量的值，就意味着改变了某个地址中的值。

2. 数据类型

数据类型决定了数据占用的存储空间、可执行的操作和数据的取值范围。所有的程序设计语言都会提供整型、浮点型和字符型等基本数据类型，在基本数据类型的基础上可以形成复杂的数据类型。

对大部分高级程序设计语言而言，任何变量在使用前都必须为其指定数据类型，以确定这些变量的取值范围和允许的操作。也有部分高级程序设计语言在使用变量前无须指定变量的数据类型，而是在变量赋值时依据所赋的具体值由系统自动决定其数据类型。

将变量指定为某种数据类型的语句称为变量声明语句。

6.1.3　表达式与赋值语句

程序设计语言中的表达式由一系列操作数和运算符组合构成，表达式的结果为一个具体的值。通常操作数是由变量或表达式的结果来表示的。运算符是由程序语言规定的，代表特定的含义。大部分语言都具有以下 4 种运算符：

（1）算术运算符。用于完成加减乘除等算术运算，其结果将被赋给某个变量。

（2）关系运算符。用于完成等于、大于、小于等关系运算，关系运算的结果只有两个：真（True）和假（False）。

（3）逻辑运算符。用于完成与、或、非等逻辑运算，逻辑运算的结果也只有两个：真（True）和假（False）。

（4）赋值运算符。用于更改变量的值，一般情况下是用表达式的结果替换变量原来的值。

关系运算符和逻辑运算符主要用于比较和判断，赋值运算符主要用于把变量或表达式的结果赋给另一个变量。

常用程序设计语言的运算符如表 6-1 所示。

表 6-1　常用程序设计语言的运算符

种类	表示
算术运算符	+、–、*（乘）、/（除）、% 或 mod（模）、^（乘方）
关系运算符	<、<=、>、>=、==（等于）、!=（不等于）
逻辑运算符	! 或 NOT（非）、&& 或 AND（与）、|| 或 OR（或）
赋值运算符	= 或 :=

6.1.4　控制语句

Reptor 简介

任何简单或复杂的程序均可以由顺序结构、选择结构、循环结构这 3 种基本结构组合而成。高级程序设计语言中设置相应的控制语句来完成相关控制工作。控制语句是一种可以改变程序中语句执行顺序的语句。程序的控制语句主要有顺序语句、分支语句和循环语句，这些语句的表述随着语言的不同会略有不同，但控制语句的算法是一致的。在复杂的程序中，往往需要 3 种控制结构嵌套使用。

1. *顺序结构*

顺序结构是按照语句的先后顺序一条一条执行的，每个语句能且仅能执行一次，只能解决一些较为简单的问题。在图 6-1 中，程序将首先执行处理框 A 中的语句，然后执行处理框 B 中的语句。

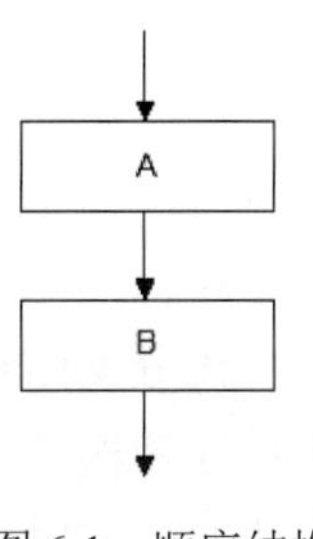

图 6-1　顺序结构

2. 分支结构

分支结构依据判断语句的真假来决定程序的走向。判断语句由关系表达式或逻辑表达式构成。分支结构可以分为单分支结构、双分支结构和多分支结构 3 种，其流程图如图 6-2 所示。

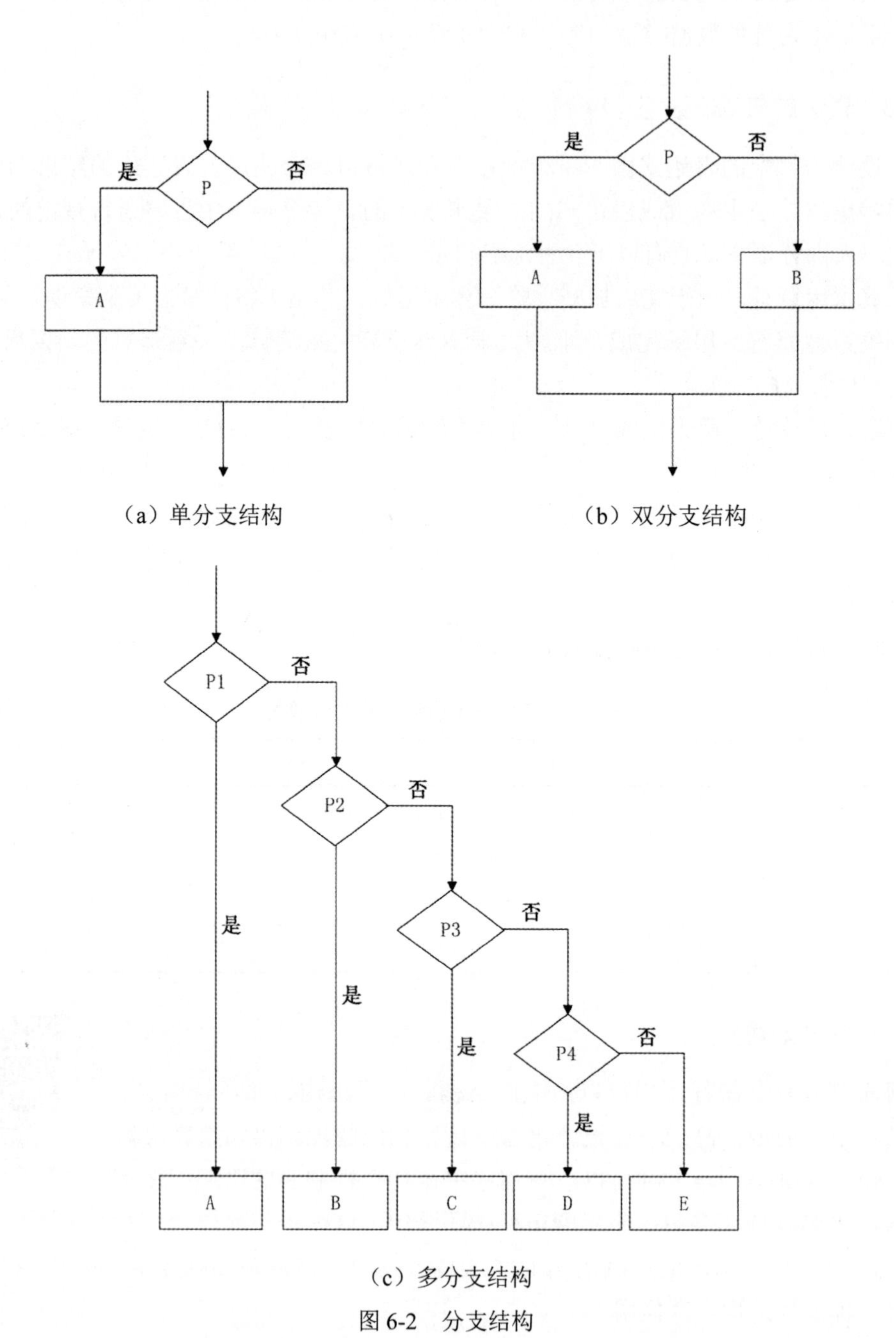

（a）单分支结构 （b）双分支结构

（c）多分支结构

图 6-2 分支结构

在分支结构中，有一个判断框 P 代表判断条件。如果是单分支结构，当条件 P 成立时，执行处理框 A 中的语句，否则将不做任何处理，如图 6-2（a）所示。如果为双分支结构，当条件 P 成立时，执行处理框 A 中的语句，否则执行处理框 B 中的语句，如图 6-2（b）所示。

当分支语句进行嵌套时即形成多分支结构，如图 6-2（c）所示，但超过三重嵌套后语句结构变得非常复杂，对程序的阅读和理解都极为不利。

3. 循环结构

循环结构就是控制程序循环执行某些语句，直到特定的条件出现而终止循环。循环执行的语句被称为循环体。

循环结构分为当型循环和直到型循环两种。当型循环是先判断条件，当满足条件时执行循环体；条件不满足时则退出循环体。直到型循环是先执行循环体，然后判断循环条件，当条件满足时退出循环，若条件不满足则继续执行循环体。

图 6-3（a）所示为当型循环。当条件 P 满足时，反复执行处理框 A 中的语句。一旦条件 P 不满足时就不再执行处理框 A 中的语句，而是执行它下面的操作。如果开始时条件 P 就不满足，则处理框 A 中的语句一次也不执行。

图 6-3（b）所示为直到型循环。先执行处理框 A 中的语句，然后判断条件 P 是否满足，如果条件 P 不满足，则反复执行处理框 A 中的语句，直到某一时刻条件 P 满足则停止循环，执行后面的操作。在直到型循环中，不论条件 P 是否满足，都至少执行处理框 A 中的语句一次。

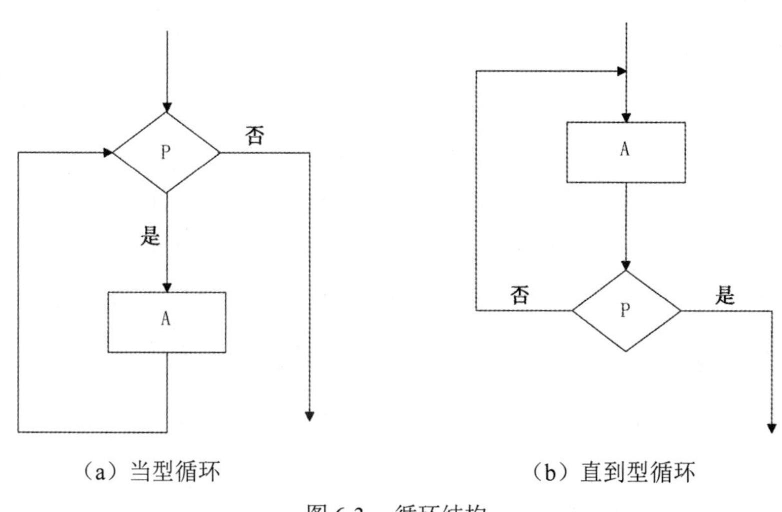

（a）当型循环　　（b）直到型循环

图 6-3　循环结构

6.1.5　程序单元

为解决复杂问题，一个大的问题往往会被分解为若干小的问题，每个小的问题独立完成特定的功能。在程序设计过程中，这些小的问题用计算机指令语句组成了相应的程序单元，这种具有独立功能的程序单元称为函数。函数和函数之间可以相互调用，在调用时，函数可以向调用它的函数传回一个值作为计算结果，也可以不用返回值。函数在某些程序设计语言中也被称为过程，但一般来说过程是不需要返回值的。

函数和通常意义上的程序非常相像，其本质就是一个程序段。函数也是由一些计算机指令构成的，这些指令语句可以使用顺序结构、分支结构或循环结构，它们作为一个整体程序单元供其他程序单元使用，来完成所要解决的问题。在高级程序设计语言中，每一个函数都具有一个名字，称之为函数名，函数名的命名规则与标识符的命名规则是相同的。

在实现函数的过程中需要使用一些通用数据，这些数据只有在函数被调用时才能够被确定，我们把函数中出现的这些通用数据称为参数。出现在函数中的参数称为形参，调用函数时传递给形参的数据称为实参。形参实际上是函数的变量，但这些变量只有在函数被执行时才被赋值。

通常，在设计函数时需要在函数名后的括号中列出所有的形参。要完成函数调用，可以通过函数名来实现，实参也是在函数名后的括号中列出；当不止一个参数时，实参要严格按照形参的数据类型和前后顺序进行数据传递。

6.1.6 注释

注释语句是使用自然语言来解释程序中语句的作用或程序的功能的。注释语句是为了帮助程序设计人员更好地理解的，而不是供编译程序或解释程序使用的。注释语句的有无和好坏并不会影响程序的执行。

6.2 程序设计方法

程序设计是利用计算机解决特定问题而进行的一种智力活动，是利用程序设计语言构造软件活动中的重要组成部分。程序设计往往是以某种程序设计语言为工具，通过采用相应的程序设计方法给出基于这种语言的程序。

自计算机诞生以来，伴随着计算机硬件性能的不断提高，软件系统规模不断扩大，编程语言经历了从低级语言到高级语言的转变。程序设计方法也从最初的面向计算机的程序设计逐渐发展为结构化程序设计和面向对象程序设计。

6.2.1 结构化程序设计

20世纪60年代，计算机硬件性能大幅提高，计算机应用范围迅速扩大，软件开发急剧增长。这一时期软件开发过程中出现了许多问题，人们开始研究程序设计方法。结构化程序设计的概念就是在这一时期产生的。结构化程序设计方法引入了工程思想和结构化思想，使得大型软件的开发和编程都得到了极大改善。结构化程序设计方法是以过程为中心的，因此结构化程序设计方法又被称为面向过程的程序设计方法。广为流行的C语言就是一种典型的面向过程的结构化程序设计语言。

结构化程序设计的主要原则可以概括为自顶向下、逐步求精、模块化及限制使用goto语句，各个模块通过“顺序、选择、循环”的控制结构进行连接，并且只有一个入口和一个出口。

（1）自顶向下。程序设计时应先考虑软件的总体架构，然后考虑细节；先考虑全局目标，后考虑局部目标；不要一开始就过多地追求众多细节，先从最上层总目标开始设计，再逐步使问题具体化。

（2）逐步求精。对复杂问题应设计一些子目标作为过渡，再逐步细化。

（3）模块化。一个复杂问题肯定是由若干稍简单的问题构成的。模块化是把程序要解决的总目标分解为分目标，再进一步分解为具体的小目标，把每个小目标称为一个模块。

（4）限制使用 goto 语句。结构化程序设计中往往使用 goto 语句。goto 语句是一个无条件转移语句，可以灵活跳转到同一程序单元中标记的语句处执行。goto 语句可以使得程序流程更加灵活，而且在某些情况下能提高程序的效率。但滥用 goto 语句会使得程序难以理解、难以查错，甚至造成程序错误，应限制使用。

结构化的程序可以使程序设计过程整体思路清楚，目标明确，设计工作的阶段性比较强，有利于系统开发的整体管理和控制，但是它也存在一些缺点。

在结构化的程序中，随着程序规模的增加，很难一下子看出模块之间存在什么样的关系，程序逐渐难以理解。当某项数据的值不正确时，很难找出到底是哪个模块导致的，因而使程序的查错和维护变得困难。

结构化程序设计中，模块和模块之间相互关联。当要修改其中某一模块时，必须要去修改与之相关联的所有模块。因此结构化程序不利于修改和扩展功能。

在编写某个程序时，常常会发现其需要的某项功能在现有的某个程序中已经有了相同或类似的实现，因而自然希望能够将那部分源代码抽取出来在新程序中使用，这就是代码的重用。但是在结构化程序设计中，随着程序规模的扩大，大量模块之间的关系错综复杂，要抽取可重用的代码往往变得十分困难。因此，其代码的可重用性较差。

面向过程的结构化设计今天依然被普遍使用，其在小型控制系统和嵌入式开发中仍然具有优势。在面向对象的程序设计中，功能模块的编写仍然体现了结构化程序设计的思想。

6.2.2　面向对象程序设计

20 世纪 80 年代后，软件的规模进一步扩大，这使得面向对象程序设计逐渐成为一种主导思想。面向对象程序设计方法采用客观世界描述方式，以类和对象作为程序设计的基础，将数据和操作紧密地联系在一起，通过对封装、继承、多态等特性的应用，大大降低了程序开发的复杂性，提高了软件开发的可重用性和开发效率。目前主流的编程语言如 C++ 和 Java 均为面向对象的程序设计语言。

面向对象程序设计方法与结构化程序设计方法完全不同，使用面向对象程序设计语言进行程序设计之前有必要先了解一些面向对象的概念。

面向对象的系统包含了对象、类和继承 3 个要素。这 3 个要素反映了面向对象的传统概念，一个面向对象的语言应该支持这 3 个要素。首先要了解对象的概念，对象是现实世界中的一个实体，是由描述该对象属性的数据以及可以对这些数据施加的操作封装在一起的，满足这一点的语言被认为是基于对象的语言。其次，应该支持类的概念和特征，类是属性和操作的抽象实现，并不含有具体的值，当对类进行实例化得到对象时才具体赋值。支持对象和类的语言被认为是基于类的语言。最后，应该支持继承，已存在的类应具有建立子类的能力，进而建立类的层次。支持上述 3 个要素的语言被认为是面向对象的语言。

1. 对象

什么是对象？这是每一个学习面向对象方法的人遇到的第一个问题。在面向对象程序设计中认为现实世界的任何一个实体都是对象。例如学校中每一个具体的同学都是一个对象。

每个对象都有自己的属性和方法，属性用来描述对象的静态特征，如每个同学的姓名、性别、在校状态等属性可以使用变量来表示；方法描述的是对象的行为以及能对对象进行的操作，如每个同学可以请假、参加社团等，方法可以用函数表示。方法可以对属性进行操作，如请假方法可以去修改学生的在校状态属性。

2. 类

面向对象的方法模拟了人类认识问题的分类过程。在面向对象的方法中可以将同一类对象的特点抽象出来形成类，类是指包含所创建对象的属性和方法的定义，是创建对象的模板。类是抽象的模板，类中没有具体的值。例如学校中所有学生的特点抽象出来就形成了学生类。

由一个特定的类所创建的对象被称为这个类的实例，因此，类是对象的抽象描述，它是具有共同行为的若干对象的同一描述体。类中要包含生成对象的具体方法。同时，类是抽象数据类型的实现，一个类的所有对象都具有相同的数据结构，并且共享相同的实现操作的代码，而各个对象都有着各自不同的状态，即私有的存储。

3. 封装

封装是一种将数据和对数据可执行的操作隐藏在对象内的思想，其将数据和对该数据进行合法操作的方法封装在一起作为一个类的定义。正常情况下，对象不能直接访问数据而必须通过接口来访问。接口是一种对象可执行操作的集合，也就是说，对象知道要对数据做什么，却不知道怎么做。

4. 继承

继承是指一个对象可以从另一个对象那里继承一些特性，当一个类定义好之后，可以通过继承的方式定义更多的新类，这些新类称为派生类，被继承的类称为父类。这些新类继承了父类中的一些属性和操作，同时又可以增加一些新的属性和操作，这样程序代码得到了重用。程序员也可以更好地利用已有的资源，开发出统一、标准的程序。

5. 多态

多态的本意为“多种形态”，在程序设计中，借用多态这个词来表达程序设计的一种概念，简而言之就是可以在一个类的继承体系中，不同的类允许有相同名字的操作或方法，但这些操作或方法在收到不同对象的消息后可以完成不同的功能。多态增强了软件的灵活性和可重用性。

面向对象的程序设计方法可以很好地解决结构化程序设计方法的缺陷，具有良好的稳定性和方便的可重用性，被广泛用于大型软件系统中，是目前主流的程序设计方法。但需要特别指出的是面向对象的程序设计方法也离不开结构化的程序设计思想，编写一个类内部的代码时还是要用结构化的设计方法。

6.3 算法概述

算法并不仅是存在于计算机领域，在我们的学习、工作和日常生活中也要处处用到算法，如各种实验的步骤、各种菜肴的烧制流程、使用地图来寻找最佳出行路线等。这些工作的共同特点是要按照一定的方法和步骤才能实现。计算机本身只是电子产品，并不像人一样具备思考能力。因此，要使计算机通过执行一系列的指令来正确地完成某个任务，必须要有明确的方法和步骤来让计算机明白如何去做。

6.3.1　基本概念

用计算机程序设计语言来描述某个问题的求解方法和步骤，就是程序；而如果不考虑具体的计算机语言，仅针对问题本身描述问题的求解方法和步骤，就是算法。有了算法，再用计算机语言将其转化为程序，就可以用计算机进行问题的求解。

算法在词典中被定义为“解决某种问题的任何专门的方法”。但计算机中所使用的算法和日常生活中的算法还是有所不同的，日常生活中的算法一般并不要求非常精确地描述，而计算机中的算法必须是精确描述的。因此，计算机中的算法可以定义为：完成一个任务所需的一系列步骤，且这些步骤需要被足够精确地描述，以使得计算机能够运行它。通俗地讲，算法规定了任务执行及问题求解的一系列步骤。

算法是程序设计的灵魂，程序设计的关键在于算法。一个好的算法可以高效、正确地解决问题；有的算法虽然同样可以正确地解决问题，但却要耗费更多的成本；而若算法设计有误的话，甚至都不能顺利地解决问题。

6.3.2　算法的基本元素及特征

一个算法通常由两个基本要素组成：一是数据对象及其运算和操作，数据对象使用变量来进行表示，数据对象的运算和操作则使用各种运算符和表达式来完成；二是算法的控制结构，算法的控制结构依然使用顺序结构、分支结构和循环结构 3 种基本结构，其决定了算法各操作之间的执行顺序。

算法是计算机求解问题的关键，是解决问题的一系列方法步骤的有穷集合。算法有一个明确的起点，每一个步骤只能有一个确定的后续步骤，并且这一系列步骤必须有一个终点，表示问题求解的结果。因此，一个算法应具备以下 5 个重要特征：

（1）输入。一个算法要有 0 个或多个输入，用以描述算法的初始状态，0 个输入表示算法本身已经给出了初始条件。例如，求解 1 ～ 100 的累加和就无需输入，而求解 n! 则需要输入 n 的值。

（2）输出。一个算法必须有一个或多个输出，用于反映算法计算的结果，没有任何输出的程序是没有意义的。

（3）确定性。算法对每一个步骤的描述必须是确切无歧义的，这样才能确保算法的实际执行结果精确地符合要求或期望。

（4）有穷性。算法在执行有穷步之后必须结束，即算法的执行步骤是有限的，而且每一步的执行时间是可容忍的。

（5）可行性。算法中执行的任何计算步骤都可以被分解为基本的可执行的操作步骤，即每个计算步骤都可以在有限时间内完成。算法的可行性要求算法的执行时间必须合理，如果一个算法要执行千万年才能得到结果，那么也就失去了实际价值。

解决同一个问题可以有不同的算法，虽然这些算法都能正确地解决问题，但它们之间存在好坏之分，一个好的算法应当执行速度快、执行时间少、占用存储空间少。一个算法的好坏可以使用执行算法所需时间和空间的估计量来进行衡量，也就是算法复杂度。算法复杂度包括时间复杂度和空间复杂度，时间复杂度关心的是算法中指令执行的次数而不是具体的多长时间，空间复杂度则关心的是算法执行时所占用的存储空间。

计算机中的算法不但可以用于数值计算，还大量用于字符、声音、图像等非数值计算，所有的计算机问题最终都体现为算法。算法是学习计算机知识必须掌握的内容。

6.4 算法描述工具

任何算法只有明确地被描述出来，才可以去解决问题。同时算法描述代表了人们解决问题的思路和方法。因此，算法必须要有合适的载体与描述方法，才能够清晰地记录和表示出来。这不仅有利于编程者之间相互交流算法设计思路，而且有利于算法后期的改进和优化。常见的算法描述方式有自然语言表示法、流程图表示法、伪代码表示法。

6.4.1 自然语言表示法

自然语言是指人们日常使用的语言，可以是汉语、英语或其他语言。用自然语言将算法步骤表达出来被称为自然语言表示法。例如要判断一个年份是否为闰年，可用如下算法：

第一步，用该年数值除以 4，若能整除则继续第二步，否则输出该年不是闰年，算法结束。

第二步，用该年数值除以 100，若能整除则继续第三步，否则输出该年是闰年，算法结束。

第三步，用该年数值除以 400，若能整除则输出该年是闰年，算法结束，否则输出该年不是闰年，算法结束。

使用自然语言表示算法通俗易懂、简单明了，人们容易掌握。但自然语言表示法只适合于逻辑结构简单、按顺序先后执行的问题。此类算法一般比较简单，只需要按照问题的解决顺序来表述即可。使用自然语言描述算法要求算法设计人员必须对算法有非常清晰、准确的了解，而且具有较好的语言文字表达能力。否则，用自然语言来描述复杂问题时会难以表达，甚至容易产生歧义。

例如，当算法中含有多种分支或循环操作时，自然语言就很难表述清楚。语言中的语气和停顿的不同也容易产生一些歧义，对“乒乓球拍卖完了”这句话，我们既可以理解为“乒乓球已经拍卖完了”，又可以理解为“乒乓球拍已经卖完了”。因为每一个人都有自己的语言风格，相同的算法可能会出现不同的算法描述；另外，用自然语言表达的算法不便于相互比较、评判、改进、提高，同时也不便于交流。除非问题很简单，一般都不采用自然语言来描述算法。

6.4.2 流程图表示法

流程图是一种采用几何图形框、流程线及简要文字说明来表示算法的有力工具。其中几何图形框代表各种不同性质的操作，流程线表示算法的执行顺序，文字用来说明算法各组成部分的功能。

目前，最常用的流程图符号是采用 ANSI（美国国家标准化协会）所规定的流程图符号。流程图可以很方便地表示顺序、分支和循环结构的程序或算法。另外，用流程图表达的算法不依赖于任何具体的计算机和计算机语言，从而有利于不同环境的程序设计。

ANSI 所规定的流程图符号如表 6-2 所示。

判断是否是闰年的算法流程图如图 6-4 所示。

表 6-2　流程图常用符号

符号	名称	功能
	起止框	表示算法的起始和结束，有时为了简化流程图也可省略
	输入 / 输出框	表示算法的输入和输出信息
	判断框	判断条件是否成立，成立时在出口标明“是”或“Yes”，不成立时标明“否”或“No”
	处理框	赋值、计算。算法中处理数据需要的算式、公式等分别写在不同的用于处理数据的处理框内
	流程线	连接程序框，带有控制方向
	连接点	连接程序框的两部分

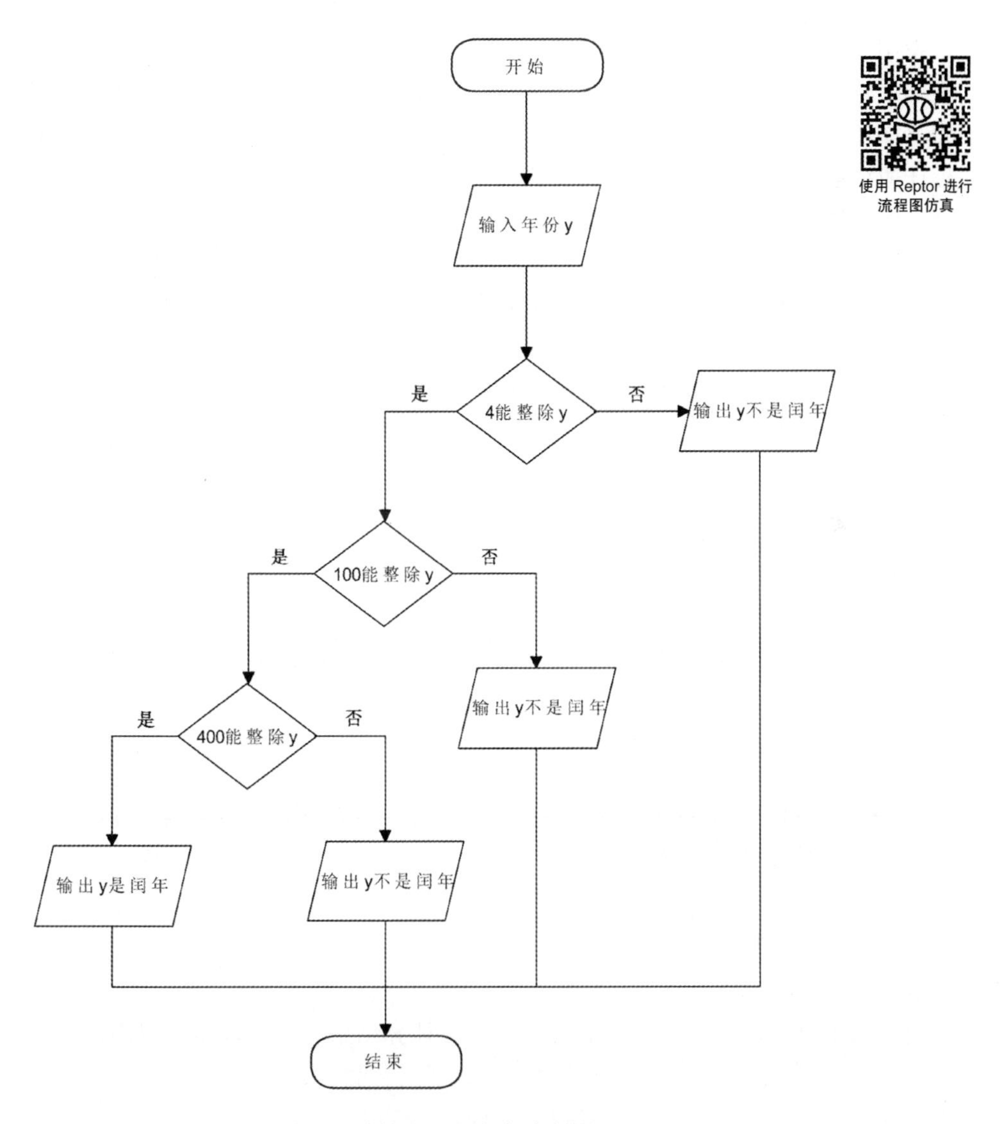

图 6-4　判断是否是闰年流程图

从图 6-4 中不难发现，流程图作为一种直观的图形化方式，能够准确、形象地表示算法的逻辑关系和执行流程，虽然它也存在随意性强、结构化不明显、表达复杂算法时理解起来比较困难且容易产生错误等缺点，但仍不失为一种不错的算法描述方法。

6.4.3 伪代码表示法

伪代码是另外一种算法描述方法，是一种接近于计算机编程语言的算法描述方法，书写方便，格式紧凑，便于向计算机程序语言过渡。

伪代码是介于程序设计语言和自然语言之间的一种语言，通过给定一些英文单词构成伪代码的符号系统，按照特定的格式表达准确的算法意义。伪代码可以清晰地描述算法，同时又忽略了一些程序设计语言的细节，便于学习和掌握。另外，使用伪代码表示的算法可以非常方便地转换成计算机程序设计语言所表达的程序。伪代码并没有严格统一的格式。

1. 算法名称

使用伪代码表示算法时，通常使用一个函数（Function）来进行描述。函数一般是执行一系列操作的，在函数内部可以使用变量、运算符及不同的控制结构。操作结束后函数可能需要将操作的结果返回，也可能不需要将操作的结果返回。例如，我们可以将判断闰年的算法设计成如下不需要返回结果的函数：

```
Function Leap_ Year ();
```

该算法只需要判断给定的年份是否是闰年，并不需要返回其他数据。而计算 n! 通常被设计成需要返回结果的函数，因为我们需要通过这个函数的运算得到其计算结果。

关键字 Function 后面跟写的是算法名称，如 Leap_ Year 算法、Fac 算法等，后面可以带上括号（也可以不带），括号中的内容是算法中可能使用的参数，关键字 Function 在算法的最前面。

2. 指令序列

指令序列如下：

```
Begin
    指令序列
End
```

或者

```
{
    指令序列
/}
```

用 Begin/End 或 {/} 括起来的指令序列是一个整体，可以当成只有一个指令来看。

3. 输入 / 输出及返回值

输入：Input

用于表示算法的输入。

输出：Output

用于表示算法的输出，输出的可以是某个计算结果，也可以是字符串，字符串用双引号引起来。

返回值：Return

Return 一般用于向调用函数处返回一个值。

4. 分支选择

分支选择有如下两种情形：

（1）单分支指令。

```
If 条件 Then 指令
```

如果满足 If 后的判断条件，就执行 Then 后面的指令或用 Begin/End 或 {/} 括起来的指令序列，执行完再执行后续指令；否则，直接执行后续指令。这是一个典型的单分支语句。

（2）多分支指令。

```
If 条件 Then
   指令 1
Else
   指令 2
```

如果满足 If 后的判断条件，就执行指令 1 所代表的指令或指令序列；否则，就执行指令 2 所代表的指令或指令序列。这是一个典型的双分支语句，我们在 If 后或 Else 后嵌套其他的分支语句可以构成多分支结构。

5. 表达式和赋值

程序通过运算完成对数据的处理，而运算通常是由表达式来表达的。一个表达式可以作为操作数嵌入到另一个表达式以构造出复杂的表达式。

通常有 3 种类型的表达式，即算术表达式、关系表达式和逻辑表达式。它们所使用的运算符如表 6-1 所示。

赋值用 = 表示，表示将赋值号右边的值或表达式计算的结果赋给左边的变量，例如：

```
x=x+1
y=x*x
```

6. 循环

有两种循环方式，即当型循环和直到型循环。

（1）当型循环。当型循环有两种表达形式。

```
For 变量 = 初值 To 终值 [step 增量 ]
   指令
```

该语句用在循环次数已知的情况下，循环变量从初值开始，每次按增量增加，直到终值为止，每次执行一遍循环体内的指令或指令序列。[ ] 内代表可选项，即可以省略的项。当省略“step 增量”时，则按默认增量值为 1 来执行，此时循环将执行 (终值 − 初值 +1) 次循环体内的指令或指令序列。

```
While( 条件 ) do
   指令
```

在满足条件的情况下执行指令或指令序列，一直到条件不被满足为止。

（2）直到型循环。

```
Do
   指令
While( 条件 )
```

先执行指令或指令序列，再判断条件，如果条件不满足，重复执行指令或指令序列，直到条件满足为止。

7. 算法结束

关键字 End 后面加上算法名称，表示算法结束，是算法的最后一句。例如：

```
End Leap_ Year
End Fac
```

8. 子算法

子算法也是函数，它是将一些常用的算法先写成函数，再在新算法中调用这些已写好的函数，调用时直接写上子算法的名称和参数即可实现。

判断一个年份是否是闰年的算法用伪代码表示法可表示如下：

```
Function Leap_ Year ()
Begin
    Input y;
    If y%4==0 Then
    {
        If y%100==0 Then
            Output "y 是闰年 ";
        Else
            If y%400==0 Then
                Output "y 是闰年 ";
            Else
                Output "y 不是闰年 ";
    Else
        Output "y 不是闰年 ";
    /}
End Leap_ Year
```

伪代码不拘泥于算法实现的具体计算机程序设计环境，而是追求更加清晰的算法表达。通过伪代码，算法可以被表述成定义明确的文本结构，且容易将伪代码转换为程序设计语言。所以，在本章后续内容中我们一般用伪代码来表示算法。

6.5 常见算法设计方法

要使计算机能完成人们预定的工作，首先必须为如何完成预定的工作设计一个算法，然后再根据算法编写程序。算法设计是一件非常困难的工作，需要采用一些方法和技巧。常用的算法设计方法主要有迭代法、穷举法、递归法等，在实际应用时各种方法之间往往存在一定的联系。

6.5.1 穷举法

穷举法的基本思想是根据提出的问题列举出该问题所有可能的情况，通过给定的条件检验哪些列举项是满足条件的，哪些列举项是不满足条件的。穷举法通常用于解决“是否存在”或“有哪些可能”的问题。

穷举法的特点是算法比较简单，但当可能的情况较多时，穷举法的工作量会很大。使用穷举法时，要对问题进行详细的分析，将与问题有关的知识条理化、完备化、系统化，从中找出规律，或对所有可能的情况进行分类，总结出一些有用信息来减少列举量。

“百钱百鸡”问题就是一个经典的穷举问题。中国古代数学家张丘建在他的《算经》一书中提出了著名的“百钱百鸡”问题：鸡翁一，值钱五；鸡母一，值钱三；鸡雏三，值钱一；百钱买百鸡，翁、母、雏各几何？翻译成现代汉语的意思是：公鸡每只 5 文钱，母鸡每只 3 文钱，3 只小鸡 1 文钱，用 100 文钱买 100 只鸡，问：这 100 只鸡中，公鸡、母鸡和小鸡各多少只？

设鸡翁为 x 只，鸡母为 y 只，鸡雏为 z 只。由题意给出一共要用 100 文钱买一百只鸡，可以得到约束条件为：x+y+z=100 且 5×x+3×y+z/3=100，因此，使用伪代码该问题可以表示为：

```
Function chicken()
Begin
for x=1 to 100
for y=1 to 100
for z=1 to 100
  {
      If((x+y+z==100)&(x*5+y*3+z/3=100)then
              Output x,y,z
  /}
End chicken()
```

该算法中执行过程中最耗时的是 for 语句，故算法大约需要执行 100*100*100=1000000 次，对于计算机来说，很快就可以完成。

通过“百钱百鸡”问题我们可以看出，穷举法一般根据问题中的约束条件将可能的情况一一列举出来，但如果情况很多，排除一些明显的不合理的情况，尽可能减少问题可能解的列举数目，然后找出满足问题条件的解。“百钱百鸡”问题还可以进一步优化以减少执行的次数，请读者自行思考。

6.5.2　迭代法

迭代法是一种不断用变量的旧值递推出新值的解决问题的方法。迭代算法是用计算机解决问题的一种基本方法，一般用于数值计算。累加、累乘都是迭代算法的基础应用。

阿米巴细菌分裂问题就是一个典型的迭代问题，该问题描述如下：阿米巴细菌 3 分钟分裂一次，将若干阿米巴细菌放在一个盛满营养液的容器内，45 分钟后容器内就充满了阿米巴细菌，已知容器最多可以装阿米巴细菌 2^{20} 个，请问开始时往容器内放了多少个阿米巴细菌？

通过分析可以得出：细菌 3 分钟分裂一次，45 分钟后充满容器，需要分裂 45/3=15 次；细菌分裂 15 次后的数量是 2^{20} 个；可以倒推出第 14 次分裂后的个数，再倒推出第 13 次分裂之后的个数，第 12 次分裂之后的个数，……，第 1 次分裂之前的个数。

设第 1 次分裂之前的细菌数为 x_0 个，第 1 次分裂之后为 x_1 个，第 2 次分裂之后为 x_2 个，……，第 15 次分裂之后为 x_{15} 个，则有：

$$x_{14}=x_{15}/2，x_{13}=x_{14}/2，\cdots，x_{n-1}=x_n/2\ (n \geqslant 1)$$

将上面的倒推公式转换成如下迭代基本公式：

$$x=x/2\ (x \text{ 的初值为第 15 次分裂之后的个数 } 2^{20}，\text{即 } x=2^{20})$$

这个迭代重复执行 15 次就可以倒推出第 1 次分裂之前的细菌个数。该算法使用伪代码描述如下：

```
Function Amoeba()
Begin
      x=2^20
      for  i=1 to 15
      {
         x=x/2
         i=i+1
      /}
Output  x
End Amoeba
```

在迭代法中需要计算机做重复性操作，而重复是计算机的“拿手好戏”，一般用循环结构实现。在迭代法中使用循环结构时必须设置循环终止条件，迭代不符合循环条件时就结束迭代。

6.5.3 递归法

当看到图 6-5 中的图片时我们会感觉非常奇妙，它们有什么共同特点呢？仔细观察不难发现，每张图片都是在不断地包含自己本身，这就是递归的视觉形象。计算机中的递归也和图片中的特征非常相像，就是在一个函数内部调用函数本身。

图 6-5　递归的形象示意

递归常用于解决一些复杂问题。在解决这类问题时，为了降低问题的复杂程度，通常是将问题逐层分解。每一层都分解为和原问题类似或简化的简单问题。这种将问题逐层分解的过程并没有对问题进行求解，而是当解决了最后那些最简单的问题后，再沿着原来分解的逆过程逐步进行综合，就可以得到问题的答案。任何问题只要能分解出这样的算法，就可以使用递归结构来描述。

递归是计算机中常用的一种算法设计方法，在计算机程序设计、算法研究中有很多需要用递归算法来解决的问题，递归算法的优越性表现在算法描述简单明了、编写程序实现较为方便上。

计算机在执行递归算法时的时间开销和空间开销可能比普通算法要大得多，但由于递归算法的描述简洁易懂，因此它还是被广泛采用以解决各种问题。

递归分为直接递归和间接递归两种。如果一个算法直接调用自己，称为直接递归调用；如果一个算法 A 调用另一个算法 B，而算法 B 又调用算法 A，则此种递归称为间接递归调用。

计算 n! 的问题既可以使用迭代的方法实现，也可以使用递归的方法实现。一般迭代问题可以转化为递归问题，但递归问题不一定能转化为迭代问题。这里，我们通过计算 n! 的值来了解递归的工作过程。

n!=n*(n-1)!，如果 (n-1)! 的值已知，则 n! 的值只需一次乘法就够了。对于 (n-1)! 的值，如果知道 (n-2)! 的值，则也只需一次乘法，依此类推，计算 n! 的值，就只需知道 (n-1) !，(n-2) !，…，1! 的值，且有规定：0!=1，如果用 Fac(n) 表示 n!，可以得到计算 n! 的递推公式：

如果 n=0，则 Fac(n)=1;

否则 Fac(n)=n*Fac(n-1)

该递推公式即为解决计算 n! 的算法，使用伪代码可以把上述算法描述如下：

```
Function Main()
  Begin
    Input i
    If  (i<0)  then
    Output "error"
    Else
    {
      Result=Fac(i)
      Output Result
/}
End Main
Function  Fac(n)
  Begin
    If(n==0) then
      Return 1
      Else
      {
        Return n*Fac(n-1)
      /}
End Fac
```

计算 n! 并使用 Reptor 进行仿真

上述算法可以计算任意 n 的阶乘，用户输入 i 的值，如果 i 的值大于等于 0 则调用子算法 Fac() 来计算。在子算法 Fac() 的最后一句，计算 n! 是在已知 (n-1)! 的值的基础上，而 (n-1)! 的值并不知道，算法此时暂时停下来，转去计算 Fac(n-1) 的值，如此重复上一个步骤。显然，每往下走一步都是上一步的类似（计算正整数的阶乘），每往下走一步都是上一步的简化（数值越来越小），这样一步一步地，直到计算 1! 的值为止。以 n=4 为例，计算 4!，算法的执行过程如图 6-6 所示。

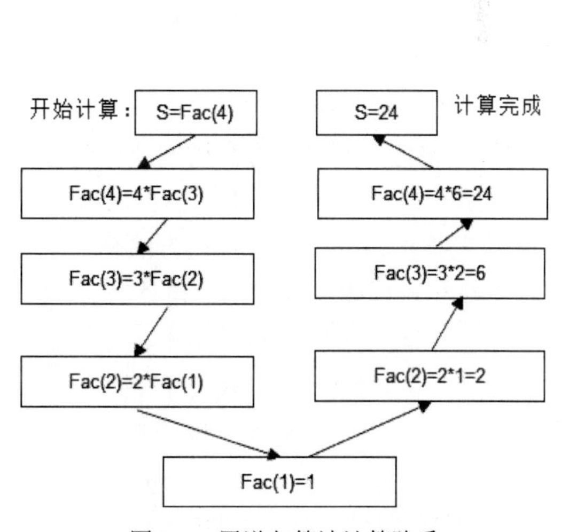

图 6-6　用递归算法计算阶乘

需要注意的是，并不是所有的问题都能使用递归算法来解决，使用递归算法时，必须要有一个明确的递归结束条件，使算法能够结束，而不至于陷入无限循环，造成系统紊乱。

使用递归法解决具有递归性质的问题，使得用计算机解决问题变得更简单。而且，递归使得编程人员和程序阅读者在概念上更容易理解。

本章习题

一、判断题

1．标识符可以使用任意字符。（ ）
2．只能使用关系运算符来进行比较和判断。（ ）
3．函数既可以有返回值也可以不需要返回值。（ ）
4．程序中的注释会影响程序的执行。（ ）
5．C 语言是一种典型的面向过程的结构化程序设计语言。（ ）
6．算法可以没有输出。（ ）
7．任何程序都可以分解为 3 种基本结构或者它们的组合，即顺序结构、选择结构和循环结构。（ ）
8．对于某一特定问题，其算法是唯一的。（ ）

二、单选题

1．函数被执行时才被赋值的参数是（ ）。
A．实参 B．形参 C．返回值 D．以上都不是
2．能够直接由计算机识别的程序设计语言是（ ）。
A．机器语言 B．汇编语言 C．高级语言 D．自然语言
3．用于更改变量的值的运算符是（ ）。
A．算术运算符 B．关系运算符
C．逻辑运算符 D．赋值运算符
4．结构化程序设计方法的主要原则有（ ）。
A．自顶向下 B．逐步求精 C．模块化 D．以上都对
5．易产生歧义的算法描述方法是（ ）。
A．流程图 B．自然语言 C．伪代码 D．以上都对
6．下列选项中不是算法基本特征的是（ ）。
A．可行性 B．可靠性 C．确定性 D．有穷性
7．下列选项中不是程序设计语言标识符的是（ ）。
A．函数名 B．变量名 C．表达式 D．常量名
8．下列流程图符号中进行条件判断的是（ ）。
A．▱ B．◇ C．□ D．▭
9．在伪代码 for i:=1 to 100 中，循环将执行（ ）次。
A．98 B．99 C．100 D．101

10．需要设计一个破解由 4 位数字构成的密码的算法，下列算法设计技术中最为简洁的是（　　）。

A．回溯法　　B．穷举法　　C．递归法　　D．分治法

11．以下选项不是高级程序设计语言的是（　　）。

A．C 语言　　B．汇编语言　　C．C++ 语言　　D．Java 语言

12．下面的概念中，不属于面向对象程序设计的是（　　）。

A．对象　　B．继承　　C．类　　D．函数调用

13．下面关于算法描述正确的是（　　）。

A．算法只能用自然语言来描述

B．算法只能用图形方式来描述

C．同一问题可以有不同的算法

D．同一问题的算法不同，结果必然不同

14．下列算法设计方法中使用函数直接或间接地调用自身来解决问题的是（　　）。

A．穷举法　　B．迭代法　　C．递归法　　D．以上都不是

15．使用（　　）来判断一个算法的好坏。

A．算法的长度　　B．算法的可读性

C．算法的健壮性　　D．算法的复杂度

三、简答题

1．声明语句的作用是什么？

2．形参和实参有什么区别？

3．什么是算法，算法具有哪些特性？

4．算法的描述方法有哪些，它们各有什么特点？

5．递归法的基本思想是什么，它有什么优缺点？

第7章　互联网技术

21世纪是一个以网络为核心的信息时代，网络已经成为信息时代的命脉和知识经济发展的重要基础。本章所要讨论的内容是以互联网为代表的计算机网络技术。首先介绍互联网的基本知识，然后介绍互联网的组成、计算机网络的分类、计算机网络的传输介质、计算机网络的体系结构、IP地址与域名系统，最后介绍局域网的拓扑结构和组成，以及常见的网络应用和网络安全。本章计算机网络的分类、计算机网络的传输介质和IP地址与域名系统是重点内容，IP地址的分类是教学难点。

- 了解互联网的基本知识。
- 了解计算机网络的分类。
- 了解计算机网络中常见的传输介质。
- 理解IP地址与域名系统的含义。
- 了解网络安全相关知识。

能力目标

- 掌握家庭局域网的设置方法。
- 掌握IP地址的设置方法。
- 掌握常见网络应用的使用方法。

7.1　互联网概述

互联网（Internet）是世界上最大的计算机互联网络，它在通信、资源共享、信息查询等方面给人们的生活和科研带来了极大的方便，如图7-1所示。

Internet借助于网络互联设备——路由器，将数以万计的网络和数以千万计的计算机连接在一起，它的快速发展与TCP/IP协议的发展密不可分，TCP/IP协议就是将这些网络和主机维系在一起的纽带。虽然Internet的管理结构是松散的，但连入Internet的计算机必须遵从一致的约定，即TCP/IP协议。

TCP/IP是一个协议集，它对Internet中主机的寻址方式、主机的命名机制、信息的传输规则以及各种服务功能均作了详细约定。

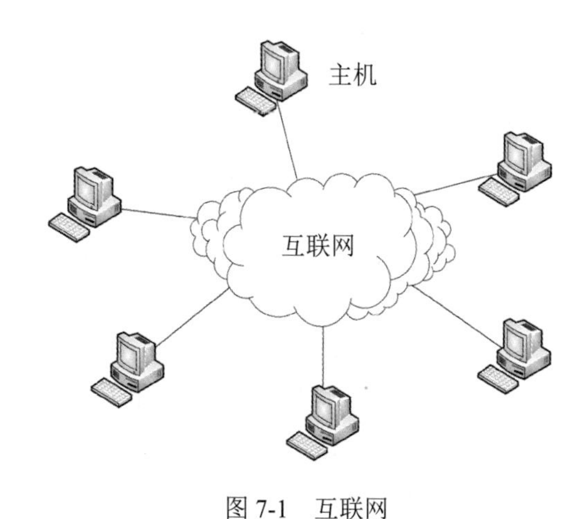

图 7-1 互联网

7.1.1 网络组成

Internet 由通信线路、路由器、主机和信息资源 4 个部分组成。

1. 通信线路

通信线路是 Internet 的基础设施，各种各样的通信线路将 Internet 中的路由器、计算机等连接起来，可以说没有通信线路就没有 Internet。Internet 中的通信线路归纳起来主要有两类：有线线路（如光缆、铜缆等）和无线线路（如卫星、无线电等），这些通信线路有的是公用数据网提供的，有的是用户单位自己建设的。对于通信线路的传输能力通常用“数据传输速率”来描述。还有一种是用“带宽”来描述，带宽越宽，传输速率就越高，通信线路的传输速度也就越快。

2. 路由器

路由器是 Internet 中最为重要的设备，它是网络与网络之间连接的桥梁。当数据从一个网络传输到路由器时，路由器需要根据数据所要到达的目的地为其选择一条最佳路径，即指明数据应该沿着哪个方向传输。如果所选的路径比较拥挤，路由器负责“指挥”数据排队等待。数据从源主机出发通常需要经过多个路由器才能到达目的主机。

3. 主机

计算机是 Internet 中不可缺少的成员，它是信息资源和服务的载体。接入 Internet 的计算机既可以是巨型机，也可以是普通的微机或笔记本电脑，所有连接在 Internet 上的计算机统称为主机。接入 Internet 的主机可以分成两类：服务器和客户机。所谓服务器就是 Internet 中服务与信息资源的提供者，而客户机则是 Internet 中服务和信息资源的使用者。作为服务器的主机通常具有较高的性能和较大的存储容量，而作为客户机的主机可以是任意一台普通计算机。

4. 信息资源

Internet 上信息资源的种类极为丰富，主要包括文本、图像、声音、视频等多种信息类型，涉及科学教育、商业经济、医疗卫生、文化娱乐等诸多方面。用户可以通过 Internet 查找科技资料、获取商业信息、收听流行歌曲、收看实况转播等。Internet 上的信息资源越丰富越能显示出 Internet 的价值。

7.1.2 计算机网络分类

计算机网络是“以能够相互共享资源的方式互联起来的自治计算机系统的集合”。计算机网络具有以下几个主要特征：

（1）建立计算机网络的主要目的是实现计算机资源的共享。计算机资源主要指计算机硬件、软件和数据。网络用户不但可以使用本地计算机资源，而且可以通过网络访问联网的远程计算机资源，还可以调用网络中的几台计算机协同完成一项任务。

（2）互联的计算机是分布在不同地理位置的多台独立的“自治计算机”。互联的计算机之间没有明确的主从关系，每台计算机都可以联网或脱网工作。联网计算机可以为本地用户提供服务，也可以为网络中合法的远程用户提供服务。

（3）联网计算机之间的通信必须遵循共同的网络协议。计算机网络是由多个互联的结点组成，结点之间要做到有条不紊地交换数据，每个结点都必须遵守一些事先规定好的通信规则。这就和人们之间的对话一样，需要大家都说同样的语言，如果一人说中文而另一人说英文，这时需要找一个翻译才能交流。

计算机网络的分类方式有很多种，可以从覆盖范围、拓扑结构、传输介质、交换方式和通信方式等方面进行分类。

1. 根据网络的覆盖范围分类

根据网络的覆盖范围，计算机网络可以分为 4 种基本类型：广域网、城域网、局域网、个人区域网。这种分类方式也是目前比较流行的一种。

（1）广域网。广域网（WAN）又称为远程网，覆盖的地理范围从几十千米到几千千米。广域网覆盖一个国家、地区或横跨几个洲，形成国际性的远程计算机网络。广域网的通信子网可以利用公用分组交换网、卫星通信网或无线分组交换网，它将分布在不同地区的计算机系统、城域网、局域网互联起来，实现资源共享的目的。

初期广域网的设计目标是将分布在很大地理范围内的若干台大型机、中型机或小型机互联起来，用户通过连接在主机上的终端访问本地主机或远程主机的计算与存储资源。随着 Internet 应用的发展，广域网作为核心主干网的地位日益清晰，广域网的设计目标逐步转移到将分布在不同地区的城域网、局域网互联起来，构成 Internet 或 Intranet。

广域网具有以下两个主要特征。一是广域网是一种公共数据网络。广域网建设投资很大，管理困难，通常由电信运营商负责组建、运营与维护。网络运营商组建的广域网为广大用户提供高质量的数据传输服务，因此这类广域网属于公共数据网络的性质。用户可以在公共数据网络上开发各种网络服务系统。如果用户要使用广域网服务，则需要向广域网的运营商租用通信线路或其他资源。网络运营商需要按照合同的要求为用户提供电信级的 7×24（每周 7 天，每天 24 小时）服务。有特殊需要的国家部门与大型企业也可以在组建 Intranet 时建设专用的广域网。二是广域网研究的重点是宽带核心交换技术。目前，大量的用户计算机通过局域网或其他接入技术接入到城域网，城域网再接入到广域网，大量的广域网互联形成 Internet 的宽带核心交换平台，从而构成具有层次结构的大型 Internet。广域网作为 Internet 的宽带核心交换平台的组成单元，其研究的重点已经从开始阶段的“如何接入不同类型的计算机系统”转变为“如何提供能够保证服务质量的宽带核心交换服务”。因此，广域网研究的重点是宽带核心交换技术。

通过研究广域网的发展与演变历史可以发现，研究广域网技术与标准的人员主要有两类：一类是电信网技术人员，另一类是计算机网络研究人员。这两类技术人员的研究思路、采用的技术和协议的表述方法存在明显差异，表现出明显的竞争与互补关系。

（2）城域网。20 世纪 80 年代后期，IEEE 802 委员会提出城域网的概念。IEEE 802 委员会对城域网概念与特征的表述是：以光纤为传输介质，能够提供 45Mb/s ～ 150Mb/s 的高传输速率，支持数据、语音与视频综合业务的数据传输，可以覆盖 50km ～ 100km 的城市范围，实现高速数据传输。早期城域网的首选技术是光纤环网，典型的技术是 FDDI（Fiber Distributed Data Interface）。设计的目的是实现高速、高可靠性和城市地区范围的大量局域网互联。FDDI 采用光纤作为传输介质，传输速率为 100Mb/s，用于 100km 范围内的局域网互联。FDDI 支持双环结构，具备快速环自愈能力，能适应城域网主干网建设的要求。IEEE 802.6 协议规定 FDDI 在介质访问子层上使用令牌环网控制方法。

随着 Internet 新应用的不断出现以及三网融合的发展，城域网的业务扩展到几乎能覆盖所有的信息服务领域，城域网概念也随之发生重大变化。这时，宽带城域网被描述为：以 IP 协议为基础，通过计算机网络、广播电视网和电信网的三网融合，形成覆盖城市区域的网络通信平台，为语音、数据、图像、视频传输与大规模的用户接入提供高速与保证质量的服务。

应用是推动宽带城域网技术发展的真正动力。宽带城域网的应用主要包括网上办公、视频会议、网络银行、网络购物、网络电视、视频点播、网络电话、网络游戏、网络聊天等交互式应用。由于宽带城域网涉及多种技术和多种业务的交叉，因此具有重大应用价值和产业发展前景。

宽带城域网技术的主要特征表现在以下几个方面：

- 完善的光纤传输网是宽带城域网的基础。
- 传统电信、有线电视与 IP 业务的融合构成了宽带城域网的核心业务。
- 高端路由器和多层交换机是宽带城域网的核心设备。
- 扩大宽带接入的规模与服务质量是发展宽带城域网应用的关键。

如果说广域网设计的重点是保证大量用户共享主干通信链路的容量，那么城域网设计的重点则不完全在链路，而是交换结点的性能与容量。城域网的每个交换结点都要保证大量接入用户的服务质量。当然，城域网连接每个交换结点的通信链路带宽也必须得到保证。因此，不能简单地认为城域网是广域网的微缩，也不能简单地认为城域网是局域网的自然延伸。宽带城域网应该是一个在城市区域内为大量用户提供接入和各种信息服务的高速通信网络。

（3）局域网。局域网用于将有限范围内（例如一个实验室、一幢大楼、一个校园）的各种计算机、终端与外部设备互联成网。按照采用的技术、应用范围和协议标准的不同，局域网可以分为共享局域网与交换局域网。局域网可以用于办公室、家庭个人计算机的接入，园区、企业与学校的主干网络，以及大型服务器集群、存储区域网络、云计算服务器集群的后端网络。局域网技术发展迅速，应用日益广泛，是计算机网络中最活跃的领域之一。

决定局域网性能的 3 个因素是拓扑、传输介质、介质访问控制方法。从局域网应用的角度来看，局域网的技术特征主要表现在以下几个方面：

- 局域网覆盖有限的地理范围，它适用于机关、校园、工厂等有限范围内的计算机、终端与各类信息处理设备联网的需求。

- 局域网能够提供高传输速率、低误码率的高质量数据传输环境。
- 局域网一般属于一个单位所有，易于建立、维护与扩展。

（4）个人区域网。随着笔记本电脑、智能手机、PDA、投影仪和信息家电的广泛应用，人们逐渐提出自身附近10m范围内的移动数字终端设备联网的需求。由于个人区域网主要是用无线通信技术实现联网设备之间的通信，因此就出现了无线个人区域网（WPAN）的概念。目前，个人区域网使用的无线通信技术主要包括IEEE 802.15.4标准的无线个人区域网（WPAN）技术、IEEE 802.11标准的WLAN技术、蓝牙（Bluetooth）技术和ZigBee技术等。

IEEE 802.15工作组致力于WPAN的标准化工作，其任务组TG4制定IEEE 802.15.4标准，主要考虑低速无线个人区域网（Low Rate WPAN，LR-WPAN）的应用问题。2003年，IEEE正式批准IEEE 802.15.4成为LR-WPAN标准，为近距离范围内不同移动办公设备之间低速互联提供统一标准。物联网应用的发展更凸显个人区域网技术与标准研究的重要性。

WPAN技术、标准与应用是当前网络技术研究的热点之一。尽管IEEE希望将IEEE 802.15.4推荐为近距离范围内移动办公设备之间低速互联标准，但是业界已经存在两个有影响力的WPAN技术与协议，即蓝牙技术和ZigBee技术。

1）蓝牙技术。1997年，当电信业与便携设备制造商计划用无线通信方法替代低功耗、近距离有线缆线时，并没有意识到蓝牙技术的出现会引起整个业界和媒体如此强烈的反响。蓝牙是指为了在世界上任何一个地方实现近距离无线语音和数据通信而制定的一个开放的技术规范。为了促进人们广泛接受这项技术，蓝牙特别兴趣小组成立的基本目标是为蓝牙技术制定一个开放的、免除申请许可证的无线通信规范。

在计算机外部设备与通信设备中，有很多近距离连接的缆线，如打印机、扫描仪、键盘、鼠标、投影仪与计算机的连接线。这些缆线与连接器的形状、尺寸、引脚数目和电信号的不同给用户带来很多麻烦。蓝牙技术的设计初衷有两个：一是解决10m以内的近距离通信问题；二是低功耗，以适用于使用电池的小型便携式个人设备的要求。

由于计算机与智能手机、移动办公设备之间的界线越来越不明显，各种与Internet相关的移动数字终端设备数量已经超过个人计算机的数量，蓝牙技术有望成为各种移动数字终端设备、嵌入式通信设备与计算机之间近距离通信的标准。

世界上很多地方的无线通信是受到限制的，无线频段的使用需要有许可证。蓝牙通信选用的频段是工业、科学与医药专用频段，是不需要申请许可证的。因此具有蓝牙功能的设备，不管在什么地方都可以方便地使用。

2）ZigBee技术。ZigBee的基础是IEEE 802.15.4标准，早期的名字是HomeRF或FireFly。它是一种面向自动控制的近距离、低功耗、低速率、低成本的无线网络技术，是当前产业界研究的热点之一。ZigBee联盟于2001年8月成立。2002年，摩托罗拉公司、飞利浦公司、三菱电气公司等宣布加入ZigBee联盟，研究下一代无线网络通信标准并命名为ZigBee。2005年，ZigBee联盟公布第一个ZigBee规范ZigBee Specification V1.0，它的物理层与MAC层采用了IEEE 802.15.4标准。

ZigBee适应于数据采集与控制结点多、数据传输量不大、覆盖面广、造价低的应用领域。基于ZigBee的无线传感器网络已在家庭网络、安全监控、汽车自动化、消费电器、儿童玩具、医用设备控制、工业控制、无线定位等领域，特别是在家庭自动化、医疗保健与工业控制中展现出重要的应用前景，引起了产业界的高度关注。

2. 根据网络的拓扑结构分类

网络拓扑结构把工作站、服务器、交换机等网络终端和设备抽象为“结点”，把网络中的通信介质抽象为“线”，将网络抽象为点和线组成的“几何图形”，使人们对网络的整体结构有比较直观的印象。根据网络拓扑结构可将网络分为总线型、星型、环型、网型和树型等。

3. 根据网络的传输介质分类

根据网络的传输介质，可以将计算机网络分为有线网络和无线网络。

（1）有线网络。有线网络是采用同轴电缆、双绞线或光纤连接的计算机网络。同轴电缆连接的网络成本低、安装较为便利，但传输率和抗干扰能力一般，传输距离较短。双绞线连接的网络价格便宜、安装方便，但易受干扰，传输率也比较低，且传输距离比同轴电缆要短。光纤网是采用光导纤维作为传输介质的，光纤传输距离长，传输率高，可达数千兆，抗干扰性强，不会受到电子监听设备的监听，是高安全性网络的理想选择。

（2）无线网络。无线网络是采用无线通信技术实现的网络。无线网络既包括允许用户建立远距离无线连接的全球语音和数据网络，又包括为近距离无线连接进行优化的红外线技术及射频技术。主流应用的无线网络分为通过公众移动通信网实现的无线网络（如 5G、4G、3G、GPRS）和无线局域网（Wi-Fi）两种方式。GPRS 手机上网方式是一种借助移动电话网络接入 Internet 的无线上网方式，因此只要用户所在的城市开通了 GPRS 上网业务，其就可以在任何一个角落通过移动终端设备来上网。

除了以上几种分类方法外，计算机网络还可以按照数据传输速率划分为高速网和低速网；按照网络的使用范围划分为公用网和专用网；按照网络的交换方式划分为电路交换网、报文交换网和分组交换网；按照网络通信方式划分为广播传输网络和点对点传输网络；按照网络信道的带宽划分为窄带网和宽带网；按照网络不同的用途划分为科研网、教育网、商业网、企业网等。

7.1.3 网络传输介质

网络传输介质是网络中发送方与接收方之间的物理通路，它对网络的数据通信具有一定的影响。常用的传输介质分为有线传输介质和无线传输介质两大类。

有线传输介质是指在两个通信设备之间实现物理连接的部分，它能将信号从一方传输到另一方。有线传输介质主要有双绞线、同轴电缆和光纤。双绞线和同轴电缆传输电信号，光纤传输光信号。

无线传输介质是指我们周围的自由空间（包括空气和真空），利用无线电波在自由空间的传播可以实现多种无线通信，根据频谱可以将在自由空间传输的电磁波分为无线电波、微波、红外线、激光等，信息被加载在电磁波上进行传输。

1. 双绞线

双绞线简称 TP，将一对以上的双绞线封装在一个绝缘外套中，为了降低信号的干扰程度，电缆中的每一对双绞线一般是由两根绝缘铜导线相互扭绕而成，也因此把它称为双绞线。双绞线可分为非屏蔽双绞线（UTP）和屏蔽双绞线（STP），适合于短距离通信。非屏蔽双绞线价格便宜，传输速度偏低，抗干扰能力较差。屏蔽双绞线抗干扰能力较好，具有更高的传输

速度，但价格相对较贵。双绞线需要用RJ-45或RJ-11连接头插接。市面上出售的UTP分为3类
4类、5类和超5类4种。

- 3类：传输速率支持10Mb/s，外层保护胶皮较薄，皮上注有“cat3”。
- 4类：网络中不常用。
- 5类：传输速率支持100Mb/s或10Mb/s，外层保护胶皮较厚，皮上注有“cat5”。
- 超5类：此类双绞线在传送信号时比普通5类双绞线的衰减更小，抗干扰能力更强
  在100Mb/s网络中，受干扰程度只有普通5类线的1/4，这类网线应用比较少。

STP分为3类和5类两种，STP的内部与UTP相同，外包铝箔，抗干扰能力强、传输速率高，但价格昂贵。

双绞线一般用于星型结构网络的布线连接，两端安装有RJ-45头（水晶头），连接网卡与集线器，最大网线长度为100m，如果要加大网络的范围，在两段双绞线之间可安装中继器最多可安装4个中继器（如安装4个中继器连5个网段），最大传输范围可达500m。

2. 同轴电缆

同轴电缆由一根空心的外圆柱导体和一根位于中心轴线的内导线组成，内导线和圆柱导体及外界之间用绝缘材料隔开。按直径的不同可分为粗缆和细缆两种。粗缆传输距离长、性能好，但成本高，网络安装维护困难，一般用于大型局域网的干线，连接时两端需要终接器使用粗缆时需要注意三点：一是粗缆与外部收发器相连；二是收发器与网卡之间用AUI电缆相连；三是网卡必须有AUI接口（15针D型接口）。

细缆与BNC网卡相连，两端装50Ω的终端电阻。用T型头连接，T型头之间最小0.5m细缆网络每段干线长度最大为185m，每段干线最多接入30个用户。如采用4个中继器连接5个网段，网络最大距离可达925m。细缆安装较容易，造价较低，但日常维护不方便，一旦一个用户出故障，便会影响其他用户的正常工作。根据传输频带的不同，可分为基带同轴电缆和宽带同轴电缆两种类型，同轴电缆需要用带BNC头的T型连接器连接。

3. 光纤

光纤又称为光缆或光导纤维，由光导纤维纤芯、玻璃网层和能吸收光线的外壳组成。它应用光学原理，由光发送机产生光束，将电信号变为光信号，再把光信号导入光纤，在另一端由光接收机接收光纤上传来的光信号，并把它变为电信号，经解码后再处理。与其他传输介质比较，光纤的电磁绝缘性能好、信号衰变小、频带宽、传输速度快、传输距离大。主要用于要求传输距离较长、布线条件特殊的主干网连接。具有不受外界电磁场的影响、无限制的带宽等特点，可以实现每秒万兆位的数据传送，尺寸小、重量轻，数据可传送几百千米但价格昂贵。

光纤分为单模光纤和多模光纤。单模光纤由激光作光源，仅有一条光通路，传输距离在20km～120km。多模光纤由二极管发光，低速短距离，传输距离在2km以内。光纤需要用ST型头连接器连接。

4. 无线电波

无线电波是指在自由空间传播的射频频段的电磁波。无线电技术是通过无线电波传播声音或其他信号的技术。无线电技术的原理在于导体中电流强弱的改变会产生无线电波。利用这一现象，通过调制可将信息加载于无线电波之上。当电波通过空间传播到达收信端时，电

波引起的电磁场变化又会在导体中产生电流。通过解调将信息从电流变化中提取出来，就达到了信息传递的目的。

5. 微波

微波是指频率为 300MHz ～ 300GHz 的电磁波，是无线电波中一个有限频带的简称，即波长在 1m（不含 1m）到 1mm 之间的电磁波，是分米波、厘米波、毫米波和亚毫米波的统称。微波频率比一般的无线电波频率高，通常也称为“超高频电磁波”。微波作为一种电磁波也具有波粒二象性。微波的基本性质通常呈现为穿透、反射、吸收 3 个特性。对于玻璃、塑料和瓷器，微波几乎是穿越而不被吸收。水和食物等就会吸收微波而使自身发热。而金属类物体，则会反射微波。

6. 红外线

红外线是太阳光线中众多不可见光线中的一种，由德国科学家霍胥尔于 1800 年发现，其又被称为红外热辐射。太阳光谱中，红光的外侧必定存在不可见的光线，这就是红外线，也可以当作传输媒介。太阳光谱上红外线的波长大于可见光线，波长为 0.75μm ～ 1000μm。红外线可分为三部分，即近红外线（波长为 0.7μm5 ～ 1.50μm）；中红外线（波长为 1.50μm ～ 6.0μm）；远红外线（波长为 6.0μm ～ l000μm）。

7.2 IP 地址与域名系统

IP 地址也称为网络协议（IP 协议）地址，它为互联网上的每一个网络和每一台主机分配一个逻辑地址，常见的 IP 地址分为 IPv4 和 IPv6 两大类。当前广泛应用的是 IPv4，目前 IPv4 几乎被耗尽，IPv6 的应用已经展开。

7.2.1 体系结构

为了保证网络中计算机之间有条不紊地交换数据，人们必须制定相应的协议，构成一套完整的网络协议体系。对于结构复杂的网络协议体系来说，最好的组织方式是层次结构模型。计算机网络中引入了一个重要的概念——网络体系结构。

在理解网络体系结构时，应充分注意到网络协议的层次机制及其合理性和有效性。层次结构中每一层都是建立在前一层基础上的，下一层为上一层提供服务，上一层在实现本层功能时会充分利用下一层提供的服务。但各层之间是相对独立的，高层无需知道低层是如何实现的，仅需要知道低层通过层间接口所提供的服务即可。当任何一层因技术进步发生变化时，只要接口保持不变，其他各层都不会受到影响。当某层提供的服务不再需要时，甚至可以将这一层取消。

世界上第一个网络体系结构由 IBM 公司于 1974 年提出，它被命名为“系统网络体系结构”。此后，众多公司纷纷提出各自的网络体系结构。这些网络体系结构的共同之处在于它们都采用分层技术，但是层次划分、功能分配、采用的技术与术语均不同。随着信息技术的发展，各种计算机网络的互连成为人们迫切需要解决的问题。开放系统互连（Open System Interconnection，OSI）参考模型就是在这个背景下被提出的。

1. ISO/OSI 参考模型

在制定计算机网络标准方面，起着很大作用的两大国际组织是国际电报与电话咨询委员会（Consultative Committee on International Telegraph and Telephone，CCITT）和国际标准化组织（International Organization for Standardization，ISO）。但是，CCITT 与 ISO 的工作领域不同，CCITT 主要是研究与制定通信标准，而 ISO 研究的重点主要是网络体系结构方面。1992 年 CCITT 更名为国际电信联盟（International Telecommunication Union，ITU），仍然负责电信方面的标准制定。ITU 标准主要用于国家之间的互连，而在各个国家内部可以有自己的标准。

1974 年，ISO 发布著名的 ISO/IEC 7498 标准，它定义了网络互连的七层框架，即开放系统互连参考模型。在 OSI 框架下，进一步详细规定每层的功能，以实现开放系统环境中的互联性、互操作性与应用的可移植性。OSI 参考模型在 1983 年被正式批准使用。

OSI 参考模型将整个通信功能划分为 7 个层次，其层次划分的主要原则是：

- 网中各主机都具有相同的层次。
- 不同主机的同等层具有相同的功能。
- 同一主机内相邻层之间通过接口通信。
- 每层可以使用下层提供的服务，并向其上层提供服务。
- 不同主机的同等层通过协议来实现同等层之间的通信。

2. OSI 各层的主要功能

OSI 参考模型结构包括七层，从下到上依次为：物理层、数据链路层、网络层、传输层、会话层、表示层和应用层。OSI 参考模型如图 7-2 所示。

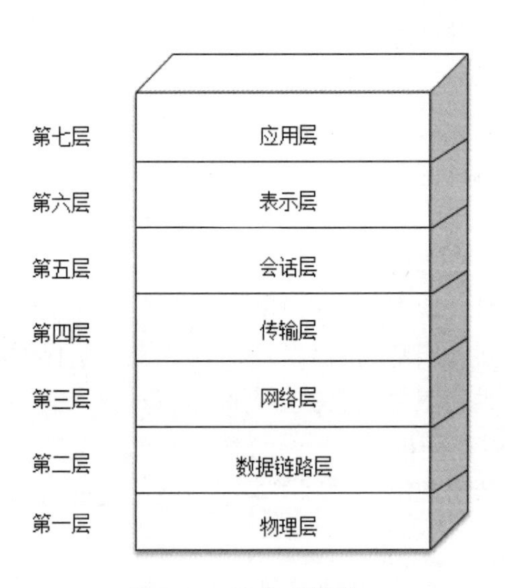

图 7-2 OSI 参考模型

（1）物理层。物理层是 OSI 的第一层，它虽然处于最底层，却是整个开放系统的基础。物理层为设备之间的数据通信提供传输媒体及互连设备，为数据传输提供可靠的环境。物理层的主要功能有：

- 为数据端设备提供传送数据的通路，数据通路可以是一个物理媒体，也可以是多个物理媒体连接而成。一次完整的数据传输包括激活物理连接、传送数据和终止物理连接。所谓激活，就是不管有多少物理媒体参与，都要在通信的两个数据终端设备间连接起来，形成一条通路。

- 传输数据。物理层要形成适合数据传输需要的实体，为数据传送服务。一是要保证数据能在其上正确通过，二是要提供足够的带宽（带宽是指每秒能通过的比特数），以减少信道上的拥塞。传输数据的方式能满足点到点、一点到多点、串行或并行、半双工或全双工、同步或异步传输的需要。
- 完成物理层的一些管理工作。物理层的媒体包括架空明线、平衡电缆、光纤、无线信道等。通信用的互连设备指 DTE 和 DCE 间的互连设备。DTE 即数据终端设备，又称物理设备，如计算机、终端等都包括在内。而 DCE 则是数据通信设备或电路连接设备，如调制解调器等。数据传输通常是经过 DTE-DCE，再经过 DCE-DTE 的路径。互连设备是指将 DTE、DCE 连接起来的装置，如各种插头、插座。LAN 中的各种粗 / 细同轴电缆、T 型接头、插头、接收器、发送器、中继器等都属于物理层的媒体和连接器。

（2）数据链路层。可以将数据链路粗略地理解为数据通道。物理层要为终端设备间的数据通信提供传输介质及其连接。介质是长期的，连接是有生存期的。在连接生存期内，收发两端可以进行一次或多次数据通信。每次通信都要经过建立通信和拆除通信两个过程。这种建立起来的数据收发关系就称为数据链路。而在物理媒体上传输的数据难免受到各种不可靠因素的影响而产生差错，为了弥补物理层上的不足，为上层提供无差错的数据传输，就要能对数据进行检错和纠错。数据链路的建立和拆除、对数据的检错和纠错是数据链路层的基本任务。

链路层是为网络层提供数据传送服务的，工作在链路层的产品最常见的是网卡，而网桥和交换机也是位于链路层的产品。链路层应具备如下功能：

- 链路连接的建立、拆除和分离。
- 帧定界和帧同步。链路层的数据传输单元是帧，协议不同，帧的长短和界面也有差别，但无论如何必须对帧进行定界。
- 顺序控制，指对帧的收发顺序的控制。
- 差错检测和恢复，还有链路标识、流量控制等。差错检测多用方阵码校验和循环码校验来检测信道上数据的误码，而帧丢失等用序号检测。各种错误的恢复则常靠反馈重发技术来完成。

（3）网络层。在计算机终端较少的环境中，网络层的功能没有太大的意义。当数据终端增多时，它们之间有中继设备相连，此时会出现一台终端要求不只是与唯一的一台而是能和多台终端通信的情况，这就产生了把任意两台数据终端设备的数据链接起来的问题，也就是路由或者叫寻径。另外，当一条物理信道建立之后，如果只被一对用户使用，往往有许多空闲时间被浪费掉。人们自然会希望多对用户共用一条链路，为解决这一问题就出现了逻辑信道技术和虚拟电路技术。

网络层为建立网络连接和为上层提供服务，应具备以下主要功能：

- 网络层提供路由和寻址的功能。

- 使两个终端系统能够互连且决定最佳路径。
- 有一定的拥塞控制和流量控制能力。

（4）传输层。传输层是两台计算机经过网络进行数据通信时第一个端到端的层次，具有缓冲作用。当网络层服务质量不能满足要求时，它将服务加以提高，以满足高层的要求；当网络层服务质量较好时，它只用很少的工作。传输层是 OSI 中最重要、最关键的一层，是唯一负责总体数据传输和数据控制的一层。传输层提供端到端交换数据的机制，检查封包编号与次序。传输层对其上三层（如会话层等）提供可靠的传输服务，对网络层提供可靠的目的地站点信息。传输层的主要功能如下：

- 为端到端连接提供可靠的传输服务。
- 为端到端连接提供流量控制、差错控制、服务质量等管理服务。

（5）会话层。会话层提供的服务是应用建立和会话维持，并能使会话获得同步。会话层使用校验点可使通信会话在通信失效时从校验点继续恢复通信。这种能力对于传送大的文件来说极为重要。会话层、表示层和应用层构成开放系统的高三层，面向应用进程提供分布处理、对话管理、信息表示、检查和恢复与语义上下文有关的传送差错等。为给两个对等会话服务用户建立一个会话连接，应该做如下几项工作：

- 将会话地址映射为运输地址。
- 选择需要的运输服务质量参数。
- 对会话参数进行协商。
- 识别各个会话连接。
- 传送有限的透明用户数据。
- 数据传输。
- 连接释放。

（6）表示层。表示层位于应用层的下面和会话层的上面，它从应用层获得数据并把数据格式化以供网络通信使用。该层将应用程序数据排序成一个有含义的格式并提供给会话层。这一层也通过提供诸如数据加密的服务来负责安全问题，并压缩数据以使得网络上需要传送的数据尽可能少。许多常见的协议都将这一层集成到了应用层中，如 NetWare 的 IPX/SPX 就为这两个层次使用一个 NetWare 核心协议，TCP/IP 也为这两个层次使用一个网络文件系统协议。表示层的主要功能如下：

- 语法转换。将抽象语法转换成传送语法，并在对方实现相反的转换。涉及的内容有代码转换、字符转换、数据格式的修改、对数据结构操作的适应、数据压缩和加密等。
- 语法协商。根据应用层的要求协商选用合适的上下文，即确定传送语法并传送。
- 连接管理。包括利用会话层服务建立表示连接，管理在这个连接之上的数据运输和同步控制（利用会话层相应的服务），以及正常地或异常地终止这个连接。

（7）应用层。应用层是开放系统的最高层，是直接为应用进程提供服务的。这些服务按其向应用程序提供的特性分成组并称为服务元素。有些服务元素可为多种应用程序共同使用，有些服务元素则为较少的一类应用程序使用。其作用是在实现多个系统应用进程相互通信的同时完成一系列业务处理所需的服务。

7.2.2　TCP/IP 协议

TCP/IP 协议是目前局域网和广域网都广泛使用的一种最重要的网络通信协议，它起源于 20 世纪 60 年代末，首先由美国国防部高级研究计划署（DARPA）作为研究的一部分而开始的。

TCP/IP 是传输控制协议 / 互联网络协议，这种协议使得不同品牌和不同规格的计算机系统可以在互联网上正确地传递信息，TCP/IP 协议是 Internet 和最基本的协议，它不止是 TCP 和 IP 两个协议，实质上是个协议集。使用 TCP/IP 协议，可以向 Internet 上所有其他主机发送 IP 数据包。TCP/IP 有如下几个特点：

- 开放的协议标准，可以免费使用，并且独立于特定的计算机硬件和操作系统。
- 独立于特定的网络硬件，可以运行在局域网、广域网中，更适用于互联网。
- 统一的网络地址分配方案，使得整个 TCP/IP 设备在网中都具有唯一的地址。
- 标准化的高层协议，可以提供多种可靠的用户服务。

TCP/IP 采用分层体系结构，每一层完成特定的功能，各层之间相互独立，采用标准接口传送数据。它包含了一系列构成互联网基础的网络协议，是 Internet 的核心协议，通过近几十年的发展已日渐成熟，已成为事实上的国际标准。TCP/IP 协议簇是一组不同层次上的多个协议的组合，通常被认为是一个四层协议系统，与 OSI 的七层模型相对应，如图 7-3 所示。

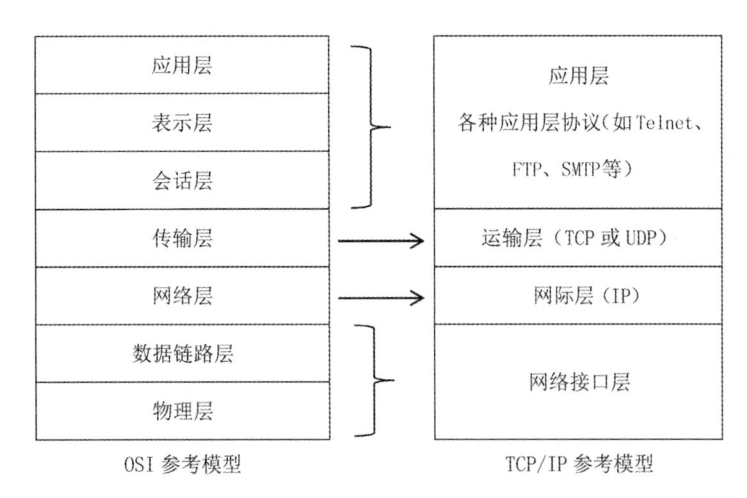

图 7-3　OSI 参考模型与 TCP/IP 参考模型对比

1. 网络接口层

网络接口层（又称网络访问层）位于 TCP/IP 协议的最底层，负责数据帧的发送和接收，它包括能使用 TCP/IP 与物理层网络进行通信的协议，使采用不同技术和网络硬件的网络之间能够互联。

2. 网际层

网际层所执行的主要功能是处理来自运输层的分组，将分组形成数据包（IP 数据包）并为数据包进行路径选择，最终将数据包从源文件发送到目的主机。在此层中，最常用的协议是网络协议（IP），其他一些协议用来协助 IP 的操作。

3．运输层

运输层的主要任务是提供应用程序的通信，提供可靠的传输服务。运输层定义了两个重要的协议：传输控制协议（TCP）和用户数据报协议（UDP）。TCP 协议被用来在一个不可靠的网络中为应用程序提供可靠的端点间的字节流服务。UDP 协议是一种简单的面向数据包的传输协议，它提供的是无连接的、不可靠的数据包服务。

4．应用层

应用层是 TCP/IP 协议的最高层，允许应用程序访问其他层，并定义了应用程序用来交换数据的协议。该层定义了大量的应用协议，人们熟知的有简单网络管理协议（SNMP）、远程登录服务的 Telnet 协议、文件传输协议（FTP）、提供超文本传输服务的 HTTP 协议、提供域名服务的 DNS 协议、提供邮件传输服务的 SMTP 协议等。

7.2.3 IP 地址

所谓 IP 地址就是给每台连接在 Internet 上的设备的每一个接口分配的一个在全球范围内唯一的 32 位数字标识符。在 Internet 上，每一个设备都依靠唯一的 IP 地址互相区分和联系。IP 地址指出了设备在网络中的具体位置。

1．IP 地址的结构

TCP/IP 协议规定，IP 地址用 32 位二进制数来表示。例如，某台计算机的 IP 地址为：10101100000100000001111000111000，这些数字直观上不太好记。人们为了方便记忆，就将组成计算机 IP 地址的 32 位二进制数分成 4 段，每段 8 位，称为 1 个字节，中间用小数点隔开，然后将每 8 位二进制数转换成十进制数，这样上述计算机的 IP 地址就变成了 172.16.30.56。其中每组数字都介于 0 ～ 255 之间。IP 地址的表现形式如图 7-4 所示。

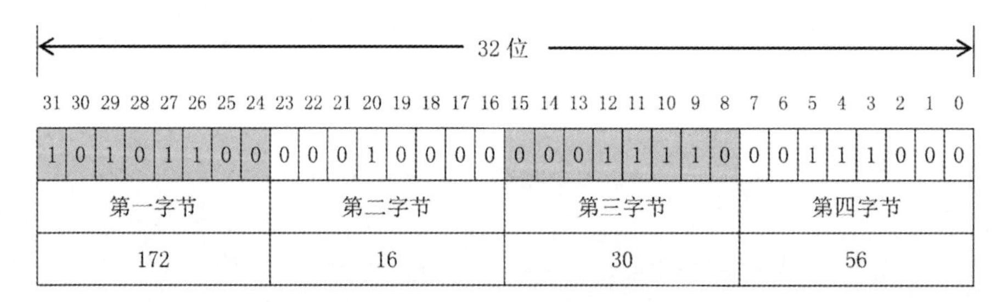

图 7-4 IP 地址的表现形式

IP 地址按层次结构划分为两部分：第一部分是网络地址，第二部分是主机地址。IP 地址结构如图 7-5 所示。这样表示的目的是便于查址，即先找到网络地址，再在该网络中找到计算机的地址。

32 位	
网络地址	主机地址
第一部分	第二部分

图 7-5 IP 地址结构

网络地址（也叫网络号）唯一地标识网络。在同一个网络中，所有机器的 IP 地址都包含相同的网络地址。例如，在 IP 地址 172.16.30.56 中，172.16 为网络地址。

网络中的每台机器都有结点地址，结点地址唯一地标识了机器。这部分 IP 地址必须是唯一的，因为它标识特定的机器（个体）而不是网络（群体），这一编号也称主机地址，在 IP 地址 172.16.30.56 中，30.56 为结点地址。

2. IP 地址的分类

对 IP 地址进行分类的目的是区分不同规模的网络，同时也定义了每类网络中所包含的网络数目和每类网络中可能包含的主机数目。

IP 地址的编址方案将 IP 地址空间划分为 5 种类型，即 A 类地址、B 类地址、C 类地址、D 类地址和 E 类地址。其中，A 类、B 类、C 类是基本类，D 类作为多播地址，E 类作为保留地址。

（1）A 类 IP 地址。一个 A 类 IP 地址由 1 字节的网络地址和 3 字节的主机地址组成。网络地址的最高位必须是 0。A 类 IP 地址结构如图 7-6 所示。

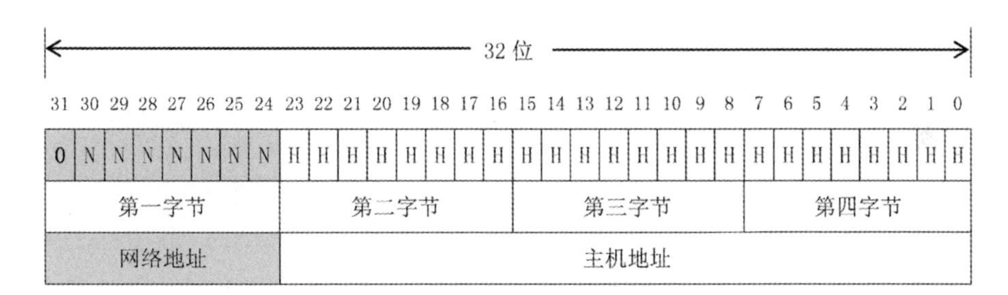

图 7-6　A 类 IP 地址结构

A 类地址的网络地址只占一个字节，只有 7 位可供使用（该字段的第 1 位已固定为 0），可以指派的网络号是 126 个（2^7–2）。减 2 的原因有两点：第一，网络号字段全为 0 的 IP 地址是个保留地址，意思是本网络。第二，网络号为 127（0111111）的保留地址作为本地软件环回测试本主机进程之间的通信使用。目的地址为环回地址的 IP 数据报永远不会出现在任何网络上，因为网络号为 127 的地址根本不是一个网络地址。

A 类地址的主机地址占 3 个字节，因此每一个 A 类网络的最大主机数是 2^{24}–2，即 16777214。这里减 2 的原因是全 0 的主机地址表示该 IP 地址是“本主机”所连接到的单个网络地址（例如，一个主机的地址为 10.11.12.13，则该主机所在的网络地址为 10.0.0.0），而全 1 表示“所有的（all）”，全 1 的主机地址表示该网络上的所有主机。

（2）B 类 IP 地址。一个 B 类 IP 地址由 2 字节的网络地址和 2 字节的主机地址组成，网络地址的最高位必须是 10。B 类 IP 地址结构如图 7-7 所示。

B 类地址的网络地址有 2 个字节，但前面两位 1 和 0 已经固定了，只剩下 14 位可以进行分配。因为网络地址后面的 14 位无论怎样取值也不可能出现使整个 2 个字节的网络地址成为全 0 或全 1，因此这里不存在网络总数减 2 的问题。但实际上 B 类网络地址 128.0.0.0 是不指派的，而可以指派的 B 类最小网络地址是 128.1.0.0，因此 B 类地址可以指派的网络数为 2^{14}–1，即 16383。B 类地址的每一个网络上的最大主机数是 2^{16}–2，即 65534。这里需要减 2 是因为要扣除全 0 和全 1 的主机号。

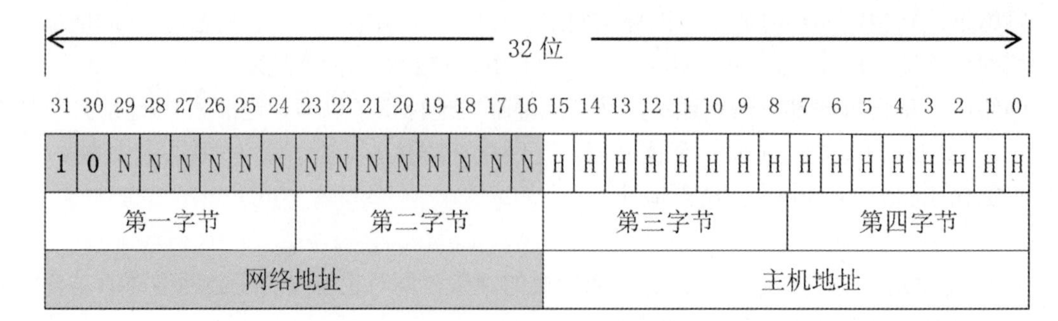

图 7-7 B 类 IP 地址结构

（3）C 类 IP 地址。一个 C 类 IP 地址由 3 字节的网络地址和 1 字节的主机地址组成，网络地址的最高位必须是 110。C 类 IP 地址结构如图 7-8 所示。

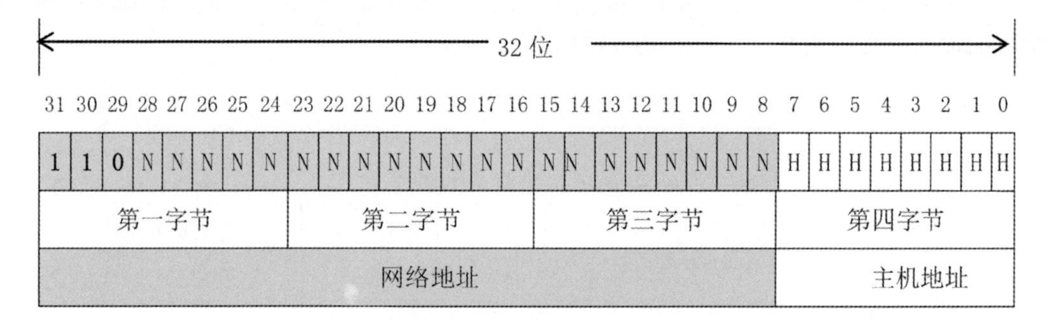

图 7-8 C 类 IP 地址结构

C 类地址有 3 个字节的网络地址，因 110 占了最前面的 3 位，所以还剩 21 位可以进行分配。C 类网络地址 192.0.0.0 也是不指派的，可以指派的 C 类最小网络地址是 192.0.1.0，因此 C 类地址可指派的网络总数为 $2^{21}-1$，即 2097151。每一个 C 类地址的最大主机数是 $2^{8}-2$，即 254。这里需要减 2 是因为要扣除全 0 和全 1 的主机号。

（4）D 类 IP 地址。D 类 IP 地址第一个字节以 1110 开始，它是一个专门保留的地址。它并不指向特定的网络，目前这一类地址被使用在多点广播中。D 类 IP 地址结构如图 7-9 所示。多点广播地址用来一次寻址一组计算机，它标识共享同一协议的一组计算机，地址范围为 224.0.0.1 ～ 239.255.255.254。

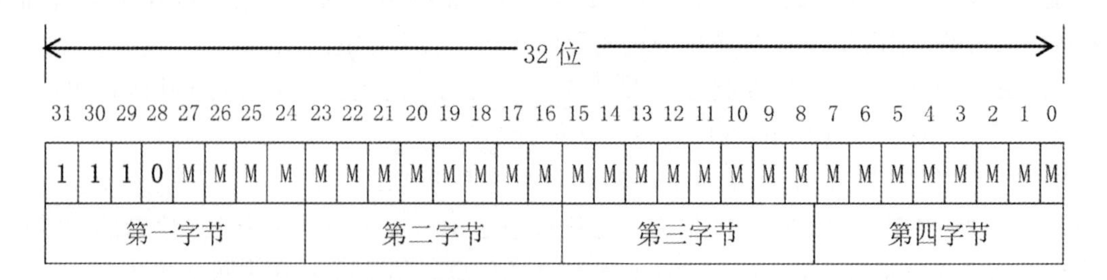

图 7-9 D 类 IP 地址结构

（5）E 类 IP 地址。E 类 IP 地址第一个字节以 11110 开始，为将来使用保留，仅作实验和开发用。E 类 IP 地址结构如图 7-10 所示。

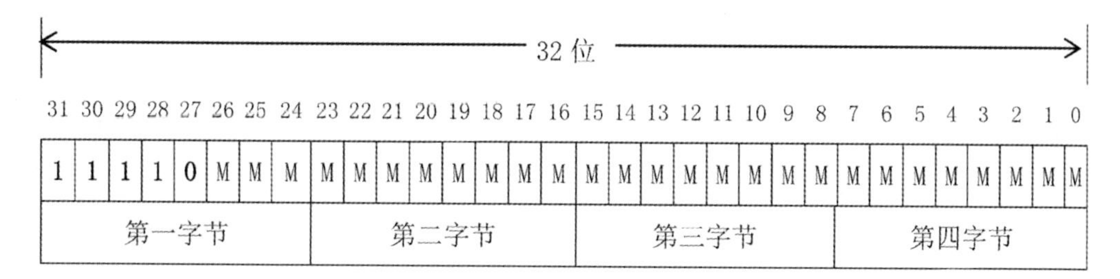

图 7-10　E 类 IP 地址结构

A 类 IP 地址、B 类 IP 地址、C 类 IP 地址的指派范围如表 7-1 所示。

表 7-1　IP 地址的指派范围

网络类别	最大可指派的网络数	第一个可指派的网络号	最后一个可指派的网络号	每个网络中的最大主机数
A 类	126（2^7-2）	1	126	16777214（$2^{24}-2$）
B 类	16383（$2^{14}-1$）	128.1	191.255	65534（$2^{16}-2$）
C 类	2097151（$2^{21}-1$）	192.0.1	223.255.255	254（2^8-2）

所有的 IP 地址都由国际组织 NIC（Network Information Center）负责统一分配，目前全世界共有 3 个这样的网络信息中心：InterNIC（负责美国及其他地区）、ENIC（负责欧洲地区）、APNIC（负责亚太地区）。我国申请 IP 地址要通过 APNIC，APNIC 的总部设在澳大利亚布里斯班。申请时要考虑申请哪一类的 IP 地址，然后向国内的代理机构提出。

3. IPv4 的局限性

在 Internet 的发展过程中，已经充分验证了 IP 协议的基本设计思想是正确的。但 IPv4 仍存在着很多局限性，主要包括：

（1）地址空间的局限性。随着 Internet 规模呈指数级增长，IP 地址空间耗尽问题已经制约了 Internet 的发展。子网划分、无类域间寻址（CIDR）等方法的使用使 IP 地址得到了有效利用，NAT 机制的引入在一定程度上暂时缓解了 IP 地址短缺的矛盾，但也带来了一些新的问题。IP 地址空间的危机是 IP 升级的主要动力。

（2）IP 协议的性能问题。IP 协议设计的主要目的在于为异种网络之间进行数据的可靠、健壮和高效传输提供有效机制，在很大程度上 IPv4 已经实现了此目标，但在性能上还有很多可以改进的地方。IP 报头的设计、IP 选项的使用、头部校验和的使用等严重影响了路由器的转发效率，最大传输单元、IP 数据报分片与重组机制等影响了 IP 数据报的传输效率。这些方面都有待改进。

（3）IP 协议的安全性问题。IP 协议设计之初对安全性考虑较少，一方面设计者认为网络使用者是可以充分信任的，另一方面很久以来人们认为安全性在网络协议栈的低层并不重要。但随着网络规模的扩大、网络结构的复杂化、网络使用者的增多，IP 协议的安全问题亟待解决。

（4）自动配置问题。IP 协议设计之初并没有考虑 IP 地址的自动配置问题，但随着 Internet 中主机数量的增长及移动主机的增多，手工配置方法显得非常烦琐，动态主机配置协议（DHCP）在一定程度上可以解决地址的自动配置问题，但需要提前进行 DHCP 服务器的配置。人们需要一种更为简便和自动的地址配置方法。

（5）服务质量（QoS）保证问题。IPv4 中的 QoS 保证主要依赖于协议头中的服务类型 T0S 域段，IPv4 的 T0S 域段的功能很有限，不能满足保证实时数据传输质量的要求。为了支持 Internet 中的实时多媒体应用，需要 IP 协议能够提供有效的 QoS 机制，保证实时数据的传输质量。

针对 IPv4 存在的局限性，IETF 从 1993 年开始着手研究和开发下一代 IP 协议标准——IPv6，1995 年完成了 IPv6。由于 IPv4 在过去 20 多年中的成功运行，IPv6 仍然沿用了 IPv4 的核心设计思想，但在协议格式、地址表示等方面进行了重新设计。

4. IPv6 地址

IPv6 采用 128 位地址长度，因此它可以提供超过 3.4×10^{38} 个 IP 地址。IPv6 的 128 位地址按每 16 位划分为一个位段，每个位段被转换为一个 4 位的十六进制数，位段间用冒号隔开，这种表示法称为冒号十六进制表示法。例如将用二进制格式表示的一个 IP 地址按每 16 位划分成 8 个位段：

0110100111001010000000000000000000000000000000000010111100111011

00000011100010000000000000001110111111100000010001001111001111011

用冒号十六进制表示法表示为：

69CA:0000:0000:2F3B:0388:000E:FC09:9E7B

为了简化 IPv6 地址的表示，在有多个 0 出现时，可以采用零压缩法。例如对上面的 IPv6 地址进行压缩后表示为：

69CA:0:0:2F3B:0388:E:FC09:9E7B

为了进一步简化 IPv6 地址的表示，在一个以冒号十六进制表示法表示的 IPv6 地址中，如果几个连续位段的值都为 0，那么这些 0 可以简写为 ::，称为双冒号表示法。请注意，在一个 IPv6 地址中，只能出现一次。上述地址可以简写为：

69CA::2F3B:0388:E:FC09:9E7B

由于 IPv6 的地址长度较长，因此没有采用掩码的方式表示地址中哪些位是网络号。在 IPv6 中，如果要表示一个地址的哪些位是网络号部分，通常采用前缀长度表示法，即表示成“地址 / 前缀长度”。其中，“地址 / 前缀长度”中的“地址”为一个 IPv6 地址，“前缀长度”表示这个 IP 地址的前多少位为网络号部分。前缀是 IPv6 地址的一部分，用作 IPv6 路由或子网标识。例如，69CA:DE36::/48 表示 IPv6 地址 69CA:DE36:: 的前 48 位为网络号部分，而 69CA:DE36:0:2F3B::/64 表示 IPv6 地址 69CA:DE36:0:2F3B:: 的前 64 位为网络号部分。

7.2.4 域名系统

域名系统（Domain Name System，DNS）是因特网使用的命名系统，为便于人们使用把机器名字转换成为 IP 地址，域名系统其实就是名字系统。为什么不叫“名字”而叫“域名”呢？这是因为在这种因特网的命名系统中使用了许多的“域（Domain）”，因此就出现了“域名（Domain Name）”这个名词。“域名系统”明确地指明这种系统是应用在因特网中。众所周知，IP 地址是由 32 位的二进制数字组成的，用户与因特网上的某台主机通信时，显然不愿意使用很难记忆的 32 位的二进制主机地址，即使是点分十进制 IP 地址也并不太容易记忆。因此，人们发明了域名，域名可将一个 IP 地址关联到一组有意义的字符上去。用户访问一个网站时，既可以输入该网站的 IP 地址，又可以输入其域名，对访问而言，两者是等价的。例如河南牧业经济学院的 Web 服务器的 IP 地址是 218.28.144.38，其对应的域名是 www.hnuahe.edu.cn，不管用户在浏览器中输入的是 218.28.144.38 还是 www.hnuahe.edu.cn，都可以访问该 Web 网站。

由于因特网规模很大，所以整个因特网只使用一个域名服务器是不可行的。因此，在 1983 年因特网就开始采用层次树状结构的命名方法，使用分布式的域名系统 DNS，采用客户服务器方式。DNS 使大多数名字都在本地解析，仅有少量解析需要在因特网上通信，因此 DNS 系统的效率很高。由于 DNS 是分布式系统，即使单个计算机出了故障，也不会妨碍整个 DNS 系统的正常运行。

1. 域名的结构

因特网的域名系统是为方便解释机器的 IP 地址而设立的，域名系统采用层次结构，按地理域或机构域进行分层。任何一个连接在因特网上的主机或路由器都有一个唯一的层次结构的名字，即域名。“域”是名字空间中一个可被管理的划分。

一个完整的域名由两个或两个以上的部分组成，各部分之间用英文的句号“.”来分隔。域名结构如图 7-11 所示。

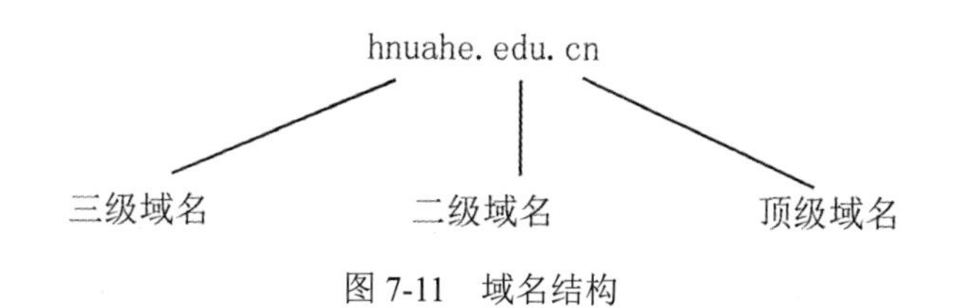

图 7-11　域名结构

DNS 规定，域名中的每一部分的标号都由英文和数字组成，每一个标号不超过 63 个字符（为了记忆方便，一般不会超过 12 个字符），也不区分大小写字母，标号中除连字符（-）外不能使用其他的标点符号。级别最低的域写在最左边，而级别最高的域写在最右边，由多个标号组成的完整域名总共不超过 255 个字符。DNS 既不规定一个域名需要包含多少个下级域名，也不规定每一级域名代表什么意思。各级域名由其上一级的域名管理机构管理，而最高的顶级域名则由互联网名称与数字地址分配机构（ICANN）进行管理。用这种方法可使每一个域名在整个互联网范围内是唯一的，并且也容易设计出一种查找域名的机制。

2. 域名的级别分类

域名级数是指一个域名由多少级组成，域名的各个级别被“.”分开，简而言之，有多少个点就是几级域名。

一个完整的域名的倒数第一个“.”的右边部分称为顶级域名（也称为一级域名），顶级域名的左边部分字符串到下一个“.”为止称为二级域名，二级域名的左边部分称为三级域名，依此类推，每一级的域名控制其下一级域名的分配。

（1）顶级域名。顶级域名又分为两类。一是国家顶级域名，目前 200 多个国家都按照 ISO 3166 国家代码分配了顶级域名，例如中国是 cn、美国是 us、日本是 jp 等。国家顶级域名如表 7-2 所示。二是国际顶级域名，例如表示工商企业的 com、表示网络提供商的 net、表示非盈利组织的 org 等。国际顶级域名如表 7-3 所示。

表 7-2　国家顶级域名

顶级域名	中文名称	顶级域名	中文名称	顶级域名	中文名称
au	澳大利亚	uk	英国	nl	荷兰
br	巴西	tr	土耳其	nz	新西兰
ca	加拿大	in	印度	pt	葡萄牙
cn	中国	jp	日本	se	瑞典
de	德国	kr	韩国	sg	新加坡
es	西班牙	lu	卢森堡	ph	菲律宾
fr	法国	my	马来西亚	us	美国

表 7-3　国际顶级域名

顶级域名	表示类别	顶级域名	表示类别
com	商业组织机构、公司	arts	文化娱乐
edu	教育机构	rec	康乐活动
gov	政府部门	firm	公司企业
int	国际组织机构	info	信息服务
mil	军事组织机构	nom	个人域名
net	网络服务商	store	销售单位
org	非盈利组织机构	web	互联网单位

目前大多数域名争议都发生在 com 的顶级域名下，因为多数公司上网的目的都是为了赢利。为加强域名管理，解决域名资源的紧张，Internet 协会、Internet 分址机构及世界知识产权组织（WIPO）等国际组织经过广泛协商，在原来 7 个国际通用顶级域名的基础上，新增加了 7 个国际通用顶级域名：firm（公司企业）、store（销售公司或企业）、web（突出 WWW 活动的单位）、arts（突出文化、娱乐活动的单位）、rec（突出消遣、娱乐活动的单位）、info（提供信息服务的单位）和 nom（个人），并在世界范围内选择新的注册机构来受理域名注册申请。

（2）二级域名。二级域名是指顶级域名之下的域名，在国际顶级域名下，它是指域名注册人的网上名称，例如 IBM、Yahoo、Microsoft 等；在国家顶级域名下，它是表示注册企业类别的符号，例如 com、edu、gov、net 等。中国在国际互联网络信息中心（InterNIC）正式注册并运行的顶级域名是 cn，这也是中国的一级域名。在顶级域名之下，中国的二级域名又分为类别域名和行政区域名两类。类别域名共 6 个，包括用于科研机构的 ac、用于工商金融企业的 com、用于教育机构的 edu、用于政府部门的 gov、用于互联网络信息中心和运行中心的 net、用于非盈利组织的 org。而行政区域名有 34 个，分别对应于中国各省、自治区和直辖市。

（3）三级域名。三级域名由字母（A ～ Z，a ～ z）、数字（0 ～ 9）和连接符（-）组成，各级域名之间用实点“.”连接，三级域名的长度不能超过 20 个字符。如无特殊原因，建议申请人用有意义的字符作为三级域名，以保证域名的清晰性和简洁性。

用域名树来表示因特网的域名系统是最清晰的。如图 7-12 所示是因特网域名空间的结构，它实际上是一棵倒过来的树，在最上面的是根，但没有对应的名字。根下面一级的结点就是最高一级的顶级域名。顶级域名可往下划分子域，即二级域名。再往下划分就是三级域名、四级域名等。

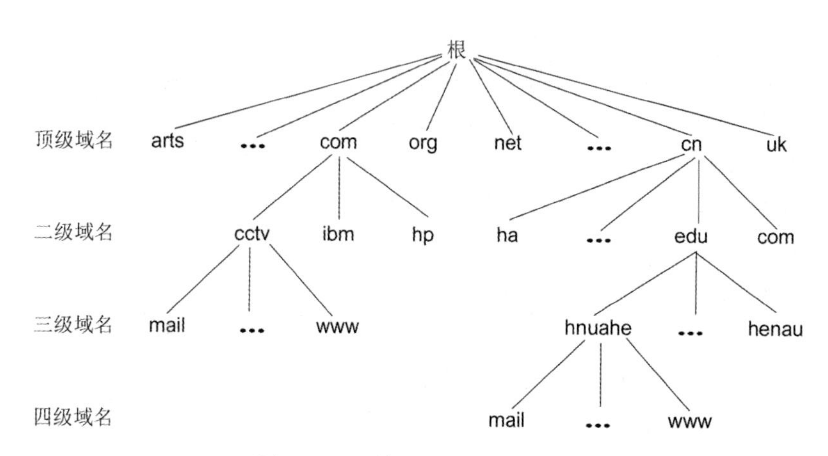

图 7-12　因特网域名空间的结构

在顶级域名 com 下注册的单位都获得一个二级域名，图 7-12 给出的例子有中央电视台（CCTV）、IBM（ibm）和惠普（HP）等公司。在顶级域名 cn（中国）下面举出了几个二级域名，如 ha（河南）、edu 和 com。在某个二级域名下注册的单位就可以获得一个三级域名。图 7-12 中给出了在 edu 下面的三级域名有 hnuahe（河南牧业经济学院）和 henau（河南农业大学）。一旦某个单位拥有了一个域名，它就可以自己决定是否要进一步划分其下属的子域，并且不必由上级机构批准。图 7-12 中 cctv 和 hnuahe 都分别划分了自己的下一级域名 mail 和 www，分别是三级域名和四级域名。域名树的树叶就是单台计算机的名字，它不能再继续往下划分子域了。

应当注意，虽然中央电视台和河南牧业经济学院都各有一台计算机，取名为 mail，但它们的域名并不一样，因为前者是 mail.cctv.com，后者是 mail.hnuahe.edu.cn。因此，即使在世界上，还有很多单位的计算机群名为 mail，但是它们在互联网中的域名却都必须是唯一的。

7.3　局域网概述

局域网的英文是 Local Area Network（LAN），LAN 是最常见、应用最广的一种网络。局域网随着整个计算机网络技术的发展和提高得到充分的应用和普及，几乎每个单位都有自己的局域网，甚至有的家庭都有自己的小型局域网。所谓局域网就是在局部地区范围内的网络，它所覆盖的地区范围较小。局域网在计算机数量配置上没有太多的限制，少的可以只有两台，多的可达几百台。一般来说在企业局域网中，工作站的数量在几十到两百台左右。在网络所涉及的地理距离上一般来说可以是几米至 10 千米以内。局域网一般位于一个建筑物或一个单位内，不存在寻径问题，不包括网络层的应用。

7.3.1 拓扑结构

计算机网络的拓扑结构是指网络上的计算机或设备与传输媒介形成的结点与线的物理构成模式。网络的结点有两类：一类是转换和交换信息的转接结点，包括结点交换机、集线器和终端控制器等；另一类是访问结点，包括计算机主机和终端等。线则代表各种传输媒介，包括有形的和无形的。下面详细介绍常见的局域网拓扑结构。

1. 星型结构

星型结构网络是以中央点（通常是集线器或交换器）为中心，外围结点各自用单独的通信线路与中央点连接起来，形成辐射式互联结构的网络。星型结构网络如图 7-13 所示。由于在这种结构的网络系统中，中央点是控制中心，任意两个结点间的通信最多只需两步，所以传输速度快，并且网络结构简单、建网容易、便于控制和管理。但其网络可靠性低、网络共享能力差，并且一旦中心结点出现故障则导致全网瘫痪。

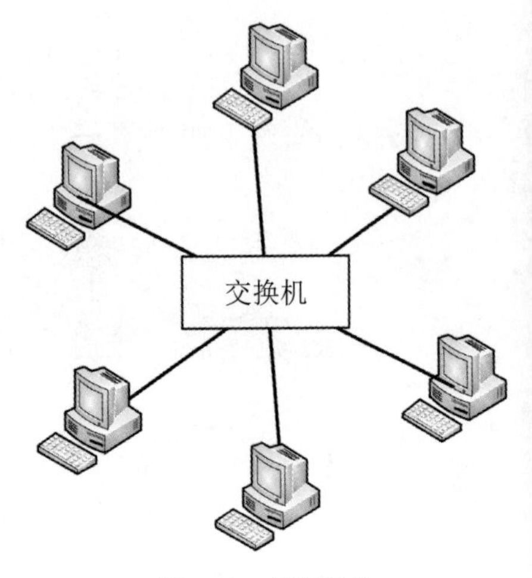

图 7-13 星型结构

2. 树型结构

树型结构网络是天然的分级结构，又被称为分级的集中式网络。树型结构网络如图 7-14 所示。其特点是网络成本低、结构比较简单。在网络中任意两个结点之间不产生回路，每个链路都支持双向传输，并且网络中结点扩充方便、灵活，寻查链路路径比较简单。但在这种结构的网络系统中，除叶结点及其相连的链路外，任何一个工作站或链路产生故障都会影响整个网络系统的正常运行。

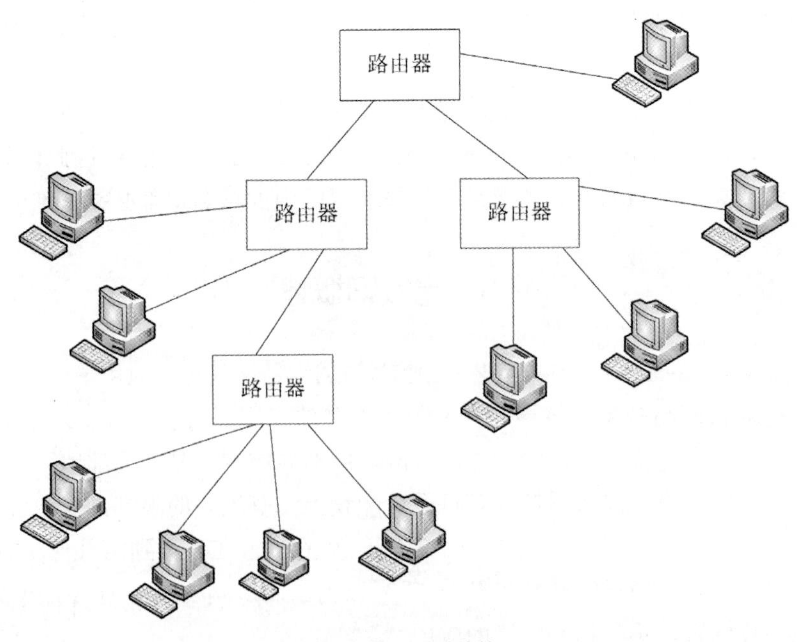

图 7-14 树型结构

3. 总线型结构

总线型结构网络是将各个结点设备和一根总线相连。总线型结构网络如图 7-15 所示。网络中所有的结点设备都是通过总线进行信息传输的。作为总线的通信连线可以是同轴电缆、双绞线，也可以是扁平电缆。在总线型结构中，作为数据通信必经的总线的负载容量是有限度的，这是由通信媒体本身的物理性能决定的。所以，总线型结构网络中工作站结点的个数是有限制的，如果工作站结点的个数超出总线负载容量，就需要延长总线的长度，并加入相当数量的附加转接部件，使总线负载达到容量要求。总线型结构网络简单、灵活，可扩充性能好。所以，进行结点设备的插入与拆卸非常方便。另外，总线型结构网络可靠性高、网络结点间响应速度快、共享资源能力强、设备投入量少、成本低、安装使用方便，当某个工作站结点出现故障时，对整个网络系统影响小。因此，总线型结构网络是最普遍使用的一种网络。但是由于所有的工作站通信均通过一条共用的总线，所以实时性较差。

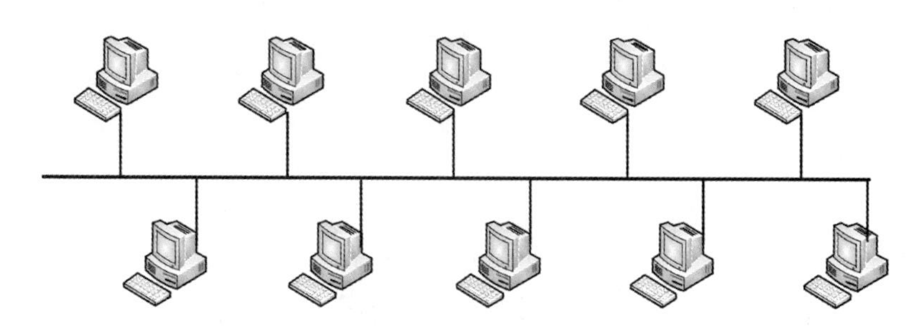

图 7-15　总线型结构

4. 环型结构

环型结构网络是网络中各结点通过一条首尾相连的通信链路连接起来的一个闭合环形结构网。环型结构网络如图 7-16 所示。环型结构网络的结构也比较简单，系统中各工作站地位相等，通信设备和线路比较节省。

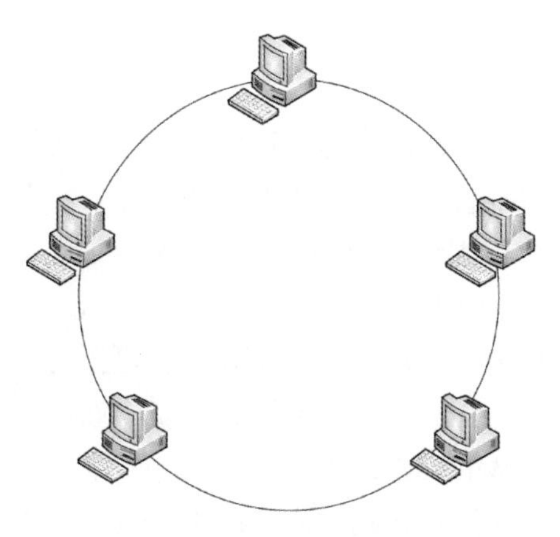

图 7-16　环型结构

在环型结构中信息沿固定方向单向流动，两个工作站结点之间仅有一条通路，系统中无信道选择问题，某个结点的故障将导致物理瘫痪。在环型网络中，由于环路是封闭的，所以不便于扩充，系统响应延时长，信息传输效率相对较低。

5. 网状结构

网状结构中每个结点至少有两条链接与其他结点相连，任何一条链路出现故障时，数据可由其他链路传输，可靠性较高，如图 7-17 所示。在这种结构中，数据流动没有固定的方向，网络控制较为松散。

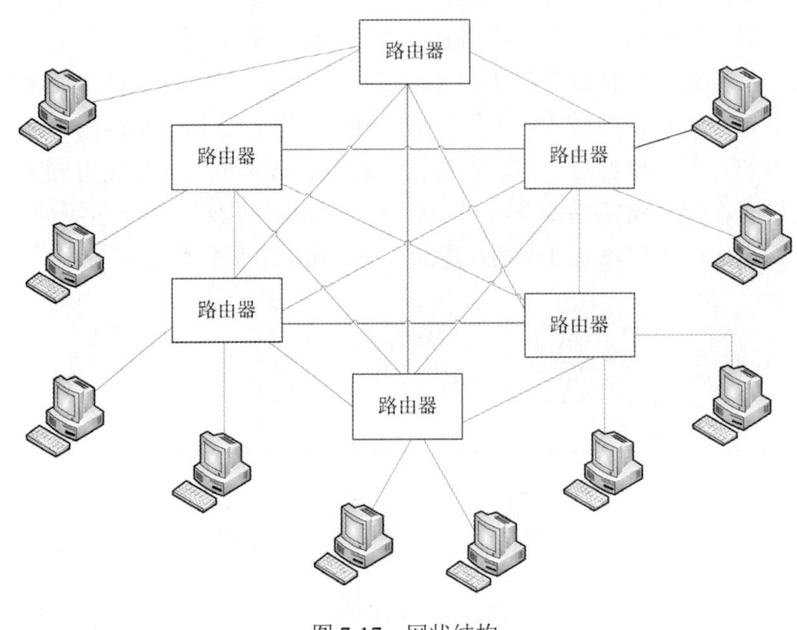

图 7-17　网状结构

7.3.2　局域网组成

局域网由网络硬件和网络软件两部分组成。网络硬件主要有服务器、工作站、传输介质和网络连接部件等。网络软件包括网络操作系统、控制信息传输的网络协议及相应的协议软件、大量的网络应用软件等。

1. 网络硬件

服务器可分为文件服务器、打印服务器、通信服务器和数据库服务器等。文件服务器是局域网上最基本的服务器，用来管理局域网内的文件资源；打印服务器为用户提供网络共享打印服务；通信服务器主要负责本地局域网与其他局域网、主机系统或远程工作站的通信；数据库服务器为用户提供数据库检索、更新等服务。

工作站也称为客户机，可以是一般的个人计算机，也可以是专用计算机，如图形工作站等。工作站可以有自己的操作系统，独立工作。通过运行工作站的网络软件可以访问服务器的共享资源，目前常见的工作站有 Windows 工作站和 Linux 工作站。

工作站和服务器之间的连接通过传输介质和网络连接部件来实现。网络连接部件主要包括网卡、中继器、集线器、网桥、交换机、路由器和网关等。

（1）网卡。计算机与外界局域网的连接是通过在主机箱内插入一块网络接口板（或者是在笔记本电脑中插入一块 PCMCIA 卡）实现的。网络接口板又称为网络适配器或网络接口卡，但是更多的人愿意使用更为简单的名称——网卡。

网卡上装有处理器和存储器，网卡和局域网之间的通信是通过电缆或双绞线以串行传输方式进行的，而网卡和计算机之间的通信则是通过计算机主板上的 I/O 总线以并行传输方式进行的。因此，网卡的一个重要功能就是要进行串行 / 并行转换。由于网络上的数据传输率和计算机总线上的数据传输率并不相同，因此在网卡中必须装有对数据进行缓存的存储芯片。

网卡是工作在链路层的网络组件，是局域网中连接计算机和传输介质的接口，不仅能实现与局域网传输介质之间的物理连接和电信号匹配，还涉及帧的发送与接收、帧的封装与拆封、介质访问控制、数据的编码与解码、数据缓存等功能。

在安装网卡时必须将管理网卡的设备驱动程序安装在计算机的操作系统中，这个驱动程序以后就会告诉网卡应当从存储器的什么位置上将局域网传送过来的数据块存储下来。网卡还能够实现以太网协议。随着集成度的不断提高，网卡上的芯片个数不断减少，虽然各个厂家生产的网卡种类繁多，但其功能大同小异。

（2）中继器。中继器是工作在物理层上的连接设备，适用于完全相同的两类网络的互连，主要功能是通过对数据信号的重新发送或者转发来扩大网络传输的距离。最简单的网络就是两台计算机双机互连，此时两块网卡之间用双绞线连接。由于在双绞线上传输的信号功率会逐渐衰减，当信号衰减到一定程度时就会造成信号失真，一般当两台计算机之间的距离超过 100m 时就需要在这两台计算机之间安装一个中继器，将已经衰减的信号经过整理，重新产生出完整的信号再继续传送。中继器从一个网络电缆里接收信号并放大，再将其送入下一个电缆。

（3）集线器。集线器的英文为 Hub。Hub 是“中心”的意思，集线器的主要功能是对接收到的信号进行再生整形放大，以扩大网络的传输距离，同时把所有结点集中在以它为中心的结点上。它工作于 OSI 参考模型的第一层，即“物理层”。集线器与网卡、网线等传输介质一样，属于局域网中的基础设备。集线器实际上就是中继器的一种，二者的区别仅在于集线器能够提供更多的端口服务，所以集线器又叫多口中继器。

（4）网桥。网桥也叫桥接器，是连接两个局域网的一种存储 / 转发设备，它能将一个大的 LAN 分割为多个网段，或将两个以上的 LAN 互联为一个逻辑 LAN，使 LAN 上的所有用户都可访问服务器。

扩展局域网最常见的方法是使用网桥。最简单的网桥有两个端口，复杂些的网桥可以有更多的端口。网桥的每个端口与一个网段相连。

网桥将两个相似的网络连接起来，并对网络数据的流通进行管理。它工作于数据链路层，不但能扩展网络的距离或范围，而且能提高网络的性能、可靠性和安全性。网桥可以是专门的硬件设备，也可以由计算机加装的网桥软件来实现，这时计算机上会安装多个网卡。

网桥的功能在延长网络跨度上类似于中继器，然而它能提供智能化连接服务，即根据帧的终点地址处于哪一网段来进行转发和滤除。网桥对站点所处网段的“了解”是靠“自主学习”实现的，有透明网桥、转换网桥、封装网桥、源路由选择网桥。

（5）交换机。传统的交换机是从网桥发展而来的，交换机是一个简化、低价、性能高和端口集中的网络互连设备，交换机能基于目标 MAC 地址转发信息，而不是以广播方式传输。交换机中存储并且维护着一张计算机网卡地址与交换机端口的对应表，它对接收到的所有帧进行检查，读取帧的源 MAC 地址字段后，根据所传递的数据包目的地址，按照对应表进行转发，每一个独立的数据包可以从源端口送至目的端口，以避免和其他端口发生冲突，如果对应表中没有对应的目的地址，则转发给所有的端口。交换机的基本功能包括地址学习、帧的转发和过滤、环路避免。按是否可网管，交换机分为可网管交换机和不可网管交换机。这两种交换机的区别在哪里呢？不可网管交换机是不能被管理的，只能像集线器一样直接转发数据；可网管交换机是可以被管理的，它具有端口监控、划分 VLAN 等许多普通交换机不具备的特性。一台交换机是否是可网管交换机可以从外观上分辨出来。可网管交换机的正面或背面一般有网管配置的 console 端口，通过串口电缆或并口电缆可以把交换机与计算机连接起来，这样可以通过计算机来配置和管理交换机。

最常见的交换机是以太网交换机，其他常见的交换机有电话语音交换机和光纤交换机等。交换机有多个端口，每个端口都具有桥接功能，可以连接一个局域网、一台高性能服务器或工作站。实际上交换机有时被称为多端口网桥。

交换机采用交换方式进行工作，能够将多条线路的端点集中连接在一起，并支持端口工作站之间的多个并发连接，实现多个工作站之间数据的并发传输，可以增加局域网带宽，改善局域网的性能和服务质量。与集线器不同的是，集线器多采用广播方式工作，接到同一集线器的所有工作站都共享同一速率，而接到同一交换机的所有工作站都独享同一速率。

（6）路由器。路由器是连接互联网中的各局域网、广域网的设备，它会根据信道的情况自动选择和设定路由，然后以最佳路径按先后顺序发送信号。路由器是互联网络的枢纽，目前路由器已经广泛应用于各行各业，各种不同档次的产品已成为各种骨干网内部连接、骨干网间互联和骨干网与互联网互联互通业务的主力军。路由器工作在 OSI 参考模型的网络层，用于连接不同的网络。

（7）网关。从一个房间走到另一个房间，必然要经过一扇门。同样，从一个网络向另一个网络发送信息，也必须经过一道“关口”，这道关口就是网关。顾名思义，网关就是一个网络连接到另一个网络的关口，网关能互连异类的网络，它从一个环境中读取数据，“剥去”数据的老协议，然后用目标网络的协议进行重新包装。网关的用途是在局域网的微型机、小型机或大型机之间作翻译。

2. 网络软件

网络软件一般是指网络操作系统、网络通信协议和应用级的提供网络服务功能的专用软件。网络操作系统是用于管理网络软硬件资源，提供简单网络管理的系统软件。常见的网络操作系统有 UNIX、Netware、Windows Server、Linux 等。UNIX 是一种强大的分时操作系统，以前在大型机和小型机上使用，并已经向 PC 过渡。UNIX 支持 TCP/IP 协议，其安全性和可靠性强，缺点是操作复杂。常见的 UNIX 操作系统有 SUN 公司的 Solaris、IBM 公司的 AIX、HP 公司的 HPUNIX 等。Netware 是 Novell 公司开发的早期局域网操作系统，使用 IPX/SPX 协议，最新版本 Netware 5.0 也支持 TCP/IP 协议，它的安全性、可靠性较强，优点是具有 NDS 目录服务，缺点是操作较复杂。Windows Server 是微软公司为解决 PC 作服务器而设计的，适用于中小型网络，它操作简单方便，缺点是安全性和可靠性较差。Linux 是一个免费的网络操作系统，源代码完全开放，是 UNIX 的一个分支，内核基本和 UNIX 的一样，优点是具有 Windows 的界面、操作简单，缺点是应用程序较少。

网络通信协议是网络中计算机交换信息时的约定，它规定了计算机在网络中互通信息的规则。互联网采用的协议是 TCP/IP，其他常见的协议还有 Novell 公司的 IPX/SPX 等。

7.4　常见网络应用

在 Internet 发展之初，Internet 所提供的服务主要包括远程登录服务（Telnet）、电子邮件服务（E-mail）和文件传输服务（FTP）等。20 世纪 90 年代 Web（或称 WWW）技术的出现，使 Web 服务成为 Internet 中使用最为广泛的应用，这也刺激了 Internet 的快速发展。本节着重介绍 WWW 与 HTTP、信息检索、电子邮件服务、文件传输服务、电子商务和网络社区等内容。

7.4.1　WWW 与 HTTP

万维网（World Wide Web，WWW）是 Internet 上集文本、声音、图像、视频等多媒体信息于一身的全球信息资源网络，是 Internet 的重要组成部分。它的特点在于用链接的方式能非常方便地从因特网的一个站点访问另一个站点，从而主动地按需获取丰富的信息。万维网以客户 / 服务器方式工作，浏览器是用户通向 WWW 的桥梁和获取 WWW 信息的窗口，通过浏览器，用户可以在浩瀚的 Internet 海洋中漫游，搜索和浏览自己感兴趣的所有信息。

WWW 使用统一资源定位符（URL）来标识 WWW 上的各种文档，URL 的一般格式为：

< 协议 >://< 主机 >:< 端口号 >/< 路径 >

HTTP（超文本传送协议）是在客户程序（如浏览器）与 WWW 服务器程序之间进行交互使用的协议。HTTP 是基于客户 / 服务器模式且面向连接的。客户与服务器之间的 HTTP 连接是一种一次性连接，它限制每次连接只处理一个请求，当服务器返回本次请求的应答后便立即关闭连接，下次请求再重新建立连接。这种一次性连接主要考虑到 WWW 服务器面向的是 Internet 中成千上万个用户，且只能提供有限个连接，所以服务器不会让一个连接处于等待状态，及时地释放连接可以大大提高服务器的执行效率。

HTTP 是一种无状态协议，即服务器不保留与客户交易时的任何状态，这就大大减轻了服务器的记忆负担，从而保持较快的响应速度。HTTP 是一种面向对象的协议，允许传送任意类型的数据对象。它通过数据类型和长度来标识所传送的数据内容和大小，并允许对数据进行压缩传送。

典型的 HTTP 事务处理过程为：首先，客户与服务器建立连接；其次，客户向服务器提出请求；然后服务器接受请求，并根据请求返回相应的文件作为应答；最后，客户与服务器关闭连接。

HTTP 协议虽然使用极为广泛，但是却存在不小的安全缺陷，主要是其数据的明文传送和消息完整性检测的缺乏，而这两点恰好是网络支付、网络交易等新兴应用中安全方面最需要关注的。关于 HTTP 协议的明文数据传输，攻击者最常用的攻击手法就是网络嗅探，试图从传输过程当中分析出敏感的数据，例如管理员对 Web 程序后台的登录过程等，从而获取网站管理权限，进而渗透到整个服务器的权限。即使无法获取到后台的登录信息，攻击者也可以从网络中获取普通用户的隐秘信息，包括手机号码、身份证号码、信用卡号等重要资料，导致严重的安全事故。

另外，HTTP 协议在传输客户端请求和服务端响应时，唯一的数据完整性检验就是在报文头部包含了本次传输数据的长度，而对内容是否被篡改不作确认。因此攻击者可以轻易地发动中间人攻击，修改客户端和服务端传输的数据，甚至在传输数据中插入恶意代码，导致客户端被引导至恶意网站中并被植入木马。

由于 HTTP 协议存在安全缺陷，人们开发出了 HTTPS 协议，用 HTTPS 协议逐步代替 HTTP 协议。HTTPS 协议是由 HTTP 加上 TLS/SSL 协议构建的可进行加密传输、身份认证的网络协议，主要通过数字证书、加密算法、非对称密钥等技术完成互联网数据传输加密，实现互联网传输安全保护。HTTPS 协议的设计目标主要有以下 3 个。

（1）数据保密性：保证数据内容在传输的过程中不会被第三方查看。就像快递员传递包裹一样，都进行了封装，别人无法获知里面装了什么。

（2）数据完整性：及时发现被第三方篡改的传输内容。就像快递员虽然不知道包裹里装了什么东西，但它有可能中途被调包，数据完整性就是指如果数据被调包，能轻松地被用户发现并拒收。

（3）身份校验安全性：保证数据到达用户期望的目的地。就像邮寄包裹时，虽然是一个封装好的未调包的包裹，但必须确定这个包裹不会送错地方，通过身份校验来确保包裹送对了地方。

7.4.2 信息检索

在进入信息时代之前，人们普遍感觉到信息的匮乏，主要原因是当时缺乏有效的信息交流工具和信息传递方式。Internet 的出现极大地丰富了信息资源，但是人们仍然感到难以搜寻到所需要的信息（尽管 Internet 上存在大量这样的信息）。网络搜索引擎就是要解决如何在 Internet 这个浩瀚的信息海洋中及时、准确地找到所需的信息。

搜索引擎是指根据一定的策略、运用特定的计算机程序从互联网上搜集信息，在对信息进行组织和处理后，将其展示给用户的一个系统。搜索引擎包括全文索引、目录索引、元搜索引擎、垂直搜索引擎、集合式搜索引擎、门户搜索引擎、免费链接列表等。

一个搜索引擎由搜索器、索引器、检索器、用户接口 4 个部分组成。搜索器的功能是在互联网中漫游、发现和搜集信息。索引器的功能是“理解”搜索器所搜索的信息，从中抽取出索引项，用于表示文档以及生成文档库的索引表。检索器的功能是根据用户的查询在索引库中快速检出文档，进行文档与查询的相关度评价，对将要输出的结果进行排序，并实现某种用户相关性反馈机制。用户接口的作用是输入用户查询、显示查询结果和提供用户相关性反馈机制。

（1）简单查询。简单查询就是用户在搜索引擎中输入关键词，然后点击“搜索”即可，系统很快会返回查询结果，这是最简单的查询方法，使用方便，但是查询的结果不准确，可能包含着许多无用的信息。

（2）高级查询。高级查询主要是在选择关键词和限定检索范围上下功夫，缩小检索范围，同时又要尽量减少漏检。常用的技巧如下：

1）双引号（""）。如果要查找的关键词是一个词组或多个汉字，最好的办法是将要查询的关键词加上双引号（英文状态下的双引号），可以实现精确的查询，这种方法要求查询结果要精确匹配，不包括演变形式。例如在搜索引擎的文字框中输入“电传”，它就会返回网页中有“电传”这个关键字的网址，而不会返回诸如“电话传真”之类的网页。

2）使用加号（+）。在关键词的前面使用加号，也就等于“告诉”搜索引擎该单词必须出现在搜索结果中的网页上，例如在搜索引擎中输入“+ 电脑 + 电话 + 传真”就表示要查找的内容必须要同时包含电脑、电话、传真这 3 个关键词。

3）使用减号（–）。在关键词的前面使用减号，也就意味着在查询结果中不能出现该关键词，例如在搜索引擎中输入“电视台 – 中央电视台”，它就表示最后的查询结果中一定不包含“中央电视台”。

4）通配符（* 和 ?）。通配符包括星号（*）和问号（?），前者表示匹配的数量不受限制，后者匹配的字符数要受到限制，主要用在英文搜索引擎中。例如输入 computer*，就可以找到 computer、computers、computerised、computerized 等单词，而输入 comp?ter 则只能找到 computer、compater、competer 等单词。

5）使用布尔检索。所谓布尔检索是指通过标准的布尔逻辑关系来表达关键词与关键词之间逻辑关系的一种查询方法，这种查询方法允许我们输入多个关键词，各个关键词之间的关系可以用逻辑关系词来表示。

- and：称为逻辑“与”，表示它所连接的两个词必须同时出现在查询结果中，例如，输入 computer and book，要求查询结果中必须同时包含 computer 和 book。
- or：称为逻辑“或”，表示所连接的两个关键词中任意一个出现在查询结果中即可，例如输入 computer or book，要求查询结果中可以只有 computer，或只有 book，或同时包含 computer 和 book。
- not：称为逻辑“非”，表示所连接的两个关键词中应从第一个关键词概念中排除第二个关键词，例如输入 automobile not car，要求查询的结果中包含 automobile（汽车），但同时不能包含 car（小汽车）。
- near：表示两个关键词之间的词距不能超过 n 个单词。

在实际的使用过程中，可以将各种逻辑关系综合运用、灵活搭配，以便进行更加复杂的查询。

6）使用元词检索。大多数搜索引擎都支持“元词”功能，依据这类功能用户把元词放在关键词的前面，这样就可以告诉搜索引擎想要检索的内容具有哪些明确的特征。元词的具体用法如表 7-4 所示。

表 7-4　常用元词

元词	功能	示例
site	表示搜索结果局限于某个具体的网站	笑傲江湖 site:edu.cn
filetype	表示在某一类文件中查找信息	笑傲江湖 filetype:docx
url	表示搜索的关键词包含在 url 链接中	笑傲江湖 url:www.edu.cn
title	表示搜索的关键词包含在网页标题中	title: 笑傲江湖
link	表示搜索所有指向某个链接的网页	link:www.newhua.com

7.4.3 邮件服务

电子邮件是一种用电子手段提供信息交换的通信方式，是互联网应用最广的服务。通过网络的电子邮件系统，用户可以以非常低廉的价格（不管发送到哪里，都只需负担网费）、非常快速的方式（几秒钟之内可以发送到世界上任何指定的目的地）与世界上任何一个角落的网络用户联系。

电子邮件可以是文字、图像、声音等多种形式。同时，用户可以得到大量免费的新闻、专题邮件，并实现轻松的信息搜索。电子邮件的存在极大地方便了人与人之间的沟通与交流，促进了社会的发展。

1. 电子邮件的收发

电子邮件在 Internet 上收发的原理可以很形象地用我们日常生活中的邮寄包裹来形容：当我们要寄一个包裹时，首先要找到任何一个有这项业务的邮局，在填写完收件人姓名、地址等信息之后包裹就寄出并且到了收件人所在地的邮局，那么对方取包裹时就必须去这个邮局才能取出。同理，当我们发送电子邮件时，这封邮件是由邮件发送服务器发出，并根据收信人的地址判断对方的邮件接收服务器而将这封信发送到该服务器上，收信人要收取邮件也只能访问这个服务器才能完成。

2. 电子邮件地址的构成

电子邮件地址由三部分组成，即 user@ 域名。第一部分 user 代表用户信箱的账号，对于同一个邮件接收服务器来说，这个账号必须是唯一的；第二部分 @ 是分隔符，表示“在”的意思；第三部分是用户信箱的邮件接收服务器域名，用以标识其所在的位置。

常见的电子邮件协议有两种：SMTP（简单邮件传输协议）和 POP3（邮局协议）。这两种协议都是由 TCP/IP 协议簇定义的。SMTP 主要负责邮件系统如何将邮件从一台机器传至另外一台机器。POP3 是把邮件从电子邮箱中传输到本地计算机的协议。

在大多数流行的电子邮件客户端程序里面都集成了对 SSL（安全套接层）连接的支持，除此之外，还有很多加密技术也应用到电子邮件的发送、接收和阅读过程中。它们可以提供 128 位到 2048 位不等的加密强度，无论是单向加密还是对称密钥加密都得到了广泛支持。

7.4.4 文件传输服务

文件传输协议的英文简称是 FTP，用于在 Internet 上控制文件的双向传输。基于不同的操作系统有不同的 FTP 应用程序，而所有这些应用程序都遵守同一种协议来传输文件。在 FTP 的使用过程中，用户经常遇到两个概念：下载（Download）和上传（Upload）。下载就是从远程主机拷贝文件至自己的计算机上，上传就是将文件从自己的计算机中拷贝至远程主机上。

什么是 FTP 服务器？简单地说，支持 FTP 协议的服务器就是 FTP 服务器。与大多数 Internet 服务一样，FTP 也是一个客户机 / 服务器系统。用户通过一个支持 FTP 协议的客户机程序连接到远程主机上的 FTP 服务器程序。用户通过客户机程序向服务器程序发出命令，服务器程序执行用户所发出的命令，并将执行的结果返回到客户机。使用 FTP 时必须先登录，在远程主机上获得相应的权限以后方可下载或上传文件。也就是说，要想同哪一台计算机传送文件，就必须具有哪一台计算机的适当授权。换言之，除非有用户 ID 和口令，否则便无法传送文件。通过 IE 浏览器启动 FTP 的方法尽管可以使用，但是速度较慢，还会将密码暴露在 IE 浏览器中，这样不安全。因此，一般都安装并运行专门的 FTP 客户程序。

7.4.5　电子商务

在我国大力推进电子商务发展的过程中，人们从报纸、广播、电视、网络等媒体的报道中，对电子商务或多或少都有了解。那么，究竟什么是“电子商务”呢？世界贸易组织（WTO）的定义为：电子商务（Electronic Commerce）就是通过电信网络进行的生产、营销、销售和流通的活动，它不仅是指基于互联网上的交易活动，而且是指所有利用电子信息技术（IT）来解决问题、降低成本、增加价值以及创造商业和贸易机会的商业活动，包括通过网络实现从原材料查询、采购、产品展示、订购到出货、储运、电子支付等一系列的贸易活动。

电子商务就是把传统的商务活动放在新兴的通信网络上来运作，或者说，是在 Internet 上进行的商务活动。可以从狭义和广义两个方面进行理解。狭义的电子商务也可称为电子交易（E-Commerce），主要指利用电子化手段进行以商品交换为中心的各种商务活动，是交易各方以电子交易方式而不是通过当面交换或直接面谈等方式进行的任何形式的商业交易；广义的电子商务又可称为电子商业（E-Business），主要是利用网络实现所有商务活动业务流程的电子化，不仅包括了面向外部的所有业务流程，如网络营销、电子支付、物流配送、电子数据交换等，还包括了企业内部的业务流程，如企业人力资源管理、客户关系管理、供应链管理、财务管理等，通过内联网以及互联网，将企业的业务合作伙伴充分整合。

电子商务的内涵就是利用计算机技术、网络技术和远程通信技术，借助国际互联网进行联系，有效地组织商务贸易活动，从而实现商务（买卖）过程中的电子化、数字化和网络化行为。对于“电子商务”这个词汇来说，“电子”是技术平台，是一种手段，而“商务”则是核心和目的，一切手段最终都是为目的服务的。

电子商务是基于浏览器 / 服务器应用方式，买卖双方不谋面地进行各种商贸活动，实现消费者的网上购物、商户之间的网上交易和在线电子支付以及各种商务活动、交易活动、金融活动和相关的综合服务活动的一种新型的商业运营模式。电子商务的四要素是商城、消费者、产品和物流。

7.4.6　网络社交

网络社交是指人与人之间的关系网络化，表现为借助于各种社会化网络软件（如 Blog、WIKI、Tag、SNS、RSS 等）构建的社交网络服务平台。网络社交的起点是电子邮件，BBS 把网络社交推进了一步。借助智能手机的普遍性和无线网络的应用网络社交更是把其范围拓展到移动手机平台领域，利用各种交友 / 即时通讯等软件，使手机成为新的网络社交的载体。

根据社交目的或交流话题领域的不同，目前的网络社交主要分为 4 种类型：娱乐交友型、物质消费型、文化消费型和综合型。总的来说，所有社交网站都以休闲娱乐和言论交流为主要特征，最终产物都是帮助个人打造网络关系圈，这个关系圈越来越叠合于网民个人日常的人际关系圈。借助互联网这个社交大平台，网民体验到前所未有的“众”的氛围和集体的力量感。

7.5 互联网安全

互联网安全是一门涉及计算机科学、网络技术、通信技术、密码技术、信息安全技术等多种学科的综合性学科。互联网安全从其本质上来讲就是互联网上的信息安全。从广义来说，凡是涉及互联网上信息的保密性、完整性、可用性、真实性和可控性的相关技术和理论都是网络安全的研究领域。

7.5.1 病毒与木马

计算机病毒是指“编制者在计算机程序中插入的破坏计算机功能或数据，影响计算机使用并且能够自我复制的一组计算机指令或者程序代码”。

杀毒软件的配置

计算机病毒与医学上的“病毒”不同，计算机病毒不是天然存在的，是人利用计算机软件和硬件所固有的脆弱性编制的一组指令集或程序代码。它能潜伏在计算机的存储介质（或程序）里，条件满足时被激活，通过修改其他程序的方法将自己的拷贝或者以演化的形式放入其他程序中，从而感染其他程序，对计算机资源进行破坏。

病毒依附存储介质U盘、硬盘等构成传染源，病毒传染的媒介由工作的环境来决定。病毒被激活时，将自身放在内存中，并设置触发条件，触发条件是多样化的，可以是时钟、系统的日期、用户标识符，也可以是系统的一次通信等。当条件成熟时，病毒就开始自我复制到传染对象中，进行各种破坏活动。

病毒的传染性是病毒性能的一个重要标志。在传染环节中，病毒复制一个自身副本到传染对象中去。为了能够复制其自身，病毒必须能够运行代码并能够对内存运行写操作。基于这个原因，许多病毒都是将自己附着在合法的可执行文件上。如果用户企图运行该可执行文件，那么病毒就有机会运行。可以根据运行时所表现出来的行为将病毒分成非常驻型病毒和常驻型病毒两类。非常驻型病毒会立即查找其他宿主（指病毒所寄生的文件）并伺机加以感染，之后再将控制权交给被感染的应用程序。常驻型病毒会将自己加载到内存并随时准备对执行文件进行传染。

随着网络的发展，木马攻击日益猖獗。木马是黑客进行网络攻击的最常用的工具，黑客利用木马可以很轻松地达到其目的。木马其实是黑客用于远程控制计算机的程序，将控制程序寄生于被控制的计算机系统中，“里应外合”对被感染木马的计算机实施操作。

完整的木马程序一般由两部分组成：一个是服务器端，一个是控制器端。“中了木马”就是指安装了木马的服务器端程序。若计算机被安装了服务器端程序，则拥有相应客户端的人就可以通过网络控制计算机，为所欲为。

木马通常是基于计算机网络的，是基于客户端和服务端的通信、监控程序。客户端的程序用于黑客远程控制，可以发出控制命令，接收服务端传来的信息。服务端程序运行在被控计算机上，一般隐藏在被控计算机中，可以接收客户端发来的命令并执行，将客户端需要的信息发回。

木马发作的必要条件是客户端和服务端必须建立起网络通信，这种通信是基于IP地址和端口号的。藏匿在服务端的木马程序一旦被触发执行，就会不断将通信的IP地址和端口号发给客户端。客户端利用服务端木马程序通信的 IP 地址和端口号在客户端和服务端建立起一个通信链路，客户端的黑客便可以利用这条通信链路来控制服务端的计算机。

运行在服务端的木马程序首先隐匿自己的行踪，伪装成合法的通信程序，然后采用修改系统注册表的方法设置触发条件，保证自己可以被执行，并且可以不断监视注册表中的相关内容。发现自己的注册表被删除或被修改，可以自动修复。

7.5.2 网络防火墙

防火墙的本义是指古代人们房屋之间修建的那道墙，这道墙可以防止火灾发生时蔓延到别的房屋。防火墙技术是指隔离在本地网络与外界网络之间的一道防御系统的总称。在互联网上防火墙是一种非常有效的网络安全模型，通过它可以隔离风险区域与安全区域的连接，同时不会妨碍人们对风险区域的访问。防火墙可以监控进出网络的通信量，仅让安全、核准了的信息进入，同时又抵制对企业构成威胁的数据。防火墙主要有包过滤防火墙、代理防火墙和状态检测防火墙 3 种类型，并在计算机网络中得到广泛的应用。

防火墙的作用是防止不希望的、未授权的通信进出被保护的网络。防火墙可以达到以下目的：一是可以限制他人进入内部网络，过滤掉不安全服务和非法用户；二是防止入侵者接近防御设施；三是限定用户访问特殊站点；四是为监视 Internet 安全提供方便。

防火墙的安装与配置

7.5.3 数据加密与备份

数据加密的目的是保护网络内部的数据、文件、口令和控制信息，保护网络上传输的数据。数据加密技术主要分为数据传输加密和数据存储加密。

数据传输加密技术主要是对传输中的数据流进行加密，常用的有链路加密、结点加密和端到端加密 3 种方式。链路加密的目的是保护网络结点之间的链路信息安全；结点加密的目的是对源结点到目的结点之间的传输链路提供保护；端到端加密的目的是对源端用户到目的端用户的数据提供保护。

在保障信息安全各种功能特性的诸多技术中，密码技术是信息安全的核心和关键技术，通过数据加密技术，可以在一定程度上提高数据传输的安全性，保证传输数据的完整性。一个数据加密系统包括加密算法、明文、密文和密钥，密钥控制加密和解密过程，一个加密系统的全部安全性是基于密钥的，而不是基于算法的，所以加密系统的密钥管理是一个非常重要的问题。数据加密过程就是通过加密系统把原始的数字信息（明文）按照加密算法变换成与明文完全不同的数字信息（密文）的过程。

计算机里面重要的数据、档案或历史记录不论是对企业用户还是对个人用户都是至关重要的，一时不慎丢失，都会造成不可估量的损失，轻则辛苦积累起来的心血付之东流，严重的则会影响企业的正常运作，给科研、生产造成巨大的损失。为了保障生产、销售、开发的正常运行，企业用户应当采取先进、有效的措施对数据进行备份，防范于未然。

数据备份是指为防止系统出现操作失误或系统故障导致数据丢失，而将全部或部分数据集合从应用主机的硬盘或阵列复制到其他的存储介质中的过程。传统的数据备份主要是采用内置或外置的磁带机进行冷备份。但是这种方式只能防止操作失误等人为故障，而且其恢复时间也很长。随着技术的不断发展和数据的海量增加，不少的企业开始采用网络备份。网络备份一般通过专业的数据存储管理软件结合相应的硬件和存储设备来实现。

数据备份必须要考虑数据恢复的问题，包括采用双机热备份、磁盘镜像备份、备份磁带异地存放、关键部件冗余等多种灾难预防措施。这些措施能够在系统发生故障后进行系统恢复。但是这些措施一般只能处理计算机单点故障，对区域性、毁灭性灾难则束手无策，也不具备灾难恢复能力。

7.5.4 网络诈骗防范

如今随着科学技术与经济的发展，骗子骗人的手段也不断多样化，网络诈骗就是其中之一，那么什么是网络诈骗呢？网络诈骗是指以非法占有为目的，利用互联网采用虚构事实或者隐瞒真相的方法，骗取数额较大的公私财物的行为。用户应该提高防范意识，妥善保管自己的私人信息，不要相信天上会掉馅饼；主动学习网络知识，会根据工商红盾和 CA 证书识别真假网站；重视安全技术，比如客户机上杀毒软件要买正版的而且要不断更新；不要向任何组织和个人汇款。

本章习题

一、判断题

1．网络把许多计算机连接在一起，而互联网则把许多网络连接在一起。 （ ）

2．通信线路传输能力的术语是“带宽”，带宽越宽，传输速率就越高，传输速度也就越快。 （ ）

3．广域网的通信子网可以利用公用分组交换网、卫星通信网或无线分组交换网。 （ ）

4．广域网研究的重点是宽带核心交换技术。 （ ）

5．蓝牙技术已经成为各种移动数字终端设备、嵌入式通信设备与计算机之间近距离通信的标准。 （ ）

6．双绞线适合于长距离通信。 （ ）

7．光纤不需要用 ST 型头连接器连接。 （ ）

8．物理层的数据传输单元是比特。 （ ）

9．网络层的数据传输单元是数据包。 （ ）

10．文件传输协议（FTP）工作在网络层。 （ ）

11．172.16.30.56 地址是 B 类地址。 （ ）

12．POP3 主要负责邮件系统如何将邮件从一台机器传至另外一台机器。 （ ）

13．TCP/IP 协议中，FTP 标准命令 TCP 端口号为 20，Port 方式数据端口为 21。（ ）

14．病毒依附存储介质 U 盘、硬盘等构成传染源。 （ ）

15．网络防火墙技术是指隔离在本地网络与外界网络之间的一道防御系统的总称。 （ ）

二、单选题

1．下列关于计算机网络的描述中正确的是（　　）。

A．组建计算机网络的目的是实现局域网的互联

B．连接网络的所有计算机都必须使用同样的操作系统

C．网络必须采用一个具有全局资源调度能力的分布式操作系统

D．互联的计算机是分布在不同地理位置的多台独立的自制计算机系统

2．在计算机网络中联网的计算机之间的通信必须使用共同的（　　）。

A．体系结构　　B．网络协议　　C．操作系统　　D．硬件结构

3．下列关于计算机网络特征的描述中错误的是（　　）。

A．计算机网络建立的主要目的是实现计算机资源的共享

B．网络用户可以调用网络中的多台计算机共同完成某项任务

C．联网计算机既可以联网工作也可以脱网工作

D．联网计算机必须使用统一的操作系统

4．城域网设计的目标是满足城市范围内的大量企业、机关与学校的多个（　　）。

A．局域网互联　　B．局域网与广域网互联

C．广域网互联　　D．广域网与广域网互联

5．城域网的主干网采用的传输介质主要是（　　）。

A．同轴电缆　　B．光纤

C．屏蔽双胶线　　D．无线通信

6．网络的拓扑结构主要有总线型、树型、星型和（　　）。

A．层次型　　B．网格型　　C．表现型　　D．网状型

7．OSI 参考模型划分为层次的原则是（　　）。

①网中各结点都有相同的层次

②不同结点的同种层具有相同的功能

③同一结点内相邻层之间通过接口通信

④每一层使用高层提供的服务，并向其下层提供服务

A．①②④　　B．①②③　　C．②③④　　D．①③④

8．传输层向用户提供（　　）。

A．点到点服务　　B．端到端服务

C．网络到网络服务　　D．子网到子网服务

9．物理层的主要功能是利用物理传输介质为数据联路层提供物理连接以便透明地传送（　　）。

A．比特流　　B．帧序列　　C．分组序列　　D．包序列

10．下列关于网络体系结构描述中错误的是（　　）。

A．物理层完成比特流的传输

B．数据链路层用于保证端到端数据的正确传输

C．网络层为分组通过通信子网选择适合的传输路径

D．应用层处于 OSI 参考模型的最高层

11．TCP/IP 参考模型可以分为 4 个层次：应用层、运输层、网络层与（　　）。

A．网络接口层　　B．主机－网络层

C．物理层　　D．数据链路层

12．下面关于 TCP/IP 传输层协议的描述中，错误的是（　　）。

A．TCP/IP 传输层定义了 TCP 和 UDP 两种协议

B．TCP 是一种面向连接的协议

C．UDP 是一种面向无连接的协议

D．UDP 与 TCP 都能够支持可靠的字节流传输

13．局域网指较小地域范围内的计算机网络，一般是一栋或几栋建筑物内的计算机互联成网。下面关于局域网的叙述中错误的是（　　）。

A．它的地域范围有限

B．它的数据传输率较高

C．局域网内部用户之间的信息交换量大

D．它扩大了信息社会中资源共享的范围

14．在局域网中，若网络形状是由一个信道作为传输媒体，所有结点都直接连接到这一公共传输媒体上，则称这种拓扑结构为（　　）。

A．星型结构　　B．环型结构　　C．树型拓扑　　D．总线型拓扑

15．以下不是局域网主要采用的传输介质的是（　　）。

A．双绞线　　B．同轴电缆　　C．光纤　　D．微波

16．190.168.2.56 属于（　　）IP 地址。

A．A 类　　B．B 类　　C．C 类　　D．D 类

17．以下地址中不是有效 IP 地址的是（　　）。

A．193.243.8.3　　B．193.8.1.2

C．193.1.232.8　　D．193.1.8.257

18．IPv6 的地址长度为（　　）。

A．32 位　　B．64 位　　C．128 位　　D．256 位

19．Internet 中有一种非常重要的设备，它是网络与网络之间相互连接的桥梁，这种设备是（　　）。

A．客户机　　B．路由器　　C．服务器　　D．主机

20．Internet 域名中很多名字含有 .com，它表示（　　）。

A．教育机构　　B．商业组织　　C．政府部门　　D．国际组织

21．以下（　　）服务使用 POP3 协议。

A．FTP　　B．E-mail　　C．WWW　　D．Telnet

22．在加密技术中，作为算法输入的原始信息称为（　　）。

A．明文　　B．暗文　　C．密文　　D．加密

23．计算机病毒是（　　）。

A．一种用户误操作的结果　　B．一种专门侵蚀硬盘的霉菌

C．一类具有破坏性的文件　　D．一类具有破坏作用的程序

24. 完整的特洛伊木马程序一般由两个部分组成，分别是服务器程序和（　　）。

A．隐匿程序　B．控制器程序　C．伪装程序　D．客户端程序

25. 关于防火墙技术的描述中，最常用的防火墙有 3 类，以下不属于防火墙分类的是（　　）。

A．包过滤路由器　B．代理防火墙

C．双穴主机防火墙　D．中心管理机

三、简答题

1. 计算机网络的特征有哪些？
2. 简述无线个人区域网。
3. 网络体系结构采用层次结构的方法具有哪些优点？
4. 简述 TCP/IP 采用的分层体系结构中每一层完成的特定功能。
5. 路由器的作用有哪些？
6. 名词解释：HTTP、木马。
7. 防火墙的作用有哪些？

第 8 章　前沿技术

2019 年 10 月，由中国倡导和举办的第六届世界互联网大会在浙江省桐乡市乌镇举行，大会的主题是“智能互联 开放合作——携手共建网络空间命运共同体”。智能互联正是新一代网络信息技术的推广与应用，如今云计算、物联网和人工智能等前沿技术的快速发展不断催生出新模式、新业态和新产业，以信息技术为代表的新一轮科技革命正在改变我们的生活。本章将依次介绍“互联网 +”、云计算、物联网、大数据、人工智能和区块链等相关内容。其中，上述各项前沿技术及其应用是教学重点，而结合学科专业应用前沿技术进行融合创新是教学难点。

- 了解“互联网 +”行动计划的相关知识。
- 理解云计算的概念及其技术分类。
- 理解物联网的概念及其相关技术。
- 理解大数据的概念及其应用。
- 了解人工智能和专家系统的相关知识。
- 了解区块链的相关知识。

能力目标

- 掌握“互联网 +”农业的相关技能。
- 掌握物联网相关技术的使用方法。
- 掌握与学科相关的专家系统的使用方法。
- 掌握各种语音技术的使用方法。

8.1　“互联网 +”行动计划

2015 年 7 月，为了充分发挥互联网的优势，国务院印发了《关于积极推进“互联网 +行动的指导意见》，强调将互联网与传统产业深度融合，以产业升级提升经济生产力。“互联网 +”行动的总体思路是顺应世界“互联网 +”的发展趋势，充分发挥我国互联网的规模优势和应用优势，推动互联网由消费领域向生产领域拓展，加速提升产业发展水平，增强各行业的创新能力。坚持改革创新和市场需求导向，突出企业的主体作用，大力拓展互联网与经济社会各领域融合的广度和深度。

“互联网 +”代表了一种新的社会形态，能够充分发挥互联网在社会资源配置中的优化和集成作用，将互联网的创新成果与人们工作、生活的各个领域深度融合，全面提升社会的创新力和生产力。

8.1.1　“互联网 +”概述

通俗地说，“互联网 +”就是“互联网 + 传统行业”，但这并不是两者简单的相加，而是利用信息通信技术和互联网平台，使互联网与传统行业深度融合，打造新的发展生态。

1. “互联网 +”概念

“互联网 +”具体可分为两个层次的内容来表述，一层是可以将“互联网 +”中的文字“互联网”与符号 + 分开理解，+ 代表着添加与联合，这表明了“互联网 +”计划的应用范围是互联网与其他传统产业，它是针对不同产业间发展的一项新计划，应用手段则是通过互联网与传统产业进行联合和深入融合的方式进行；另一层是将“互联网 +”作为一个整体概念，其深层意义是传统产业通过互联网化来完成产业升级，把互联网的开放、平等和互动等网络特性在传统产业中加以运用，结合互联网和信息技术改造传统产业的生产方式、产业结构等内容，来增强经济发展动力，提高效益，从而促进国民经济健康有序发展。

国内“互联网 +”理念的提出最早可以追溯到 2012 年 11 月易观国际集团董事长于扬在易观第五届移动互联网博览会上的发言，他首次提出“互联网 +”理念。2015 年 3 月 5 日第十二届全国人大三次会议上，李克强总理在政府工作报告中首次提出“互联网 +”行动计划，推动移动互联网、云计算、大数据、物联网等与现代制造业结合，促进电子商务、工业互联网和互联网金融健康发展，引导互联网企业拓展国际市场。从而“互联网 +”行动计划上升为国家战略。2015 年 12 月，在第二届世界互联网大会的“互联网 +”论坛上，由中国互联网发展基金会发起倡议，联合百度、阿里巴巴和腾讯等企业共同成立“中国互联网 + 联盟”。

2. “互联网 +”特征

“互联网 +”作为当下各行业的研究热点，主要有跨界融合、创新驱动、重塑结构、尊重人性、开放生态和连接一切这六大特征。

（1）跨界融合。将先进的信息技术融入到传统企业生产，可以有效提高生产效率，降低数据错误概率，提升企业决策水平，为企业带来实实在在的效益。

（2）创新驱动。我国过去的粗放式资源驱动型增长早就难以为继，必须转变到创新驱动发展的正确道路上来。用互联网思维创新生产、转型升级，可以更好地发挥创新优势。

（3）重塑结构。信息革命全球化，互联网已经打破了原有的社会结构、经济结构、地缘结构和文化结构，给社会带来更多的转型机会。

（4）尊重人性。人性光辉是推动科技进步、经济增长、社会进步、文化繁荣的最根本的力量，互联网的力量之强大最根本的也是来源于对人性最大限度的尊重、对人体验的敬畏、对人创造性发挥的重视。

（5）开放生态。生态是“互联网 +”非常重要的特征，而生态的本身就是开放的。推进“互联网 +”，其中一个重要的方向就是把孤岛式创新连接起来，让研发由人性决定的市场驱动，让创新并努力的人有机会实现价值。

（6）连接一切。“互联网 +”实现了网络与各行业的连接，它就像是一张大网连接企业、市场和人才，实现了世界万物之间的互连。

3. “互联网 +” 应用

目前，不论是传统行业的转型升级，还是新兴行业的全民创业，“互联网 +” 都是一个热门词汇。它代表着信息技术与行业的融合和创新，如互联网金融、共享出行，以及信息技术与传统农业、工业和教育等融合创新，为行业发展注入新的活力。

（1）互联网金融。蚂蚁金服旗下的余额宝作为互联网金融的典型代表，给传统银行的金融业务带来了冲击。自 2013 年 6 月面世以来，余额宝用极短的时间发展成为我国规模最大的货币基金。随之以在线理财、支付、电商小贷、P2P、众筹等为代表的互联网嫁接金融的模式纷纷进入大众视野。互联网金融成为了一个新兴行业，为民众提供了多元化的投资理财选择。

2014 年，我国互联网银行落地，标志着“互联网 +” 金融进入了新阶段。2015 年 1 月，腾讯作为主要股东的国内首家互联网民营银行——深圳前海微众银行试营业。2015 年 6 月，阿里巴巴旗下的浙江网商银行上线。互联网银行模式大大降低了金融交易成本，节省了有形的网点建设和管理安全等庞大的成本、节省了大量人力成本、节约了客户跑银行网点的时间成本等。互联网银行还大大提高了金融交易的效率，客户在任何地点、任何时间都可以办理银行业务，不受时间、地点和空间的约束。互联网银行借助于网络化、程序化交易和计算机快速、自动化处理，大大提高了银行业务处理的效率。

（2）共享出行。“互联网 +” 交通为传统交通运输注入了新活力，消费者可以使用软件打车、网络购票、地图导航，以及使用共享单车和共享汽车等出行。从国外的 Uber、Lyft 到国内的滴滴打车、神州专车等，移动互联网催生了一大批新生企业，虽然它们在一定程度上还存在着争议，但它们通过把移动互联网和传统出行相结合，真正改善了人们的出行方式，增加了车辆的使用率，推动了互联网共享经济的发展。

在当下的信息社会里，“互联网 +” 应用随处可见。共享充电宝、打车 App、在线旅游、移动支付、互联网医疗等与消费者密切相关，极大程度地方便了人们的生活。

8.1.2 “互联网 +” 工业

“互联网 +” 工业是指传统制造企业采用移动互联网、云计算、大数据和物联网等信息通信技术，改造原有产品的研发和生产方式，与工业互联网、工业 4.0 的内涵一致。其本质和核心是通过互联网平台把设备、生产线、工厂、供应商、产品和客户紧密地连接起来，从而帮助制造业拉长产业链，形成跨设备、跨系统、跨厂区和跨地区的互联互通，提高生产效率，推动整个制造服务体系智能化，实现制造业和服务业之间的跨越发展，使工业经济的各种要素资源能够高效共享。

未来的工业体系将更多地通过互联网技术，以网络协同模式开展生产，制造企业从顾客需求开始到接收订单、寻求生产合作、采购原材料、进行产品设计、制订生产计划以及付诸生产，整个环节都通过网络连接在一起，彼此相互沟通。

“互联网 +” 工业可细分为移动互联网、云计算、物联网和网络众包 4 类行业融合模式。

1. 移动互联网 + 工业

传统制造商可以在汽车、家电、机械等工业产品上增加网络软硬件模块，实现用户远程操控、数据自动采集分析等功能，改善工业产品的使用体验。同时在产品研发和销售方面，

移动互联网 + 工业可以迅速反映市场需求，深度发掘分析，实现产品个性化、制造服务化，以市场数据驱动技术研发，形成自下而上的生产导向。

2. 云计算 + 工业

基于云计算技术，互联网企业可以打造统一的智能产品软件服务平台，为不同厂商生产的智能硬件设备提供统一的软件服务和技术支持，优化用户的使用体验，并实现各产品的互联互通，产生协同价值。

3. 物联网 + 工业

运用物联网技术，企业可以将生产设施接入互联网，构建网络化物理设备系统，进而使各生产设备能够自动交换信息、触发动作和实施控制。物联网技术有助于加快生产制造实时数据信息的感知、传送和分析，加快生产资源的优化配置，实现过程虚拟化。它可以有效缩短生产周期，减少原材料用量和环境负荷，提高生产效率，降低工厂成本，进而提高产品市场竞争力。

4. 网络众包 + 工业

在互联网的帮助下，企业通过自建或借助现有的“众包”平台发布研发创意需求，广泛收集客户和外部人员的想法和建议，从而扩展创意来源。其中，我国工业和信息化部信息中心搭建了“创客中国”创新创业服务平台，链接创客的创新能力与工业企业的创新需求，为企业开展网络众包提供了可靠的第三方平台。

传统制造业长期以来依靠劳动力、土地、资源等低成本优势，通过规模化生产，创造了一定的竞争优势。但其传统生产方式难以适应互联网时代下的用户个性化、定制化和精准化需求，更难成为未来的智能制造业。想要在互联网时代保持优势，传统企业必须主动融入“互联网 +”思想。智能制造使传统制造业融入互联网，借助互联网平台，企业、客户及利益相关方参与到价值创造、价值传递和价值实现等生产制造环节。“互联网 +”工业将促成“中国智造”。

8.1.3 “互联网 +”农业

在当今的信息时代，传统的粗放式农业生产显然已不能适应时代发展，将信息技术运用到农业生产，使用传感器对土壤、肥力、气候等数据进行自动化采集，再结合信息系统进行科学分析，然后据此提供种植、施肥相关的解决方案，大大提升农业生产效率。同时借助于自动化装置进行自动灌溉、施肥和喷洒农药等，使农作物始终处于最优的生长环境，从而提高农作物的产量和品质。农业信息的互联网化将有助于农业与需求市场的对接。掌握信息技术的新型农民不仅可以利用互联网获取先进的技术信息，也可以通过大数据掌握最新的农产品价格走势，从而决定农业生产的重点。与此同时，农产品电子商务通过互联网交易平台减少农产品买卖的中间环节，切实增加农民收益。“互联网 +”农业在我国有着广阔的发展空间。

“互联网 +”农业是生产方式、产业模式和经营手段的创新，通过便利化、实时化、物联化和智能化等手段，对农业的生产、经营、管理和服务等产业链环节进行深度改造，为农业现代化发展提供新动力。以“互联网 +”农业为驱动，有助于发展智慧农业、精细农业、高效农业和绿色农业，提高农产品的产量和质量，降低农产品生产成本，增加市场竞争力，实现由传统农业向现代农业的转型。

数字畜牧业

1. “互联网 +”农业促进智慧农业发展

“互联网 +”促进智慧农业升级，实现农业生产过程的精准智能管理，有效提高劳动生产率和资源利用率，促进农业可持续发展，保障粮食安全。重点突破农业传感器、北斗卫星农业应用、农业精准作业、农业智能机器人、全自动智能化植物工厂等前沿和重大关键技术。建立农业物联网智慧系统，将其在大田种植、设施园艺、畜禽养殖和水产养殖等领域广泛应用。开展面向农作物主产区、粮食作物长势监测、遥感测产与估产、重大灾害监测预警等的农业生产智能决策支持服务。

2. “互联网 +”农业助力农业生态发展

集中打造基于“互联网 +”的农业产业链，积极推动农产品生产、流通、加工、储运、销售和服务等环节的互联网化，构建农业综合信息服务平台，加强农业生产中的农药、化肥、灌溉等环节的监管。助力休闲农业和生态农业的快速发展，提升农业的生态价值、休闲价值和文化价值。

3. “互联网 +”农业助力农村“双创”行动

“互联网 +”加速农业科技成果转化，激发农村经济活力，推动“大众创业、万众创新”蓬勃发展。积极落实科技特派员和农技推广员农村科技创业行动，创新信息化条件下的农村科技创业环境。加快推动国家农业科技服务云平台建设，构建基于“互联网 +”的农业科技成果转化通道，提高农业科技成果转化率。搭建农村科技创业综合信息服务平台，引导科技人才、科技成果、科技资源和科技知识等现代科技要素向农村流动。同时，借助于网络平台共享农业数据资源，推动农业科技创新资源共建共享。

4. “互联网 +”农业助力农产品销售

“互联网 +”农业破解了“小农户与大市场”对接难题，提高了农产品流通效率，实现了农产品增值和农民增收。构建基于信息技术的农产品冷链物流、信息流、资金流和农产品电子商务的网络化运营体系，推动农产品网上期货交易、农产品电子交易、粮食网上交易等，加快推进美丽乡村、“一村一品”项目建设。

5. “互联网 +”农业助力新型职业农民培育

“互联网 +”培养造就有文化、懂技术、会经营的新型职业农民，为加快现代农业建设提供人才支撑。加强新型职业农民培训体系建设，构建基于“互联网 +”的新型职业农民培训虚拟网络教学环境，大力培养生产经营型、职业技能型和社会服务型的新型职业农民；积极推动智慧农民云平台建设，研发基于智能终端的在线课堂、互动课堂和认证考试的培训教育平台，实现新型职业农民培育的网络化、移动化和智能化。

6. “互联网 +”农业助力农产品质量安全保障

“互联网 +”农业有助于提高农产品质量安全的网络化监管，提高农产品质量安全水平切实保障食品安全和消费安全。推进农产品质量安全管控全程信息化，提高农产品监管水平构建基于“互联网 +”的产品认证、产地准出等信息化管理平台，推动农业生产标准化建设积极推动农产品风险评估预警，加强农产品质量安全应急处理能力建设。

8.1.4 “互联网 +”教育

“互联网 +”教育是指把信息技术应用于教育领域（教育管理、教育教学和教育科研等）

通过对教育信息资源的开发和利用，全面深入地促进教育改革与发展。其技术特点是数字化、网络化、智能化和多媒体化，具有开放、共享、交互和协作等基本特征。以互联网教育促进教育现代化，用信息技术改变传统模式。相较于传统教育模式，“互联网 +”教育在信息传输速度、信息质量保证、信息成本控制和信息交流便捷等多个方面具有显著优势。

“互联网 +”教育是随着当今科学技术的不断发展，信息技术与教育领域相融合的一种新的教育形式。在现代信息社会，学生通过 App 下载和提交作业，在群里讨论功课，以及上网搜索资料等，已成为学生学习的一种习惯。“互联网 +”教育既有利于提高学生上网学习和交流的能力，增长知识，开阔视野，而且也有利于激发学生的求知欲和好奇心，从而使学生养成独立思考和积极探索的良好习惯。

“互联网 +”教育促进了教育新生态的重建，尤其在高等教育领域更是如此。互联网不仅改变了教育观念，丰富了教育手段，还极大地拓展了高校教育的发展空间，推动高校从“标准化”教育向“个性化”教育发展。随着“互联网 +”教育发展战略的实施，运用现代技术手段推动教育现代化，构建网络化、数字化、个性化和终身化教育体系是未来高校教育发展的必由之路。

互联网新技术、新思维既给高校传统教育带来了新活力，也对传统教育的理念、方式及发展路径带来了挑战。

1. 促进高等教育从封闭走向开放

在信息时代，知识与技术是社会生产力和经济竞争力的关键因素。在信息时代，知识本身的激增、剧变和更新频率加快，同时知识发展也愈发高度综合，各学科融合、渗透、交叉，使得一切领域都受到广泛的冲击和影响。“互联网 +”打破了权威对知识的垄断，让教育从封闭走向开放。

互联网促进了高校教育资源的互通共享。互联网技术的综合应用将教育资源优化配置，打破了高校的资源共享围墙，不仅整合了高校间的教育信息、科研信息和图书馆等资源，实现校际共享，缩小了高校教育资源配置差异，还打通了高校与社会间资源的共建共享，让理论与实践的联系更加紧密，促进科研成果的转化和校企合作的精准对接。同时，“互联网 +”教育促进了中国与世界教育数据的开放共享，推动了全球性知识库的扩充和各国教育领域的深度合作。

2. 推动高校教学方式的转变

在传统的教育生态中，教师和教材是知识的权威来源，学生是知识的接受者，教师因其知识量优势而获得课堂控制权。在“互联网 +”时代，学生获取知识已变得非常快捷，师生间知识量的天平并不必然偏向教师，因此教师和学生的界限也不再泾渭分明。此时，教师必须调整自身定位，由传统的知识传授者成为学生学习的组织者和引导者，合理设计学习活动，组织学生发现、寻找、搜集和利用学习资源，激发学生的学习动力，保持学生的学习兴趣，帮助学生在自主探索和合作交流中理解和掌握知识与技能。

“互联网 +”教育同时也推动着学生学习方式的转变，学生由知识的接受者变为知识的实践者，基于大数据发展个性化自适应学习，根据自身的特征和兴趣构建适合自己的学习途径和学习对象，把知识被动接受转变为自主学习和个性化学习。

3. 推进教育资源重新配置和整合

“互联网 +”教育的优越性毋庸置疑。一方面它极大地放大了优质教育资源的作用和价值，从传统的一个老师只能服务几十个学生扩大到能服务几千个，甚至几万个学生。另一方面，互联网“联通一切”的特性使跨区域、跨行业和跨时间的合作研究成为可能，这也在很大程度上规避了低水平的重复，加速了研究水平的提升。在“互联网 +”的冲击下，传统的因地域、时间和师资力量导致的教育鸿沟将逐步被缩小。

以慕课和微课为代表的基于互联网的教学模式突破了学习时间和空间的局限，使课程资源得以共享，有助于实现教育公平，促进优质教育均衡发展。国内外高校一直在“互联网 +”教育的道路上探索着，我国于 2003 年启动高等学校精品课程建设工作，经过十多年的资源积累，国家级精品课程建设数量约 4000 门，省级精品课程和校级精品课程超过 20000 门。2014 年教育部“爱课程”网与网易携手推出了拥有中国自主知识产权的在线教育平台，即中国大学 MOOC，让更多的人能够接触到名校、名师。随后国内各高校纷纷加入互联网教育的实践大军。随后清华大学的学堂在线 MOOC 平台、上海交通大学的“好大学在线”平台、深圳大学成立的优课联盟 UOOC 等，都开始对外开放。

8.2 云计算

美国计算机科学家约翰·麦卡锡（John McCarthy）在 1961 年的一次演讲中，提出了要像使用水、电资源那样使用计算资源的想法。2006 年，Google 首先提出“云计算”的应用模式，即由一些大的专业网络公司搭建它的“云”（计算机存储和运算中心），用户借助浏览器通过互联网来使用“云”所提供的资源和服务。随后，亚马逊公司、IBM 公司和微软公司等 IT 巨头都纷纷宣布了自己的“云”计划。

8.2.1 云计算概述

云计算是一种具有开创性的新计算机技术，它是传统计算机和网络技术发展到一定阶段融合的产物，是通过互联网提供计算能力。

1. 云计算的含义

云计算是基于互联网服务的增加、使用和交付模式，通常涉及借助于互联网来提供动态、易扩展，且经常是虚拟化的资源。

云计算的含义一方面是指厂商通过分布式计算和虚拟化技术搭建数据中心或超级计算机，主要以免费或按需租用的方式向技术开发者和企业客户提供数据存储和分析，以及科学计算等服务。另一方面云计算是指厂商建立网络服务器集群，把在线软件使用、硬件租借、数据存储和计算分析等不同类型的服务提供给不同类型的客户。

2. 云计算的组成

云计算的“云”是指存在于互联网服务器集群上的资源，它包括硬件和资源软件资源。硬件资源主要指服务器、存储器和 CPU 等，软件资源主要指应用软件和集成开发环境等。云计算就是一种网络资源共享，本地计算机 A 只要通过互联网发送需求信息，云端就会有成千上万台的计算机（B、C、D、…、N）为其提供资源和服务，并将计算结果返回到计算机 A。在这个过程中，本地计算机 A 几乎不用工作，就可以借助于云计算所提供的计算机群完成相应的操作。

云计算环境下，用户形成了“购买服务”的使用理念，他们面对的不再是复杂的硬件和软件，而是最终的服务。用户不需要额外购买硬件设备，从而节省了购买费用和等待时间，只需要把钱转给云计算服务提供商，就能立刻享受服务。云计算的最终目标是将计算、服务和应用作为一种公共设施提供给消费者。

3. 云计算的优点

云计算是一场新的科技革命，它将深刻改变信息产业格局，并改变我们的生活。云计算主要具有以下优点：

（1）信息的扩展性。云计算的服务量随着用户群体数量与日俱增，云计算过程中用户可以非常方便地在云端获得资源。如果某个环节出现安全问题，云计算系统会将这个结点进行隔离，然后迅速排除安全隐患，等到问题解决后再将其投入使用。

（2）资源的共享性。云计算运行的目的是实现资源共享，这也是对用户的主要贡献之一。云计算可以不受地域限制，即使用户处于世界的另一端，只要有网络覆盖，用户对云数据的需求都能得到满足。云计算系统服务商拥有庞大的计算机服务器系统，能够通过网格建立起一个足够大的平台。然后在这个平台中，用户的计算机或者手机能够获取所需的服务，这样极大地增加了知识和信息的共享度，同时服务商的运营成本也得以降低，从而优化了资源配置。

（3）管理的灵活性。虽然用户的需求千差万别，但云计算技术可以满足各种各样的需求。云计算系统在为用户提供服务之前，会对用户的需求做一定的了解。然后根据用户要求来制订服务计划，为用户提供所需的数据，配置相应的能力和应用。用户可以参与到云计算模式的管理和维护中来，在增加或删除某些应用上提供意见，云计算系统也从而更了解用户，进而在后续服务中能更好地解决用户需求。

（4）较高的性价比。云计算虽然是一项高科技领域的新技术，但是其成本投入并不高。对于消费者来说，云计算系统十分经济实惠，因为既不需要为云计算系统配置高端的设备，也不需要对系统进行更新和维护，客户只需要对云计算系统的服务商提出自己定制的需求，系统维护由云计算服务商负责，这样用户可以用最少的资金投入体验到最优质的服务。

（5）可靠的服务系统。云计算系统的服务商拥有庞大的计算机服务器系统，数据和信息的存储、传输都是在一个虚拟网络平台上进行，计算机服务器可以做到分工明确、各司其职。目前，云计算系统趋于可靠和稳定，只要某一个服务器出现安全问题，备用服务器会迅速投入到工作中，完成问题服务器所进行的任务。云计算技术相对于传统互联网应用模式，不仅能够确保服务的灵活性、高效性和精确性，还能够为用户带来更加完美的网络体验，以及为企业带来更多的效益。

8.2.2　云计算技术分类

云计算时代有专门的云计算服务商，有新的系统架构，极大地改变了信息消费模式。云计算可以从不同的角度进行分类。

1. 按服务对象分

按服务对象的不同，云计算可分为公有云、私有云和混合云 3 种，这种分类主要出现在商业领域中。

公有云服务对象是面向公众的云计算服务。企业、机构利用外部云为自己的用户服务，将云服务外包给公共云的提供商，由此来减少构建云计算设施的成本。如亚马逊 AWS 和微软 Azure。私有云通常由企业、机构自己拥有，私有云特定的云服务功能不会直接对外开放。混合云是包含公有云和私有云的混合应用，在通过外包减少成本的同时，通过私有云确保敏感数据的控制。

2. 按服务模式分

云计算按服务模式可分为基础设施即服务（Infrastructure as a Service，IaaS）、平台即服务（Platform as a Service，PaaS）和软件即服务（Software as a Service，SaaS）3 种。

基础设施即服务（IaaS）是指用户无需购买硬件，通过互联网可以从云计算系统的计算机基础设施中获得相应的服务，部署自己的 OS 和进行计算。服务商把多台服务器组成庞大的基础设施来为用户提供服务，这需要使用网格计算、集群和虚拟化等技术实现，这里的用户一般是商业机构而不是终端消费者。IaaS 最著名的提供商有亚马逊 AWS。

平台即服务（PaaS）是指云计算系统提供一种软件研发平台的服务，将可以访问的完整或部分应用程序的开发平台提供给用户。用户不再控制 OS，而是利用云计算提供的 OS 和开发环境进行开发。PaaS 作为一个完整的开发服务，提供了从开发工具、中间件到数据库软件等开发者构建应用程序所需的所有开发平台的功能。微软 Azure 就是一个具体的 PaaS。

软件即服务（SaaS）是指云计算系统通过互联网把软件作为一种服务提供给用户，用户不需要单独购买软件，而是向服务商租用基于 Web 的软件使用。软件作为一种服务来提供完整可直接使用的应用程序，在平台层以面向服务架构的方法为主，使用不同的体系应用架构，具体需要用不同的技术支持来得以实现，表示在软件应用层使用 SaaS 模式。SaaS 是云计算的最上层，是基于平台的具体应用，是距离用户最近的那一层，如图 8-1 所示。

3. 按技术路线分

云计算按技术路线分类，可以分为资源整合型和资源切分型两种。

资源整合型云计算在技术实现方面大多体现为集群架构，通过整合大量结点的计算资源和存储资源后输出。这类系统通常能构建跨结点弹性化的资源池，分布式计算和存储技术是其核心技术。

资源切分型云计算是目前应用较为广泛的技术，如虚拟化系统，它运用系统虚拟化对单个服务器资源实现弹性化切分，从而有效地利用服务器资源。虚拟化技术是资源切分型云计算的核心，其优点在于用户系统可以不进行任何改变而接入云系统，尤其是桌面云计算技术应用得较为成功。

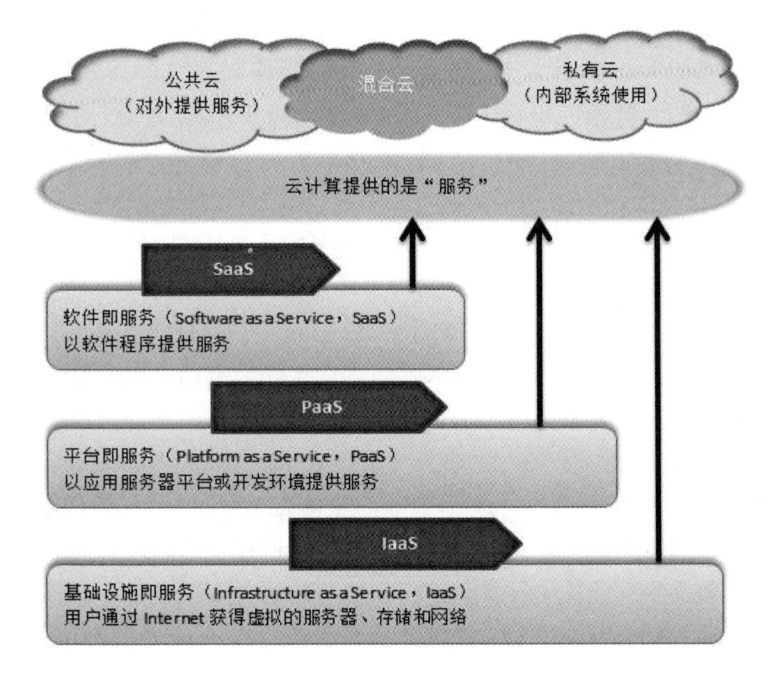

图 8-1　云计算服务分类

8.2.3　云计算应用

目前，在全球云计算市场上，亚马逊 AWS、微软 Azure 和阿里云的市场占有率处于领先位置，其次是 IBM 云和 Google 云。其中，受益于中国云计算市场的高速增长，阿里云近年来和未来几年内将会保持高速发展态势。

1. 亚马逊 AWS

作为世界最著名的电子商务公司之一，亚马逊公司为了满足旺季的销售需要，不得不购买很多服务器来应对超常的客户访问量。而购物旺季结束之后，这些服务器就会处于闲置而得不到充分的利用。为了充分利用服务器，亚马逊开始尝试将这些物理服务器虚拟成虚拟服务器，并租赁给愿意花钱购买虚拟服务器的客户，这就是亚马逊云计算平台的弹性计算云。

亚马逊将自己的弹性计算云建立在公司内部大规模集群计算平台上，而用户可以通过弹性计算云的网络界面去操作云计算平台上的各个实例，用户按使用资源的多少付费。除网络零售服务外，云计算也是亚马逊的核心价值所在。亚马逊对云计算的研究仍在不断深入，未来会在弹性计算云的平台基础上添加更多的网络服务组件模块，弹性计算云平台的功能将会不断扩大，能够为用户提供更多的便利。

2. 微软云

微软公司进入云计算领域比较晚，其主要强调的是“云端计算”，注重的是云端和终端的均衡。Azure 是微软推出的云计算平台，属于可扩展、虚拟化的托管环境，其主要作用是提供一整套完整的开发、运行和监控的云计算环境，为软件开发人员提供服务接口。

2008 年 10 月，在洛杉矶举行的专业开发者大会上，微软宣布了云计算战略和云计算平台 Azure。经过两年的全球性调研、设计、开发和测试，Azure 正式公开。2014 年 4 月，微软将 Azure 云业务提升到公司的战略层面。次年，微软再次把 Azure 的定位修正为智能云，这预示着微软正在摆脱 IaaS 层的竞争，大步迈进提供高端服务的 PaaS 层。除了 Azure，微软还有针对普通消费者的云服务，如云存储 SkyDrive 和云端办公软件套件 Office 365 等。

3. 阿里云

2009 年 9 月，阿里巴巴集团成立新的子公司阿里云专注于云计算领域的研究，从客户域名注册、网站建设、空间租赁到云主机、云邮箱和私有云，阿里云为中小型企业提供了一站式的互联网服务。截止到目前，阿里云在国内市场占有绝对领先优势，遥遥领先于其他国内厂商的云服务，其与世界上的亚马逊 AWS 和微软 Azure 名列前三。

阿里云最大的优势是稳定性和可靠性高，作为淘宝和天猫两大电商巨头的云服务提供商，阿里云已经成功经历了多次“双十一”的极端考验，阿里巴巴的云计算也被称为电子商务云。阿里云独立研发的飞天开放技术平台主要负责管理 Linux 集群的物理资源，控制分布式程序运行，并隐藏下层故障恢复和数据冗余等细节，从而将大量的服务器联成一台超级计算机，这台超级计算机以公共服务的方式将存储资源和计算资源提供给用户。

目前，阿里云得益于其领先的技术和国内云服务的巨大市场需求，保持多年的快速发展，其服务客户数量、服务规模和技术能力，都处于世界领先水平。

8.3 物联网

物联网是继互联网和移动互联网之后的又一次技术革命，是新一代信息技术的重要组成部分。随着物联网技术的快速发展，其应用已渗透到人们生产和生活的各个方面，如 ETC 缴费系统、二代身份证和门禁卡等。

8.3.1 物联网概述

物联网将网络的用户端延伸和扩展到任何物与物之间，是一种新型的信息传输和交换形态，近年来物联网为全球经济发展带来强劲的推动力。

1. 物联网的含义

1999 年，美国 MIT 自动识别技术中心的 Ashton 教授在研究射频识别技术（RFID）时最早提出了“物联网”的概念，即 Internet of Things，简称 IOT。

2005 年 11 月，在突尼斯信息社会世界峰会上，国际电信联盟（ITU）发布了《ITU 互联网报告 2005：物联网》。报告指出，物联网是一种将各类信息传感设备（如 RFID、红外感应器、GPS 和激光扫描器等）与互联网结合起来，并可以实现智能化识别和管理的网络。这种说法突出了物联网是一种全新的动态网络，同时还强调了两方面的含义：一是物联网的核心和基础仍然是互联网，并且是在互联网基础上延伸的应用网络；二是物联网的终端从人与人通信扩展到了人与物、物与物之间的信息通信，进而实现智能化的管理。

2. 物联网的特征

物联网是现代信息技术发展到一定阶段后出现的一种聚合性应用与技术提升，将各种传感器技术、网络技术、人工智能和自动化控制集成为一种综合应用，实现了人与物、物与物之间的智能对话。与传统的互联网相比，物联网有其鲜明的特征。

（1）物联网具有全面感知特征，它是各种感知技术的广泛应用。物联网上部署了海量的多种类型的感知标签和传感器，每个感知标签或传感器都是一个信息源，不同类别的感知标签或传感器所采集的信息内容和信息格式也不同。

（2）物联网具有互联网特征，它是一种建立在传统通信网络和互联网上的应用型网络。物联网技术的重要基础和核心仍然是互联网，通过各种有线和无线网络的融合，将物体的信息实时准确地传递出去。在物联网上的传感器采集到的海量信息需要通过网络传输，在传输过程中，为了保障数据的正确性和及时性，必须适应各种异构网络和协议。

（3）物联网具有智能化特征，它不仅提供了传感器连接，其本身也具有智能处理能力，能够对物体实施智能控制。物联网将传感器和智能处理相结合，利用数据挖掘、云计算、嵌入式系统等各种智能技术，从传感器获得的海量信息中分析、加工和处理出更多有价值的数据，从而适应用户的多种需求。

3. 物联网的构成

从技术架构上看，物联网分为感知层、网络层和应用层 3 个层次，如图 8-2 所示。

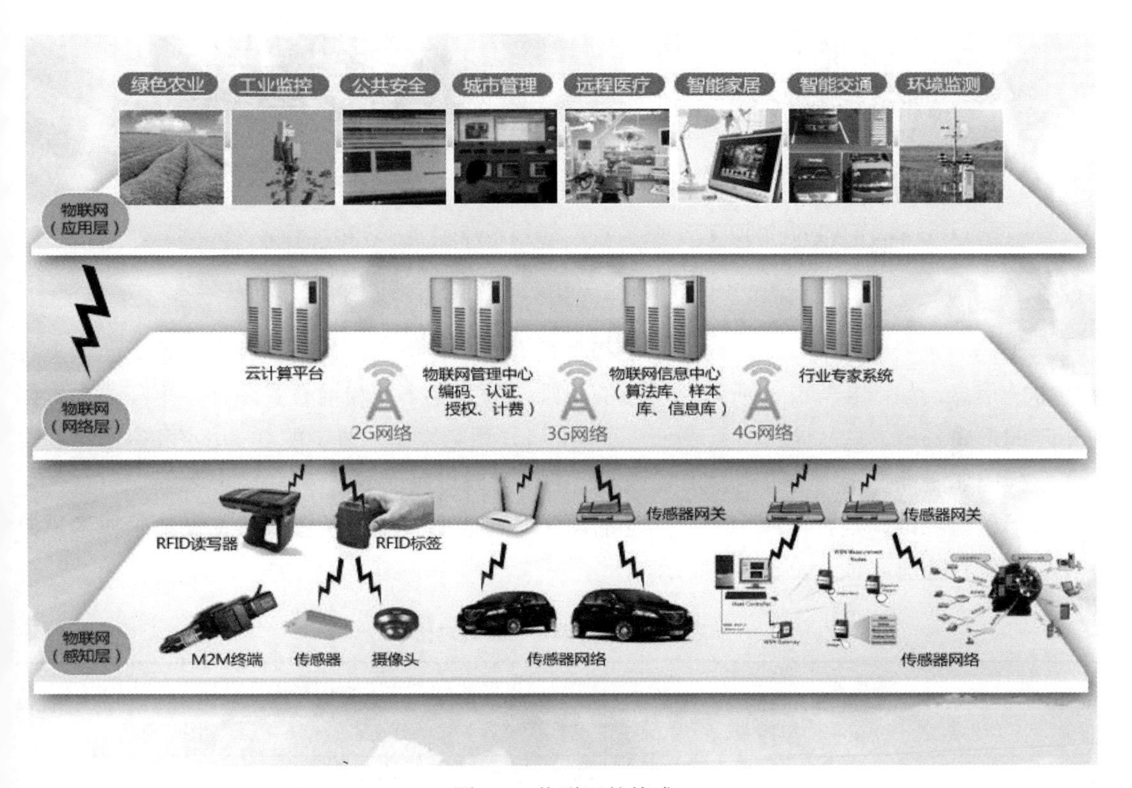

图 8-2　物联网的构成

（1）感知层。感知层位于物联网架构的最底层，由各种传感器和传感器网关组成，包括条码扫描器、RFID 读写器、摄像头、传感器和传感器网络等，负责识别物体和采集数据。

（2）网络层。网络层位于物联网架构的中间层，由各种有线网络、无线网络、网络管理系统和云计算平台等组成，负责传递和处理感知层获取的数据。

（3）应用层。应用层位于物联网架构的最上层，是物联网和用户（包括人、组织和其他系统）的接口。它与相关行业和专业技术相结合，实现物联网的智能应用。

8.3.2 物联网关键技术

物联网作为一种新兴的信息技术，实现了数据的自动化采集、传递、处理和智能应用，进而大幅提升了企业生产的自动化程度。其主要涉及的关键技术有条码技术、射频识别技术、传感器技术、定位技术和嵌入式系统等。

1. 条码技术

条码技术根据呈现信息方式不同，可以分为一维条形码技术（简称条形码）和二维条形码技术（简称二维码）。条形码由一组规则排列的条（黑色）、空（白色）和其他对应字符组成，根据条和空的宽度表示数据，是一种常用的商品标识符号，其中 EAN-13 商品码最为常见。

EAN-13 商品码由前缀码、厂商代码、产品代码和校验码 4 部分组成，如图 8-3（a）所示。其中，前缀码用 3 位数字表示，表示国家代码，如 690 表示中国；厂商代码用 4 位数字表示，该数字由中国物品编码中心规定；产品代码用 5 位数字表示，该数字由商品厂商决定，一厂一码；校验码用 1 位数字表示，用来检验前面各码是否准确。

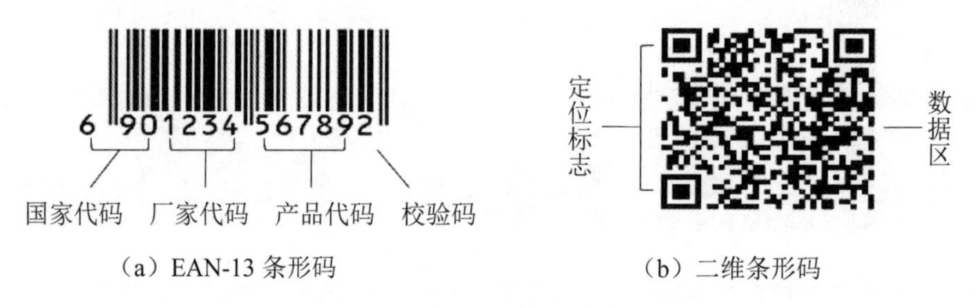

（a）EAN-13 条形码　　（b）二维条形码

图 8-3　一维条形码和二维条形码

二维码与条形码不同，二维码在水平和垂直方向都有信息，从而在有限的条码面积上表示更多的信息，如图 8-3（b）所示。常用的二维码分为矩阵式和堆叠式两种，矩阵式二维码以矩阵的形式表示信息，通常用点表示二进制的 1，用空表示二进制的 0，用点和空的排列组合表示代码。而堆叠式二维码则是由多行短截的条形码堆砌而成。

条形码与二维码是目前应用最为广泛的两种条码识别技术，两者虽然都是条码技术，但存在着明显的区别，对比如表 8-1 所示。

表 8-1　条形码和二维码对比

条形码	二维码
可显示内容为数字、英文和简单符号	可显示内容为中 / 英文、数字、符号、图形等
存储数据量小，主要依靠数据库支持	数据存储量大，是条形码的几十到几百倍
保密性差	保密性高，具有加密功能
损坏后可读性差	安全级别最高时，损坏 50% 仍可以读取完整信息
误码率为百万分之二	误码率不超过千万分之二，可靠性高

2. 射频识别技术

射频识别技术（Radio Frequency Identification，RFID）俗称电子标签，是一种可以双向通信的自动识别技术。该技术通过无线电信号来识别目标，并获取识别对象包含的数据信息，通常无需与目标物体直接接触。射频识别技术可以实现快速读写、非可视识别、移动识别和多目标的识别与定位，以及物体的长期跟踪管理。

RFID 具有抗干扰性强（不受恶劣环境的影响）、识别速度快（一般情况下在 100ms 内即可完成识别）、安全性高（所有标签数据都会有密码加密）和数据容量大（可扩充到 10KB）等优点，被广泛运用于物流运输与供应管理、动物个体识别，以及人们日常生活中的 ETC、门禁卡、二代身份证等多种场景。由于 RFID 的体积特别小，可以定制成千姿百态的样式，如图 8-4 所示。

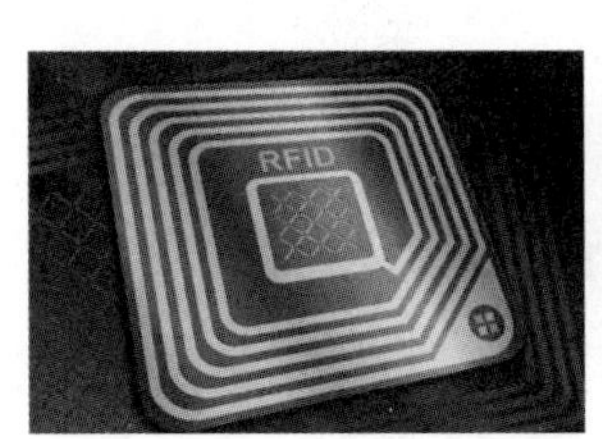

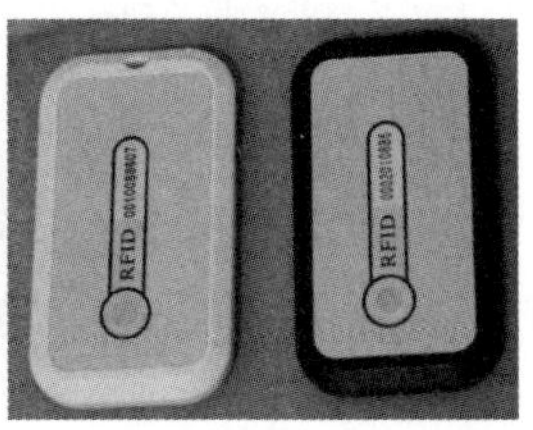

图 8-4 RFID 标签

RFID 在动物个体识别方面具有非接触、远距离、多目标和移动识别等优势，具有很好的应用价值。同时，将 RFID 与食品安全相结合，再利用其他物联网技术能够实现食品生产、运输和销售的全程信息溯源，从而有效解决食品安全问题。

3. 传感器

传感器是指能感受规定的被测量，并按照一定的规律转换成可用输出信号的器件或装置。传感器通常由敏感元件、转换元件、转换装置和辅助电源等部分组成。其中，敏感元件直接感受被测量并输出与之相对应的其他量，转换元件负责将敏感元件的输出量转换为电量输出，转换装置对转换元件输出的电量进一步调节处理输出。

传感器是信息采集的核心设备，是物联网中不可或缺的信息采集设备，也是将微电子技术应用到传统产业，助力传统产业的重要手段之一，对国家提高经济效益、科研能力和生产力水平具有至关重要的作用。传感器的存在和发展使物体有了触觉、味觉和嗅觉，慢慢变得“活了起来”。它能感受规定的被测量，例如温度、湿度、电压、电流，并按照一定的规律转换成可用输出信号，它相当于物联网的“耳朵”，负责接收物体“说话”的内容。

目前，市面上常见的传感器有温度传感器、湿度传感器、光感传感器、二氧化碳浓度传感器、半导体传感器和化学传感器等。

4. 全球卫星定位系统

物联网的体系架构中，感知层完成从物理世界获取相关信息，再通过网络层传送到信息管理系统，由信息管理系统为用户提供各种各样的服务。信息采集中物品（或人）的位置信息具有非常重要的意义，无线定位技术是物联网的一个重要基础。物联网常用的定位技术有全球卫星定位系统、蜂窝移动通信定位系统和实时定位系统等。

目前，全球卫星定位系统主要有美国的 GPS（Global Positioning System）、欧洲的伽利略系统（GALILEO）和俄罗斯的格洛纳斯系统（GLONASS），以及我国自主建设、独立运行的北斗卫星导航系统。

5．嵌入式系统

根据电气和电子工程师协会（简称 IEEE）的定义，嵌入式系统是控制、监视或者辅助机器和设备运行的装置，由此可见嵌入式系统是软件和硬件的综合体，还可以涵盖机械等附属装置。嵌入式系统是根据对象的具体需求而开发的该对象的专用计算机系统，通常规模和体积较小，可靠性较好，成本和功耗较低。由于嵌入式系统本身非常精简，因此非常适用于控制任务不复杂的场景。可以将装载有嵌入式系统的设备看作是一个智能化的终端，如 MP3 播放器和智能家电等。

8.3.3 物联网应用

物联网虽然是一项新兴技术，但是已成功进入了人们的日常生活和工作中，并发挥着重要作用。利用物联网技术改造传统物流、医疗和家居设备等，可以提高效率、降低成本、增加信息透明度和改善用户体验，为行业创新注入新动力。

1．现代物流

物流是指物品从供应地向接收地的流动过程，现代物流系统是供应、采购、生产、运输、仓储、销售和消费的完整供应链。物联网技术的应用改变了物流信息的采集方式，商家、购物平台和消费者都能够通过计算机、平板电脑或智能手机等设备，及时了解商品目前的运输状况、运达地点、到货时间等重要信息，从而准确地掌握商品的实时状态，提高了生产、运输、仓储和销售各环节的物品流动监控、动态协调等管理水平。

2．未来医疗

物联网在医疗领域的应用可以实现医疗设备管理、医院信息化平台建设、重症病人自动监护、远程患者健康检测及咨询等。如为患者佩戴智能手环，可以及时掌握患者的物理位置、生理状态、饮食和用药情况等信息。同时，利用物联网技术可以实现医用垃圾跟踪，加强医用垃圾的规范管理，避免疾病传播。

3．智能家居

智能家居可以定义为一个过程或者一个系统，通过嵌入在冰箱、电视、洗衣机、微波炉、电饭煲、窗帘、空调、机顶盒和路由器等各种家居用品中的控制系统，借助网络实现家电和家居用品的远程控制与管理，全面提升家居生活体验。同时也可以完成水、电、气和安保等信息的监控。

物联网的应用还远不止这些，它在现代零售业、智能电网、智慧交通和智慧农业等方面都有成功的应用，为社会信息化和智能化建设提供了技术支持。

8.4 大数据

在信息社会里，随着移动互联网、物联网和云计算等信息技术的迅猛发展和广泛应用，大数据已经成为社会发展的新要素、产业发展的新引擎和现代化管理的新动力。

8.4.1 大数据概述

随着网络和信息技术的不断普及，人类产生的数据量正在呈指数级增长，约每两年翻一番，早已经远远超越了目前人力所能及的处理范畴，如何管理和使用这些数据逐渐成为一个新的领域，于是大数据的概念应运而生。

1. 大数据的含义

对大数据的定义，众说纷纭。其中，研究机构高德纳咨询公司定义大数据是需要新的处理模式才能具有更强的决策力、洞察发现力和流程优化能力来适应海量、高增长率和多样化的信息资产。麦肯锡全球研究院定义大数据是一种规模大到在获取、存储、管理和分析方面都超出传统数据库软件工具能力范围的数据集合，认为其具有海量的数据规模、快速的数据流转、多样的数据类型和价值密度低等主要特征。维基百科定义大数据是指无法在可承受的时间范围内用常规软件工具进行捕捉、管理和处理的数据集合。

综合众多机构对大数据的定义，通俗来讲大数据是指无法用现有的软件工具提取、存储、搜索、共享、分析和处理的海量的、复杂的数据集合。大数据技术就是从各种各样类型的海量数据中，快速获得有价值信息的技术手段。

2. 大数据的特征

大数据具有数据规模大（Volume）、数据种类多（Variety）、数据价值密度低（Value）和数据要求处理速度快（Velocity）4 个基本特征，即 4V 特性。这些特性是大数据与传统数据的根本区别。

Volume 是指大数据的数据量非常庞大，至少要超过 100TB，这也是大数据最显著的特征。Variety 是指除了传统的结构化数据外，出现了大量的非结构化数据，如网络日志、音频、视频和地理位置等。这种由结构化数据逐渐转化为半结构化和非结构化的数据，往往规模庞大、种类多样且复杂。Value 是指在海量数据中真正有价值的数据占比较低，如监控视频中真正有用的数据非常少。Velocity 是指对大数据的处理速度要足够快，甚至是实时处理，否则处理出的结果可能就不再有价值。

8.4.2　大数据处理

与传统海量数据的处理流程相类似，大数据的处理是获取与特定应用相关的有用数据，并将数据集合成便于存储、分析和查询的形式，分析数据的相关性得出相关属性，再采用合适的方式将数据分析结果展示出来的过程。大数据处理的基本流程如图 8-5 所示。

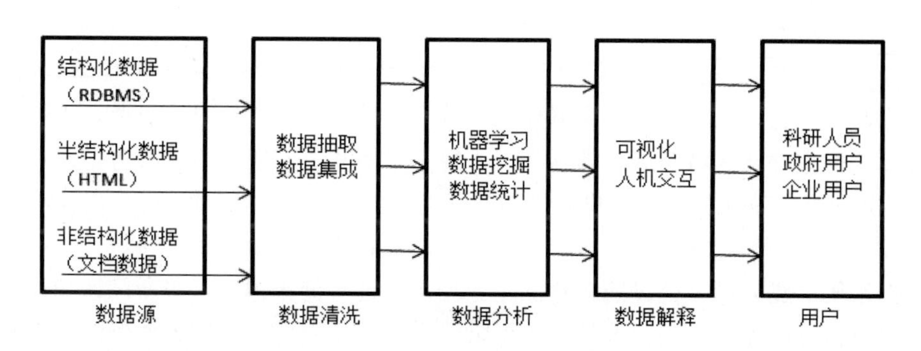

图 8-5　大数据处理的基本流程

1. 数据清洗

处理大数据首先必须对数据源中的数据进行抽取与集成。由于大数据处理的数据来源类型丰富，利用多个数据库接收来自客户端的数据，包括结构化数据、半结构化数据和非结构化数据，所以需要从数据中提取关系和实体，经过关联和聚合等操作，按照统一定义的格式对数据进行存储。在数据抽取和集成时，对数据重新审查和检验，按照一定规则把不完整的数据、错误的数据和重复的数据等不符合要求的“脏数据”清洗掉，保证数据质量及可信性。

2. 数据分析

待数据清洗后，用户可以根据自己的需求对这些数据进行分析处理，如机器学习、数据挖掘和数据统计等。统计与挖掘主要利用分布式数据库或者分布式计算集群来对海量数据进行分析和分类汇总等，以满足大多数常见的分析需求。统计与分析涉及的主要特点和挑战是数据量大，对系统资源会有极大的占用。数据挖掘一般没有预先设定好的主题，主要是对现有数据进行各种算法的计算，从而起到预测的效果，然后实现高级别数据分析的需求。数据分析环节是挖掘大数据价值的关键。

3. 数据解释

数据解释的主要技术是可视化和人机交互。可视化通过将数据分析结果以可视化的方式向用户展示，使用户更易理解和接受；人机交互利用交互式的数据分析过程引导用户逐步进行分析，使用户在一定程度上了解和参与具体的数据分析过程，帮助用户理解结果。数据处理的结果是大数据处理流程中用户最关心的问题，正确的数据处理结果需要通过合适的展示方式被终端用户正确理解。

8.4.3 大数据应用

大数据的核心是利用海量信息进行预测，无论是环境保护、天气预报，还是社会治安、海外反恐，似乎没有大数据做不到的。截止到目前，大数据的推广已经渗透到了公共健康、临床医疗、物联网、社交网站、社会管理、零售业、制造业、汽车保险业、电力行业、视频游戏、教育和体育等多个行业领域。

大数据更了解你

目前我们所谓的智慧城市就是将运用大数据处理信息的速度和广度，将信息技术更广泛地应用到城市的发展和管理中，从而建立一个完善的城市服务系统，最终达到不断提升人民生活水平的目的。对于智慧城市的建设来说，必须要依靠大数据等相关的信息技术来进行，具体表现在下述几个方面。

1. 在政府决策领域的应用

智慧城市建设需要依托大数据系统，在城市建设过程中应实现政府的电子智能化办公，提升对城市建设问题的处理能力，充分体现出政府高效和先进的形象。目前，大数据应用通过掌握全国人口数量、区域布局、婚姻状况、性别比例和不同年龄段分布等信息，能够为社会治理、政策制定和决策支持等提供有力的帮助。

2. 在医疗卫生领域的应用

大数据常用于建立健全公民的医疗卫生数据，通过对健康体检、普通门诊和住院医疗等数据的整理分析可以建立更为完善的医疗保障体系，合理安排医疗软硬件资源，提升医疗服务的质量。如借助于大数据可以推理或预测某个地区容易出现何种慢性疾病，并以此为基础研究该疾病与地理位置、气候、饮食习惯和生活习惯等方面的相关联系，从而更有针对性地提出有效的健康建议和保健指导。

3. 在智慧交通领域的应用

智慧交通将车辆、行人、道路基础设施和公共服务场所完全整合，以提升资源利用的效率，优化城市管理和服务。如通过对城市居民基本出勤情况的大数据分析，相关部门能够合理地安排地铁等公共交通的管线和站点的布局，在合理的地点设立公厕和长椅等公共设施，从而以更小的资源配置实现更好的服务效果。

4. 在环保领域的应用

收集分析气象数据和空气质量数据等可以对空气质量起到预警的作用，避免滋生危害。同时，通过大数据分析，相关部门可以快速找到环境污染的原因，制定环境治理方案，避免污染进一步恶化。另外，还可以通过大数据预测和规范企业的排污强度，加强环境保护。

5. 在公共安全领域的应用

通过大数据分析可以预测自然灾害的发展趋势，可以及时采取措施，减少损害。同时，大数据在改善居民安全和执法方面也得到了广泛应用，可以利用大数据技术检测和防止网络攻击。如警察运用大数据来抓捕罪犯、预测犯罪活动等。

6. 在商业领域的应用

大数据为商家的决策提供了强有力的支撑。利用大数据商家可以快速了解到消费者的喜好、购买能力、倾向的购物方式、商品搭配等信息，从而更加合理地对库存量进行管理，并调整营销策略，为消费者提升购物体验的同时获得盈利，达到双赢。其中，电商是最早利用大数据进行精准营销的行业。

7. 在金融领域的应用

大数据在金融领域的应用也比较广泛。目前大多数股票交易都是通过一定的算法模型进行决策的，这些算法会考虑来自社交媒体、新闻网络的数据，以便更全面地做出买卖决策。同时根据客户的需求和愿望，这些算法模型也会随着市场的变化而变化。

8.5　人工智能

人工智能（Artificial Intelligence，AI）是当前科学技术发展中的一门重要前沿学科，是在计算机科学、控制论、信息论、神经心理学、哲学和语言学等多种学科研究的基础上发展起来的，它的出现及取得的成果引起了人们的高度关注。人工智能、空间技术和原子能技术被誉为 20 世纪最伟大的三大科学技术成就。

8.5.1　人工智能概述

人工智能作为一门综合性的边缘学科，自 1956 年由麦卡锡首次使用后，就正式登上科技的历史舞台，并得到了迅速的发展，成为延伸人脑功能、实现脑力自动化的理论基础和技术手段。

1. 人工智能的含义

人工智能是指用计算机模拟或实现的智能，因此人工智能又称机器智能。关于人工智能的科学定义，至今学术界还没有一个统一的认识。

其中，P.H.Winston 认为人工智能是研究使计算机更灵活有用，了解使智能的实现成为可能的原理。A.Barr 和 E.A.Feigenbaum 认为人工智能是计算机科学的一个分支，人工智能关心的是设计智能计算机系统，该系统具有通常与人的行为相联系的智能特征，如了解语言、学习、推理、问题求解等。Elaine Rich 认为人工智能是研究怎样让计算机模拟人脑从事推理、规划、设计、思考、学习等思维活动，解决至今认为需要由专家才能处理的复杂问题。Michael R.Genesereth 和 Nils J.Nilsson 认为人工智能是研究智能行为的学科，其最终目的是建立关于自然智能实体行为的理论和指导创造具有智能行为的人工制品。

综合上面的各种说法，人工智能既是一门工程技术学科，又是一门理论研究学科。作为工程技术学科，人工智能的目的是提出建造人工智能系统的新技术、新方法和新理论，并在此基础上研制出具有智能行为的计算机系统。作为理论研究学科，人工智能的目的是提出能够描述和解释智能行为的概念和理论，为建立人工智能系统提供理论依据。

2. 人工智能的研究内容

从模拟人脑的角度出发，人工智能研究的基本内容包括以下几个方面：

（1）搜索与求解。所谓搜索就是为了达到某一目标而进行某种操作、运算、推理和计算的过程。事实上，搜索就是人在求解问题时，因不知现成解法的情况下而采用的一种普遍问题求解方法。人工智能的研究实践表明，许多问题（包括智力问题和实际工程问题）的求解都可以描述为或者归纳为对某种图或空间的搜索问题。后来人们进一步发现，许多智能活动的过程都可以看作或抽象为一个基于搜索的问题求解过程。

（2）机器感知。所谓机器感知就是要使计算机具有类似人的视觉、听觉、嗅觉、味觉等感知能力，能够直接“感觉”周围的世界。机器感知是机器获取外部信息的基本途径，是人工智能不可缺少的重要组成部分，相当于智能系统的输入。为了使机器具有感知能力，就需要为它配置上能“听”、会“看”的感觉器官，对此人工智能中已经形成了 3 个专门的研究领域，即模式识别、自然语言理解和机器翻译。

（3）机器思维。机器思维就是让计算机能够对外界信息和内部信息进行有目的的思维加工。类似于人的智能是来自大脑的思维活动一样，机器智能也是通过机器思维来实现的。机器思维是人工智能研究中最为重要和关键的部分。

（4）机器学习。人类具有获取新知识、学习新技巧，并在实践中不断完善、改进的能力，机器学习也是如此。机器学习就是指使机器具有类似人类的这种能力，使机器能够有目的性地自动获取相关知识，能够对环境进行观察和学习，并在实践中实现自我完善，克服人类在学习过程中存在的局限性。

（5）机器行为。与人类的行为能力相对应，机器行为主要是指机器的表达与行为能力，即说、写、画、走、跑、拿等能力。机器行为相当于智能系统的输出部分，即机器智能的具体实现，也是人们研究人工智能的最终目标。

（6）智能系统及智能机器的构建。为了实现人工智能目标，就要建立智能系统和智能机器，为此需要开展对系统模型、系统分析、构造技术、建造工具、语言环境等的研究。

8.5.2 专家系统

专家系统是最早开发的智能系统之一，是人工智能研究与应用的主要领域，也是目前人工智能中最活跃、最有成效的一个研究领域。

在人工智能的发展历史中，比较著名的专家系统有 DENDRAL 和 MYCIN。其中，DENDRAL 是第一个专家系统，它根据质谱仪所产生的数据，不仅可以推断出已经确定的分子结构，而且可以说明未知的分子结构。MYCIN 是第一个功能较全的医疗诊断专家系统，它能帮助医生对住院的血液感染患者进行诊断和选用抗生素类药物进行治疗。从技术角度来看，上述两个专家系统的研究彻底解决了知识表示、不精确推理、搜索策略、人机联系、知识获取和专家系统基本结构等一系列重大的技术问题。

1. 专家系统的定义

专家系统是一类具有专门知识和经验的计算机智能程序系统，通过对人类专家问题求解能力的建模，采用人工智能中的知识表示和知识推理技术来模拟通常由专家才能解决的复杂问题，达到具有与专家同等解决问题的水平。这种基于知识的系统设计方法是以知识库和推理机为中心而展开的，即专家系统 = 知识库 + 推理机。

专家系统把知识从系统中与其他部分分离开。专家系统强调的是知识而非方法，因此专家系统是基于知识的系统。一般来说，一个专家系统应该有具备某个应用领域的专家级知识、能够模拟专家的思维和能达到专家级的解题水平 3 个要素。

2. 专家系统的优点

近年来专家系统迅速发展，应用领域越来越广，解决实际问题的能力也越来越强。具体来说，专家系统的优点包括以下几方面：

- 专家系统能够高效率、准确、周到、迅速和不知疲倦地工作。
- 专家系统解决实际问题时不受周围环境的影响，也不会出现信息遗漏。
- 专家系统可使专家的专长不受时间和空间限制，以便推广珍贵和稀缺的专家知识和经验。
- 专家系统能使各领域专家的知识和经验得到总结与精炼，能广泛、有力地传播专家的知识、经验和能力，促进各领域的发展。
- 专家系统能汇集和集成多领域专家的知识与经验，拥有更丰富的经验和更强的工作能力。
- 专家系统的研制和应用具有巨大的经济效益和社会效益。
- 研究专家系统能够促进整个科学技术的发展。

专家系统对人工智能各个领域的发展起到了很大的促进作用，并对科技、经济、国防、教育和人民生活产生了极其深远的影响，被广泛应用于医疗、通信、运输、农业和军事等各个领域。

8.5.3　人工智能应用

近几年，在移动互联网、大数据、云计算和物联网等新理论、新技术，以及经济社会发展强烈需求的共同驱动下，人工智能发展进入了新阶段，已经深深地融入到人们的日常生活中。无论是手机上的指纹识别、人脸识别、导航系统、美颜相机、新闻推荐、智能搜索和语音助手等应用，还是智能监控、智能音箱、机器人和自动驾驶，这些都与人工智能密切相关。

未来已来

长久以来，人们一直都希望能研发出一种会听、会说、会看，能理解人意的智能计算机为人类服务，代替人们完成各项工作。其中，视频采集摄像头使计算机具备了“会看”的能力，语音识别和语音合成使计算机具备了“会听”和“会说”的能力。

1. 语音识别

语音识别是将人的说话声音转换成相应的文字，这需要计算机自动识别出语音信号中的单词和语汇，甚至理解其语义。语音识别技术的应用面很广，包括语音拨号、语音导航、听写录入和设备操作控制等。同时，将语音识别、机器翻译与语音合成技术相结合，可以完成多种语言之间的同声翻译。

语音识别涉及多个学科，是人工智能领域的一个重要课题。经过多年的不懈努力和探索，目前的语音识别基本上达到了人工识别的水平。如 Siri 软件可以进行简单的人机对话，完成搜索资料、查询天气、设定手机日历、设定闹铃等多种服务。科大讯飞公司研发的语音输入技术以超高的汉字输入速度和正确率赢得了广大用户的喜爱。

除此之外，语音识别技术还在工业、家电、通信、汽车电子、医疗、虚拟现实和家庭服务等各个领域被广泛使用。

2. 语音合成

语音合成是计算机根据语言学和自然语言理解的知识，模仿人的发声自动生成语音的过程。将文本转换为语音称为文语转换，而实现文语转换需要文本分析、韵律处理和语音合成3步，如图 8-6 所示。文本分析是判断每一个字的正确读音，将文字序列转换成一串发音符号（如国际音标或汉语拼音）；然后进行韵律分析，即根据文句的结构、位置和使用的标点符号，以及上下文结构等，确定发音时语气变换和读音的轻重缓急；最后进行语音合成，即根据发音标注，从语音库中取出相应的语音基元，按照韵律控制参数的要求，利用特定的语音合成技术对语音基元进行调整和修改，最终合成出符合要求的自然流畅的语音。

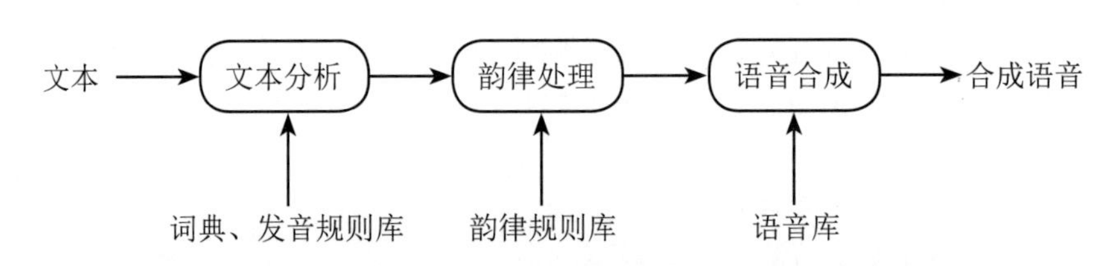

图 8-6 文语转换过程

计算机合成语音应达到：发音清晰可懂，语气语调自然，说话人（男、女）可选择，语速可变化，允许中文、英文以及中英文混合等。几十年来，语音合成技术已经取得了很大的进步，目前已基本达到实用要求，在语音朗读、语音导航、语音播报、语言学习、自动报警、残疾人服务等领域得到了应用。

微软公司的 Office 软件中的“朗读”功能可以实现文语转换，把文档内容用普通话或英语朗读出来。同时，有不少智能手机也具备了该功能。

语音识别技术与语音合成相结合，能够使语音助手软件听懂用户说话，然后进行语义分析，并迅速做出回应。如语音助手 Siri、Google Now、Cortana、科大讯飞的灵犀和百度公司的度秘等。

8.6　区块链

区块链（Blockchain）作为分布式数据存储、点对点传输、共识机制和加密算法等计算机技术的新型集成应用，已成为联合国、国际货币基金组织等国际组织以及许多国家政府研究讨论的热点。目前，区块链的应用已延伸到物联网、智能制造、供应链管理、数字交易等多个领域，将为云计算、大数据、移动互联网等新一代信息技术的发展带来新的机遇。各类技术之间的融合将有效促进数字经济和数字社会的发展。

8.6.1　区块链概述

2016 年 12 月，《国务院关于印发“十三五”国家信息化规划的通知》中将区块链写入“十三五”国家信息化规划，把区块链列为重点加强的战略性前沿技术。由此，区块链已经成为国家信息化战略的重要组成部分。

1. 区块链的含义

区块链本质上是一个去中心化的、公开透明的交易记录总账本，交易的数据库由所有网络结点共享，被所有用户更新和监督，但是没有用户能够控制和修改这些数据。区块链也可以理解为是网络上一个个“存储区块”所组成的一根链条，每个区块中包含一定时间内的网络上全部的信息交流数据。

狭义来讲，区块链是一种按照时间顺序将数据区块以顺序相连的方式组合成的一种链式数据结构，是以密码学方式保证的不可篡改和不可伪造的分布式账本。广义来讲，区块链技术是利用块链式数据结构来验证和存储数据，利用分布式结点共识算法来生成和更新数据，利用密码学方式保证数据传输和访问的安全，利用由自动化脚本代码组成的智能合约来编程和操作数据的一种全新的分布式基础架构和计算方式。

区块链包括交易、区块和链 3 个基本概念。其中，交易是对账本的一次操作，从而导致账本状态的一次改变，例如添加一条转账记录。区块是记录一段时间内所发生的所有交易和状态结果，是对当前账本状态的一次共识。链是由区块按照发生顺序串联而成，是整个账本状态变化的日志记录。

通俗地讲，区块链技术就是指一种全民参与记账的方式。所有系统的背后都有一个数据库，可以把数据库看成一个大账本，谁来记这个账本很重要。目前常见的是谁的系统谁记账，如淘宝的账本是阿里巴巴在记，微信的账本是腾讯在记。但在区块链系统中，系统中的每个人都有机会参与记账，在一定时间段内如果有任何数据发生变化，系统中每个人都可以来记账，系统会评判这段时间内记账最快、最好的人，把他记录的内容写到账本中，并将这段时间内的账本内容发给系统内的所有人进行备份，这样系统中的每个人都可以拥有一本完整的账本。这种方式称为区块链技术，也称为分布式数字账本，它能够做到单点发起，全网广播，交叉审核，共同记账。

随着智能产品越来越多，智能设备可以感应和通信，让真实的数据自由流转，并根据设定的条件自主交易。区块链技术可以让所有交易同步，总账本透明安全，个人账户匿名，隐私受保护，点对点高效运作。

2. 区块链的特征

区块链技术主要解决的是交易信任和安全问题，具有去中心化、开放性、独立性、安全性和匿名性等特征。其中，去中心化是其最突出、最本质的特征。

- 去中心化。区块链技术不依赖额外的第三方管理机构或硬件设施，没有中心管制，除了自成一体的区块链本身，通过分布式核算和存储各个结点实现了信息自我验证、传递和管理。
- 开放性。区块链技术是开源的，除了交易各方的私有信息被加密外，区块链的数据对所有人开放，任何人都可以通过公开的接口查询区块链的数据和开发的相关应用，因此整个系统信息高度透明。
- 独立性。基于协商一致的规范和协议，整个区块链系统不依赖于其他第三方，所有结点能够在系统内自动安全地验证、交换数据，不需要任何人为的干预。
- 安全性。只要不能掌控全部数据结点的 51%，就无法肆意操控修改网络数据，这使区块链本身变得相对安全，避免了主观人为的数据变更。
- 匿名性。除非有法律规范要求，单从技术上来讲，各区块结点的身份信息不需要公开或验证，信息传递可以匿名进行。

3. 区块链的分类

根据应用对象的权限不同，区块链目前分为公有链、联盟链和专有链 3 类，如图 8-7 所示。

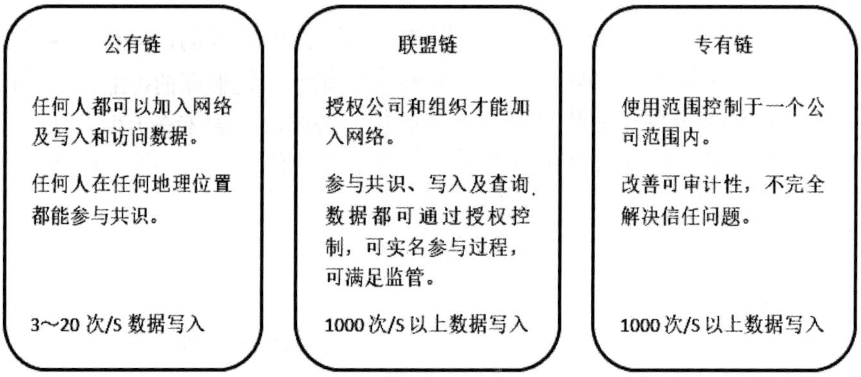

公有链	联盟链	专有链
任何人都可以加入网络及写入和访问数据。 任何人在任何地理位置都能参与共识。	授权公司和组织才能加入网络。 参与共识、写入及查询数据都可通过授权控制，可实名参与过程，可满足监管。	使用范围控制于一个公司范围内。 改善可审计性，不完全解决信任问题。
3～20 次/S 数据写入	1000 次/S 以上数据写入	1000 次/S 以上数据写入

图 8-7 区块链的分类

公有链是指世界上的任何个体或团体都可以发送交易，并且交易能够得到该区块链的有效确认。它的所有结点都是开放的，每个人都可以进入这个区块链中参与计算和共识过程，而且任何人都可以下载获得完整的区块链数据。公有区块链是最早的区块链，也是应用最广泛的区块链。

联盟链是指由某个群体内部指定多个预选的结点为记账人，每个块的生成由所有的预选结点共同决定，也就是说预选结点参与共识过程，其他结点可以参与交易，参与交易的每个结点权限完全对等，但不过问记账过程，大家在不需要完全互信的情况下就可以实现数据的可信交换。

专有链是指仅仅使用区块链的总账技术进行记账。某些公司或者个人并不希望这个系统的任何人都可以参与计算和查看所有数据，只有被许可的结点才可以参与共识和查看所有数据。这种方式与其他的分布式存储方案没有太大区别。

8.6.2 区块链关键技术

截止到目前，区块链技术大致经历了 3 个发展阶段，如图 8-8 所示。针对交易的安全和信任问题，区块链技术提出了 4 项技术创新。

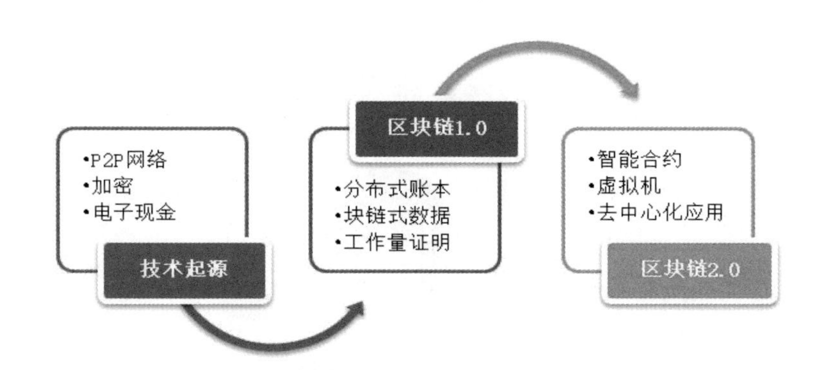

图 8-8 区块链的发展阶段

1. 分布式账本

交易记账由分布在不同地方的多个结点共同完成，而且每一个结点都按照块链式结构记录完整的账目，因此这些结点都可以参与监督交易的合法性，同时也可以共同为其作证。不同于传统的中心记账方案，每个结点存储都是独立的、地位等同的，没有任何一个结点可以单独记录账目，从而避免了单一记账人被控制或者被贿赂而记假账的可能性。另外，由于记账结点足够多，理论上讲除非所有的结点都被破坏，否则账目就不会丢失，从而保证了账目数据的安全性。

2. 加密和授权技术

存储在区块链上的交易信息是公开的，但是账户的身份信息是高度加密的，只有在数据拥有者授权的情况下才能被访问，从而保证了数据的安全和个人的隐私。

3. 共识机制

共识机制就是所有记账结点之间如何达成共识，去认定一个记录的有效性，这既是认定的手段，也是防止数据被篡改的手段。区块链提出了 Pow 工作量证明、Pos 权益证明、DPos 股份授权证明和 Pool 验证池 4 种不同的共识机制，适用于不同的应用场景，在效率和安全性之间取得平衡。

4. 智能合约

智能合约是基于这些可信的不可篡改的数据，能够自动化地执行一些预先定义好的规则和条款。

8.6.3 区块链应用

从全球区块链的发展形势来看，联合国、国际货币基金组织和多个国家政府先后发布了有关区块链的系列报告，探索区块链技术的应用。区块链技术已经开始从单纯的技术探讨走向了应用落地，参与区块链技术创新和应用的企业也在快速增加，有些企业已经结合自身的业务摸索出了颇具特色的应用场景。

目前，区块链技术的应用已从单一的数字货币应用延伸到经济社会的各个领域，如金融服务、医疗健康、供应链管理、文化娱乐、智能制造、社会公益、教育就业等，如图 8-9 所示。

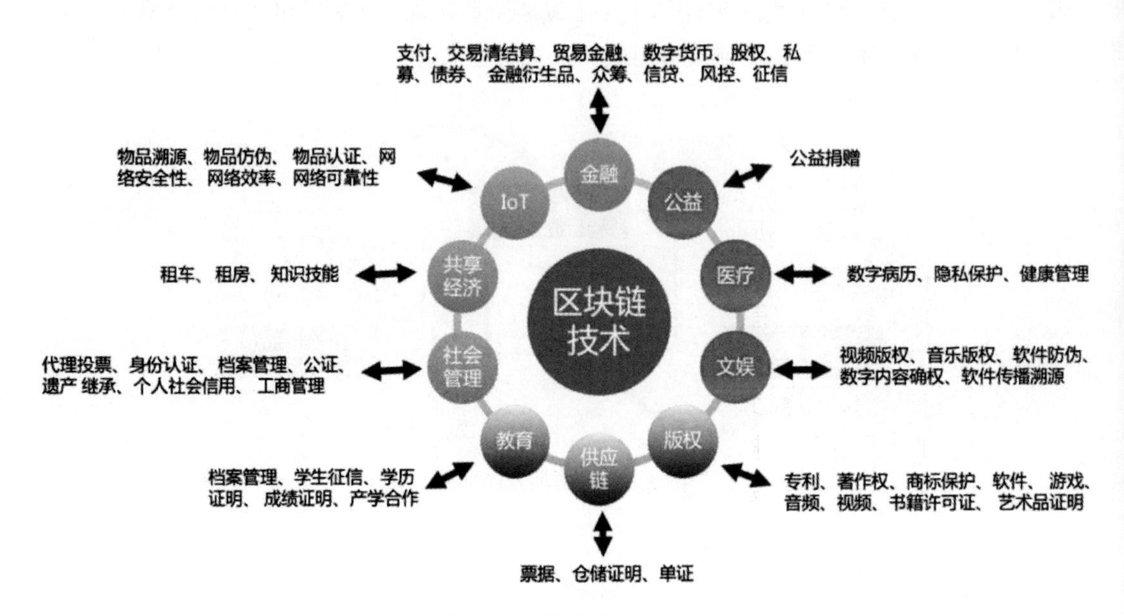

图 8-9　区块链的应用领域

1. 金融服务

区块链在国际汇兑、股权登记和证券交易等金融领域有着巨大的潜在应用价值。将区块链技术应用在金融行业中能够省去第三方中介环节，实现点对点的直接对接，从而大大降低成本，快速完成交易支付。区块链技术在金融领域的应用目前最受关注，它能够降低交易成本，减少跨组织跨地区的交易风险，全球很多银行、证券、保险等金融机构都是区块链技术的主力推动者，部分投资机构也在应用这项技术以降低管理成本和管控风险。

2. 共享经济

当前，共享经济模式正在多个领域冲击着传统行业，这一模式鼓励大家借助互联网共享闲置资源。但目前资源共享面临共享过程成本过高、用户行为评价难、共享管理服务难等问题。区块链技术应用到共享经济领域可以使交易脱离中间方，更直接地连接资源的供给方和需求方，从而减少交易环节和成本。区块链还可用于存储用户身份，并将其与共享经济平台上的相关评论和评分相关联，而且不同于别的社交网络，这个用户信息是不能被注销和删除的，这就意味着用户身份的所有信息都将被记录下来，通过这些信息能够轻易识别该用户的诚信度。

3. 公共服务

区块链在公共管理、能源、交通和医疗等领域的应用，都与人们的生活息息相关。这些领域有中心化共性，区块链可以提供去中心化的完全分布式服务器，通过网络中各个结点之间的点对点数据传输就能实现域名的查询和解析，可用于确保某个重要的基础设施操作系统和固件没有被篡改，可以监控软件的状态和完整性，及时发现不良篡改，确保系统所传输的数据没有被篡改。

4. 数字版权

通过区块链技术的去中心化存储可以保证没有一家机构可以任意篡改数据，可以对作品进行鉴权，证明文字、视频和音频等作品的存在，保证权属的真实性和唯一性。作品在区块链上被确权后，后续交易都会进行实时记录，实现数字版权的全生命周期管理，也可以作为司法取证中的技术性保障。

5. 供应链管理

供应链是一个企业的核心竞争力，但随着经济全球化，供应链也错综复杂，上下游企业往往分散在全球各地，这给供应链管理带来了巨大挑战。如果将公开透明的区块链技术应用到供应链管理中，不仅能保证供应链上下游信息的可靠性，而且能高效准确地对产品零部件溯源，基于区块链的溯源应用程序是完美的解决方案。

6. 贸易管理

区块链技术可以有效地减少国际贸易中烦琐的手续和流程，基于区块链设计的贸易管理方案将会为参与的多方企业带来便利。贸易中销售和法律合同的数字化、货物的监控与检测、实时支付等方面都可能成为贸易公司的突破口。

本章习题

一、判断题

1. “互联网 +”是互联网与传统行业进行深度融合的新形式和新业态。（　　）
2. SaaS 是一种基于互联网提供软件服务的应用模式。（　　）
3. RFID 是一种接触式的自动识别技术，是通过射频信号自动识别目标并获取数据。（　　）
4. 智慧城市的建设不需要依靠大数据技术。（　　）
5. 人工智能是智能计算机系统，即人类智慧在机器上的模拟，或者说是人们使计算机具有类似于人的智慧。（　　）
6. 区块链的最本质特征是去中心化 。（　　）

二、单选题

1. 国内首次提出“互联网 +”概念的是（　　）。
   A．于扬　B．马化腾　C．刘强东　D．马云
2. 将基础设施作为服务的云计算服务类型是（　　）。
   A．IaaS　B．PaaS　C．SaaS　D．以上都不是
3. 将平台作为服务的云计算服务类型是（　　）。
   A．IaaS　B．PaaS　C．SaaS　D．以上都不是
4. 物联网的英文名称是（　　）。
   A．Internet of Matters　B．Internet of Theories

C. Internet of Things　　D. Internet of Clouds

5. 物联网的核心和基础是（　　）。

A. RFID　　B. 计算机技术　　C. 人工智能　　D. 互联网

6. 大数据的最显著特征是（　　）。

A. 数据规模大　　B. 数据类型多样

C. 数据处理速度快　　D. 数据价值密度高

7. 以下选项中属于非结构化数据的是（　　）。

A. 企业 ERP 数据　　B. 财务系统数据

C. 视频监控数据　　D. 日志数据

8. AI 是（　　）的英文缩写。

A. Automatic Intelligence　　B. Artificial Intelligence

C. Automatic Information　　D. Artificial Information

9. 人工智能研究的基本内容不包括（　　）。

A. 机器行为　　B. 机器动作　　C. 机器思维　　D. 机器感知

10. 区块链包括（　　）、区块和链 3 个基本概念。

A. 数据　　B. 账本　　C. 记录　　D. 交易

11. 区块链不是一件产品，而是一种由各结点参与的去中心化的（　　）数据库系统，是一串使用密码学方法相关联产生的数据块。

A. 互联网　　B. 云计算　　C. 物联网　　D. 分布式

三、简答题

1. 简述“互联网 +”的特征。
2. 什么是云计算？其具有哪些优点？
3. 简述物联网的特征与构成。
4. 简述大数据的基本特征。
5. 人工智能的研究内容有哪些？
6. 简述区块链的分类。

习题参考答案

第1章

一、判断题

1．× 2．× 3．√ 4．× 5．× 6．× 7．× 8．×

二、单选题

1．A 2．D 3．D 4．C 5．C 6．A 7．B 8．B

9．A 10．D 11．D 12．B 13．C 14．A 15．A

三、简答题

答案略

第2章

一、判断题

1．√ 2．× 3．× 4．√ 5．× 6．√ 7．× 8．×

二、单选题

1．A 2．D 3．D 4．B 5．B 6．D 7．C 8．A

9．A 10．A 11．A 12．C 13．A 14．B 15．A 16．D

17．B 18．B 19．D 20．C

三、简答题

答案略

第3章

一、判断题

1．× 2．√ 3．× 4．√ 5．√ 6．× 7．√ 8．×

二、选择题

1．C 2．C 3．B 4．A 5．C 6．C 7．C 8．A

9．C 10．B 11．B 12．D 13．C 14．B 15．D

三、简答题

答案略

第4章

一、判断题

1. × 2. × 3. √ 4. × 5. × 6. × 7. √ 8. ×

二、单选题

1. B 2. A 3. C 4. D 5. A 6. C 7. C 8. B
9. B 10. D 11. A 12. A 13. C 14. C 15. B

三、简答题

答案略

第5章

一、判断题

1. × 2. × 3. × 4. √ 5. × 6. × 7. × 8. √

二、单选题

1. A 2. D 3. D 4. A 5. C 6. B 7. A 8. B
9. B 10. B 11. A 12. B 13. D 14. D 15. C

三、简答题

答案略

第6章

一、判断题

1. × 2. × 3. √ 4. × 5. √ 6. × 7. √ 8. ×

二、单选题

1. B 2. A 3. D 4. D 5. B 6. B 7. C 8. B
9. C 10. B 11. B 12. D 13. C 14. C 15. D

三、简答题

答案略

第7章

一、判断题

1. √ 2. √ 3. √ 4. √ 5. × 6. × 7. × 8. √
9. √ 10. × 11. √ 12. × 13. × 14. √ 15. √

二、选择题

1. D 2. B 3. D 4. A 5. B 6. D 7. B 8. B